實用生物統計
方法及 R-Web

鄭光甫　陳錦華　蔡政安　陳弘家　編著

東華書局

國家圖書館出版品預行編目資料

實用生物統計方法及R-Web / 鄭光甫等編著. -- 1版. --
臺北市：臺灣東華, 2015.10
　288 面 ; 19x26 公分
　ISBN 978-957-483-846-2（平裝）
　1. 生物統計
360.13　　　　　　　　　　　　　　　104020533

實用生物統計方法及 R-WEB

編著者	鄭光甫、陳錦華、蔡政安、陳弘家
發行人	陳錦煌
出版者	臺灣東華書局股份有限公司
	臺北市重慶南路一段一四七號三樓
	電話：(02) 2311-4027
	傳真：(02) 2311-6615
	郵撥：00064813
	網址：www.tunghua.com.tw
直營門市	臺北市重慶南路一段一四七號一樓
	電話：(02) 2371-9320

2024 23 22 21 20 SY 9 8 7 6 5 4 3

ISBN　978-957-483-846-2

版權所有　·　翻印必究

自 序

　　使用統計方法來分析資料可以說由來已久，早在 17 世紀中期一位名叫 John Graunt 的人就發表了一篇有關人口統計的作品「Bills of Mortality」。在 18、19 世紀時代，統計方法的發展開始於經濟學、社會學、人口學及天文學等領域的應用，Legendre, Gauss 及 Laplace 等人在這個早期統計發展的時代作出了相當多的貢獻。19 世紀末 20 世紀初期，生物學家 Karl Pearson 推展了生物統計學的新頁，成立第一個生物統計的期刊 Biometrika，奠定了生物統計學理的重要基礎。之後，重要的生物統計學的學者包括有 Fisher, Wright, Haldane 等人；特別是 Fisher 他發展出來的一些統計推論原理早已是經現代統計學的重要基礎。

　　對很多人而言，生物統計學和統計學一樣，不但是一種科學，它的分析表現也是一種藝術的呈現。因此，生物統計學家基本上就是資料科學家（data scientist），但是他們也熱衷於將分析的創見當成一種藝術品。現代生物統計的應用，除了在醫藥和農業研究外，它所發展出來的分析方法也很普遍的被應用在心理、教育、管理、財金、工程等等相關的研究上。因此，本書中所討論的案例以醫藥問題的研究為主，但是方法不限制僅能應用於生物資料的分析。

本書有幾項特色：1.分析方法的介紹盡量由解決實際問題的需求出發，強調學統計是為應用的目的；2.盡量用平易的文字敘述分析的方法及要解決的問題，若非必要，不呈現公式的推導，避開學統計和學數學沒兩樣的誤會；3.介紹如何使用雲端資料分析及導引系統（R-web），將複雜的生物統計計算降低到最簡單的層次，強調在雲端軟體的時代，生物統計的分析可以在方法上多講究，不必要花費太多時間和心力在處理計算的問題；4.用淺顯易懂的字介紹一些過去教科書沒教但現代醫藥研究上常用的分析方法，例如，存活分析；5.內容的設計適合給每周上課二小時，共上課 15 周的初級生物統計課程，本書可供為教科書或工具書使用。

鄭光甫

2014 年 8 月 6 日

目　錄

自序　　　　　　　　　　　　　　　　　　　　　　　　　iii

Chapter 1　描述資料特徵的統計量及圖表　　　　　　　1

描述資料的統計量　　　　　　　　　　　　　　　　　　　2
描述資料分散程度的統計量　　　　　　　　　　　　　　　6
特徵值的計算及圖表製作　　　　　　　　　　　　　　　　8
　　關鍵字　　　　　　　　　　　　　　　　　　　　　　13
　　參考資料　　　　　　　　　　　　　　　　　　　　　13
　　資料檔名　　　　　　　　　　　　　　　　　　　　　13
　　作業　　　　　　　　　　　　　　　　　　　　　　　13

Chapter 2　基礎機率及抽樣分配　　　　　　　　　　15

機率分配　　　　　　　　　　　　　　　　　　　　　　　20
抽樣分配介紹　　　　　　　　　　　　　　　　　　　　　27

進階閱讀 ▶▶▶　　　　　　　　　　　　　　　　　　29

　➤機率質量函數與機率密度函數　　　　　　　　　　　　29
拔靴法與隨機排列法　　　　　　　　　　　　　　　　　　30
統計推論常用的機率分配　　　　　　　　　　　　　　　　32
　　關鍵字　　　　　　　　　　　　　　　　　　　　　　37
　　參考資料　　　　　　　　　　　　　　　　　　　　　37
　　作業　　　　　　　　　　　　　　　　　　　　　　　37

Chapter 3 估計及假設檢定　　39

估計　　40
估計量的評估　　41
- 不偏性（unbiasedness）　　41
- 有效性（efficiency）　　41
信賴區間　　41
- 信賴區間之建構　　42
假設檢定　　44
- 兩種型式錯誤　　45
- p 值計算　　46
- 建立檢定方法的步驟　　48

　關鍵字　　49
　參考資料　　49
　作業　　49

Chapter 4 單樣本及雙樣本檢定　　51

- 孕婦補充魚油，能提高幼兒手眼協調能力　　51
- 檢定方向　　54
母數統計法及無母數方法　　55
單一樣本平均數或中位數檢定　　55
成對樣本平均數或中位數檢定　　58
獨立雙樣本平均數或中位數檢定　　61
單一樣本比例檢定　　64
獨立雙樣本之比例檢定　　65

　關鍵字　　67
　參考資料　　67
　資料檔　　67
　作業　　67

Chapter 5 平均數檢定：多組樣本 — 69

- 變異數分析表的建立 — 72
事後檢定或多重比較 — 74
- Bonferroni 法 — 74
無母數方法：Kruskal-Wallis Test（K-W Test） — 76
- 檢定方法 — 76

進階閱讀 ▶▶▶ — 77

規劃性比較與事後檢定 — 77
LSD 檢定（Least Significance Difference Test） — 79
Tukey's HSD 法 — 80
- Scheffé Test 法 — 82
Dunnett 多對一檢定（Dunnett's Test） — 83

- 關鍵字 — 86
- 參考資料 — 86
- 資料檔 — 86
- 作業 — 87

Chapter 6 兩個類別變數之檢定 — 89

獨立性檢定（test of independence） — 90
葉氏連續性校正卡方檢定 — 93
費雪精確性檢定 — 94
McNemar 檢定 — 95

進階閱讀 ▶▶▶ — 98

卡方檢定的應用 — 98
同質性檢定 — 98
適合度檢定 — 100

關鍵字	103
參考資料	103
資料檔	103
作業	103

Chapter 7　相關和線性迴歸分析　　107

相關係數之估計及相關性檢定　　109
簡單線性迴歸模型　　114

關鍵字	120
參考資料	120
作業	120

Chapter 8　相關和邏輯斯迴歸分析　　121

風險比：相對風險與勝算比　　122
簡單邏輯斯迴歸模型　　127

進階閱讀 ▶▶▶　　129

Cochran-Mantel-Haenszel 檢定　　129

關鍵字	133
參考資料	133
作業	133

Chapter 9　卜瓦松迴歸模型　　135

進階閱讀 ▶▶▶　　141

負二項式迴歸模型　　141

➤模型參數的推論	142
關鍵字	143

參考資料	143
資料檔	143
作業	144

Chapter 10 多變項迴歸分析 147

三種迴歸模型	148
二個自變數以上的迴歸模型	150
多變項迴歸模型中的交互作用	152
分層分析	154

進階閱讀 ▶▶▶ 156

非干擾性質的風險因子	156
➤線性迴歸模型的情況	157
➤邏輯斯迴歸模型的情況下	159
關鍵字	161
參考資料	161
資料檔	161
作業	162

Chapter 11 存活資料分析 163

存活資料的特殊性	165
Kaplan-Meier 估計法	166
檢定不同條件下的存活曲線是否有差別？	170
Cox 迴歸方法	172

進階閱讀 ▶▶▶ 176

風險比	176
如何檢驗比率風險模型是否合適？	177
分層比率風險模型	178

隨時間變化的共變數	180
設限	182
Cox 迴歸模型 vs. 卜瓦松迴歸模型	183
Log-rank 檢定 vs. Generalized Wilcoxon 檢定	184
關鍵字	187
參考資料	187
資料檔名	188
作業	189

Chapter 12 檢定力及樣本數 — 191

檢定力與樣本數	193
樣本平均數檢定的樣本數	195
比例檢定樣本數	198
進階閱讀 ▶▶▶	200
存活分析樣本數	200
關鍵字	203
參考資料	203
作業	203

Chapter 13 調查研究 — 205

設計問卷內容時注意事項	206
李克特量尺	208
問卷之信效度	209
➢前測	209
➢信度	209
效度	214
進階閱讀 ▶▶▶	216

▶案例分析 … 217

因素分析 … **219**
▶探索性因素分析步驟 … 220
▶主成分分析和因素分析之差異 … 224

建構因素之信效度 … **225**
關鍵字 … 227
參考資料 … 227
資料檔名 … 228
作業 … 228

Chapter 14 診斷工具之判斷準則 … **229**

衡量診斷工具的特性：敏感度及特異度 … **230**
陽性預測值及陰性預測值的計算 … **232**
最佳切點 … **235**

進階閱讀 ▶▶▶ … 237

概似比 … **237**
▶Fagan Nomogram … 239
關鍵字 … 240
參考資料 … 240
作業 … 240

Chapter 15 研究設計及統合分析 … **243**

觀察性研究 … **244**
▶世代研究 … 244
▶橫斷面研究 … 247
▶病例對照研究 … 248

臨床試驗 … **250**

統合分析　　　　　　　　　　　　　　　　252
- 統合分析進行之流程　　　　　　　　253

進階閱讀 ▶▶▶　　　　　　　　　　　255

統合分析之統計分析　　　　　　　　　255
- 同質性檢定　　　　　　　　　　　　256
- 合併估計值　　　　　　　　　　　　257
- 出版偏誤　　　　　　　　　　　　　258

關鍵字　　　　　　　　　　　　　　　261
參考資料　　　　　　　　　　　　　　261
作業　　　　　　　　　　　　　　　　262

中英索引　　　　　　　　　　　　　　263

Chapter 1

描述資料特徵的統計量及圖表

統計科學是一門研究如何蒐集及分析資料的方法學。過去的經驗及理論結果告訴我們，假如能夠應用有效的抽樣或實驗設計方法蒐集資料的話，則我們資料分析的結果或預測會產生較小的偏差或誤差；因此取得的結論也較可靠，較有科學價值。分析資料則包括如何呈現資料的主要特徵、如何推論分析比較不同資料的特徵等。

這一章，我們主要討論的是如何應用一些統計量或圖表來呈現資料的基本特徵。這些方法我們通稱為**描述性統計**（descriptive statistics）。描述性統計有別於**推論性統計**（inferential statistics），後者應用有限的**樣本**（sample）資料去作推論。例如，由 500 位第四期的大腸癌病人使用新舊藥的結果（樣本），去推論新的藥是否比舊的藥在治療第四期的大腸癌病人（是一種**母群體**（population））方面較有效？前者方法則可應用於樣本資料或母群體資料的統計。

母群體資料是全體的資料，通常除非國家政策上需要否則難以蒐集完整的全體資料。另外，有時資料也會隨著時間或其他因素的改變而變化。例如，人類的疾病情況會隨著年齡或治療的方式而改變。因此一個時期的母群體資料分析結果能否應用於另一個時期不無疑問。在醫藥的研究方面，雖然我國的健康保險資料庫及死因資料庫等，提供了相當完整的全民健康資料可以供作研究使用。但一般創新的醫學研究仍然經常必須仰賴樣本資料的蒐集集分析。樣本資料是全體資料的一小部分，通常必須經由科學的方法蒐集，要求樣本資料有代表性。由於樣本資料並

非全體資料，因此使用樣本資料作分析時難免有誤差，誤差的大小則和樣本資料是否有代表性或推論的方法是否夠好有關。推論性統計是在兼顧樣本誤差的前提下所發展出來的分析方法。

描述資料的統計量

資料特徵值的表達相當重要，它可以整合傳遞母群體或樣本資料所帶來的訊息，讓我們可以從這些特徵值的描述認識所研究族群的特色。下面的例子是內政部社會司針對 99 年時單親家庭狀況調查的一些統計結果：

「……我國因離婚、喪偶或未婚生育及收養而形成之單親家庭，由 90 年之 24 萬 8,299 戶（男性占 42.19%，女性占 57.81%）增至 99 年之 32 萬 4,846 戶（男性占 43.32%，女性占 56.68%），十年間計增加 7 萬 6,547 戶，或增加 30.83%。99 年單親家庭的單親成因主要以「離婚」者占 82.45% 最多，較 90 年之 65.77% 提高 16.68%。……」

「……單親父（母）雖多數有工作，惟收入偏低，高達 72% 的單親家庭每月平均收入在三萬元以內，超過七成的家庭入不敷出，而能得到政府福利津貼或補助者僅近 40%；約 50% 的單親家庭有貸款或債務，平均貸款或債務的金額為 148 萬元，其中以房屋貸款、信用卡卡債較多，經濟狀況普遍不佳。……」

這些統計結果陳述了一些特徵值，包括：**總數**（例如表 1-1 中說明 99 年時共有 324,846 人屬單親父母親）、**比例**（例如單親家庭中父親比例為 43.32%，母親比例為 56.68%）、**平均數**（mean）（例如 72% 的單親家庭中平均每月收入少於 3 萬，50% 的單親家庭中平均債務為 148 萬元）等等。這些數都是描述性統計方法中經常使用的特徵數。這些統計數除了讓我們很快可以掌握資料的特質外，也可以讓我們比較時使用。例如女男單親家長人數相比較約為 1.3（56.68% ÷ 43.32%）比 1。

比例值也是一種「平均數」。例如，表 1-1 中顯示了單親的原因的比率，我們可以定義一個「單親原因指標」，指標值為 1，若單親原因為離

表 1-1　單親家庭的基本特徵

項目別	實數	百分比	未婚	離婚	喪偶
總計	**324,846**	**100.00**	**2.96**	**82.45**	**14.58**
家庭每月平均收入					
未滿 17,280 元	116,132	100.00	2.98	79.98	17.04
17,280 元～未滿 3 萬元	116,279	100.00	3.17	81.93	14.90
3 萬～未滿5萬元	65,755	100.00	2.59	85.98	11.42
5 萬～未滿7萬元	14,405	100.00	2.13	86.08	11.80
7 萬～未滿 10 萬元	7,181	100.00	5.39	81.60	13.01
10 萬元以上	5,094	100.00	1.68	96.14	2.18
性別					
男	140,731	100.00	2.05	91.61	6.34
女	184,115	100.00	3.66	75.45	20.88
教育程度					
小學以下	22,241	100.00	2.06	64.56	33.39
國（初）中	89,132	100.00	3.68	79.57	16.75
高中、職（含五專前3年）	159,371	100.00	2.73	85.09	12.18
專科	34,392	100.00	2.70	87.03	10.27
大學	16,617	100.00	3.67	85.72	10.61
研究所以上	3,093	100.00	0.20	89.87	9.93
身分別					
一般人口	289,633	100.00	3.08	83.27	13.65
臺灣原住民	24,921	100.00	2.02	80.80	17.18
榮民、榮眷	4,144	100.00	5.19	82.85	11.96
新住民（原大陸、港澳地區）	2,464	100.00	－	52.03	47.97
新主民（原外國籍）	3,684	100.00	－	49.35	50.65

婚者，指標值為 0，若單親原因非為離婚者，則所有單親家庭的平均離婚指標值為 82.45%，即是表中以離婚為單親原因的比例值。平均數可以說是最經常被使用來描述資料的「**集中趨勢（central tendency）**」。

　　下面的圖 1-1 和圖 1-2 則是以圖形來表達資料的集中特徵。圖 1-1 和圖 1-2 均是**長條圖**（bar chart）的一種，圖 1-1 顯示單親家長所受教育

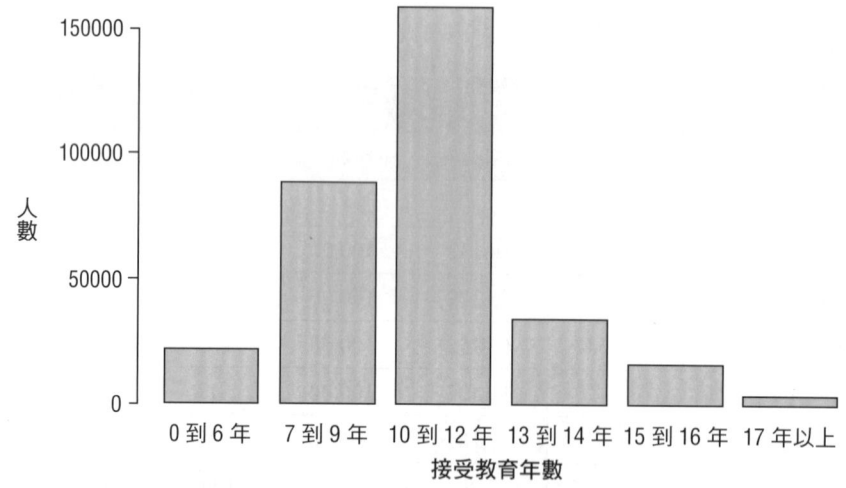

圖 1-1 單親家長的教育程度

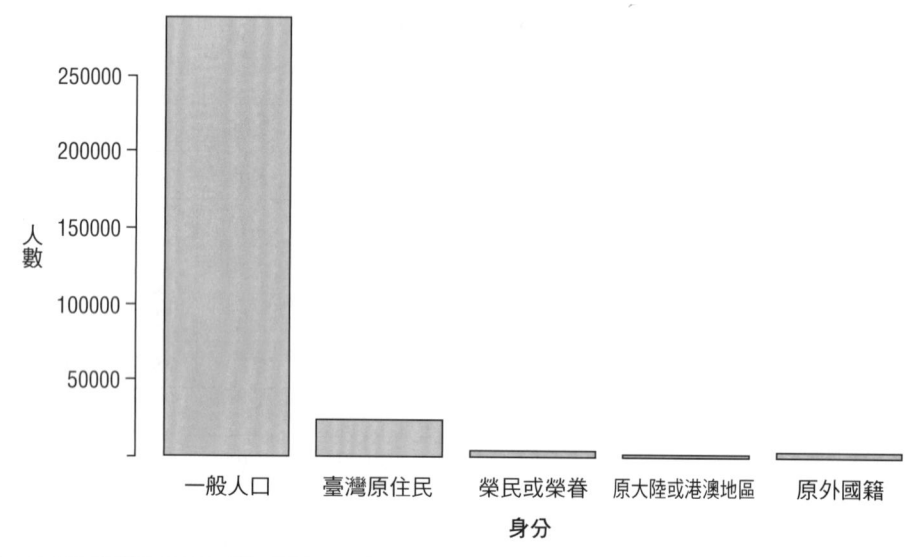

圖 1-2 單親家長的身分

的年數集中於 10~12 年,圖 1-2 顯示單親家長大部分是集中於「一般人口」身分的人。圖 1-1 的資料中,假如要使用一個數值來代表各種教育程度的話,使用平均教育年數「〔計算方式如下:10.2 = (3×22241 + 8×89132 + 11×159371 + 13.5×34392 + 15.5×16617 + 18×3093) ÷ (22241 + 89132 + 159371 + 34392 + 16617 + 3093);公式 = $\frac{\Sigma xf}{\Sigma f}$,$x$ 代表資料,f 是此資料發生的次數,若資料是像圖 1-1 的區間資料,則 x 是取區間的

中間值。〕」是一種理想的做法。使用「**眾數（mode）**」也是另一種做法；眾數是資料中出現最多次的數值。以圖 1-1 來看，雖然我們看不到原始數據，但我們知道單親父母的教育程度最多在 10~12 年；因此，我們通常取 $\frac{10+12}{2} = 11$ 年為眾數，我們的解釋是：最多人受教育的年數集中於 10~12 年（或 11 年附近）。若是圖 1-2 資料的話，眾數是「一般人口」，這是一種屬於「質性」的資料而非「量性」的資料（不是「數」的資料）。質性的資料由於資料不是數值資料，無法計算平均，因此也沒有所謂的平均數。這種情形下，僅能使用眾數來描述資料的集中趨勢。

中位數（median）是統計方法中另一種用來描述資料集中趨勢的統計量。若是我們將資料依大小排序，資料數值在中間的數即是中位數，因此我們知道有 50% 的資料其數值大（小）於中位數。表 1-2 中報告台北市的人口在於 97 年時癌症死因死亡年齡的平均數和中位數。這二種集中趨勢的統計量各有其代表的意義，但我們發現一個有趣的現象：死亡年齡的中位數，除女性乳癌及子宮頸癌外，皆大於死亡年齡的平均數。這是因為得癌症者在高齡死去的人比較多，在低齡死去的人較少，表示我國醫療水準是不錯的。若是年齡中位數低於平均數，則表示得癌症在低齡死去的比例相對較高，醫療水準有需要改善。圖 1-3 是台北市人口於 100 年時所有癌症死因的死亡年齡和人數分配圖，這種圖我們稱**負偏**

表 1-2 97 年台北市十大癌症死因死亡年齡平均數和中位數（單位：歲）

死因別		所有癌症死因	肺癌	肝癌	結腸直腸癌	女性乳癌	胃癌	攝護腺癌	胰臟癌	子宮頸癌	口腔癌	非何杰金淋巴癌
死亡年齡平均數	兩性	69.2	71.7	68.0	71.3	59.1	72.4	79.5	70.6	64.9	62.3	71.7
	男性	69.9	72.8	66.8	71.6	—	73.2	79.5	69.2	—	60.7	73.6
	女性	68.1	69.9	70.7	70.9	59.1	70.4	—	72.6	64.9	74.1	69.0
死亡年齡中位數	兩性	72	74	70	74	57	76	81	72	66	60	76
	男性	73	75	68	74	—	77	81	70.5	—	57	78
	女性	70	72	72	73	57	72	—	73	66	77.5	72

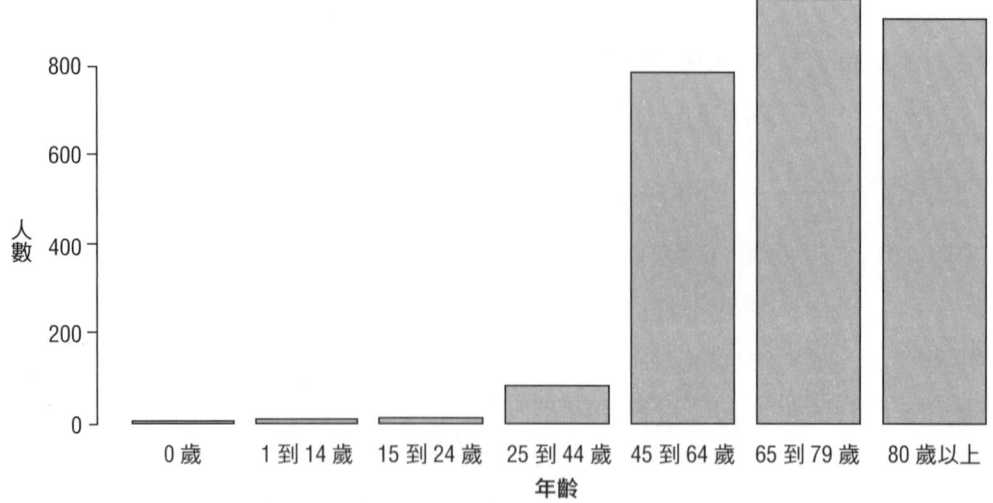

圖 1-3 100 年台北市癌症的死亡人數

（negatively skewed）分配圖。負偏分配圖所對應的中位數大於平均數。**正偏**（positively skewed）分配圖剛好相反，年齡小的人數相對於比年齡大的人數較多，此時平均數大於中位數。由上可知，由比較中位數和平均數的大小，我們也可以知道資料相對的特徵。此外，若是人數分配圖較「對稱」的時候（不正偏也不負偏），則通常我們會發現平均數和中位數值很近。此時，使用平均數或中位數的結果都是一樣的。

描述資料分散程度的統計量

表 1-3 所顯示的年齡特徵是由美國四個研究肺癌的醫學中心整合出來的樣本資料中分析得來的。部分樣本因資料不完整而遭受排除，最終分析的樣本數為 377。分析的變數包括研究中心、年齡、性別、化療、放療、抽菸史、第一次腫瘤惡化時間、存活狀態…等。表 1-3 除了計算集中趨勢的特徵值外，也計算了標準差、最大值、最小值、全距、第一及三個四分位數、IQR 等統計值。後面這些統計值都是用來描述資料的**分散**（dispersion）程度。理念上來看，若是所有的資料值都是相同時，則分散程度應為零；若是資料間差異程度越大，則我們分散度應該越大。統計分析上我們用不同的方式來表達資料間的分散程度。其中**全距**（range）是一種最簡單的方式，定義為資料中最大值和最小值的差異

表 1-3 根據三種抽菸史下，肺癌病人的年齡特徵

	無抽菸史	過去抽過菸（現在沒有）	現在有抽菸習慣
樣本數	53	289	35
平均數	66.1698	64.3391	63.4571
中位數	67	65	64
標準差	10.8659	9.759	10.3394
全距	49	50	46
最小值	38	35	36
最大值	87	85	82
第一四分位數	60	58	58
第三四分位數	74	72	70.5
IQR	14	14	12.5

量。另一種方式是**四分位距**（interquartile rang, IQR），四分位距是第三個四分位數（Q_3）和第一個四分位數（Q_1）的差異量（$Q_3 - Q_1$），而第一（三）個四分位數則是中位數以下（上）所有資料的「中位數」。全體資料本身的中位數又稱為第二個四分位數（Q_2）。基本上這三個四分位數 Q_1、Q_2、Q_3 將資料切割成四塊，每一塊所包含的資料量佔全體資料量的 1/4。IQR 有別於全體資料的全距，只表達了中間 50% 資料的的「全距」。表 1-3 顯示「無抽菸歷史」或「曾抽菸現在不抽」的病人中，其年齡差異程度較類似（全距或四分位距相似）。至於在「目前抽菸」的病人中，他們年齡的差異程度相對較小。

表 1-3 中另一種表達資料分散程度的方法是計算資料的**標準差**（standard deviation）。標準差的平方又稱為**變異數**（variance），假如我們用平均數表示資料的集中趨勢，則任一資料 x 和集中趨勢值 $\bar{x}$ 間變異的平方為 $(x-\bar{x})^2$，而變異數就是這些變異平方的平均：$\Sigma(x-\bar{x})^2 f/\Sigma f$。通常，若是資料為母體全部的資料，則變異數經常以 σ^2 表達；若資料僅是樣本資料，則變異數公式中的分母經常改為 $(\Sigma f)-1$，而樣本變異數（標準差）改以 S^2（S）表達。由於我們經常無法觀察到全體的資料，我們會應用樣本資料去計算 S^2，並用 S^2 代表不知道的「參數」σ^2，且稱 S^2 是參數 σ^2 的一種「估計」。表 1-3 中的標準差是樣本的標準差 S，是由

樣本資料計算取得的。樣本平均數 $\bar{x}$ 和樣本標準差 S 經常搭配在一起使用，前者表達資料的集中趨勢，後者則表示資料間分散差異的程度。理論顯示，在「常態」的母體資料（見第二章）下，我們發現「約有 95% 母體資料會落在 $\bar{x} \pm 1.96S$ 的範圍內」。因此，即使我們沒有母群體的所有資料，我們仍然可以使用 $\bar{x}$ 和 S 分別來表示母群體資料的集中趨勢及分散程度。

由以上的討論來看，在計算三種資料的分散度：全距、四分位距或標準差時，我們首先必須將資料排序、加總或相減，因此，量性的資料較適合。連續型的量性資料都可以應用於所有分散度的計算，但通常 $\bar{x}$ 和 S 搭檔使用，中位數（Q_2）則和 IQR（或全距）搭檔使用。

特徵值的計算及圖表製作

由以上的討論我們發現，資料的特徵值可以用不同的統計量表達，也可以用圖表來顯示。這些統計量的計算或圖表的製作經常必須借由統計軟體的應用來完成。本書所有的分析和圖表全部使用 R-web（雲端資料分析暨導引系統）完成。請參考網址：www.r-web.com.tw。

以下的資料[†]（參照資料檔：檔名lung_cancer_study），是前一小節中所談的有關肺癌研究的部分資料：

研究地點	性別	年齡	化療	存活時間（月）
DFCI	Female	55	No	110
DFCI	Female	41	No	98
DFCI	Male	47	No	110
DFCI	Male	73	NA	66
DFCI	Female	63	NA	29
DFCI	Male	72	NA	7
DFCI	Female	57	NA	53
DFCI	Female	55	NA	63
DFCI	Male	64	NA	23

[†] 備註：由 R-Web 所繪製之圖表，則忠實呈現 R-web 之結果。

第一章　描述資料特徵的統計量及圖表　　9

　　這些資料中總共有 479 筆資料，我們只列出前面的 10 筆。在資料檔上傳到 www.r-web.com.tw 後，以點選方式選用路徑：「分析方法➜摘要統計➜步驟一（資料匯入）：使用個人資料檔➜步驟二（參數設定）：選擇變數：AGE（年齡），SURVIVAL_MONTHS（存活時間）➜進階選項：選擇分組變數：GENDER（性別）➜開始分析」後得以下之結果。

　　特徵值統計（不包含遺失值）：

變數名稱 Variable		年齡	存活時間（月）
樣本數 Count	GENDER = Female	234	229
	GENDER = Male	244	240
總和 Sum	GENDER = Female	14940	12217.44
	GENDER = Male	15862	12068.68
平均數 Mean	GENDER = Female	63.8462	53.3513
	GENDER = Male	65.0082	50.2862
中位數 Median Q_2	GENDER = Female	64	48
	GENDER = Male	66	43
眾數 Mode	GENDER = Female	68	36
	GENDER = Male	62	66
標準差 Std. Dev.	GENDER = Female	10.6248	35.6806
	GENDER = Male	9.5353	35.8671
變異數 Variance	GENDER = Female	112.8861	1273.1053
	GENDER = Male	90.9217	1286.4522
全距 Range	GENDER = Female	54	203.47
	GENDER = Male	47	175.87
最小值 Minimum	GENDER = Female	33	0.53
	GENDER = Male	35	0.03
最大值 Maximum	GENDER = Female	87	204
	GENDER = Male	82	175.9
第一四分位數 Q_1	GENDER = Female	57	27.1
	GENDER = Male	59.75	20.965
第三四分位數 Q_3	GENDER = Female	72	73.22
	GENDER = Male	72	72.78
內四分位距 IQR	GENDER = Female	15	46.12
	GENDER = Male	12.25	51.815

若選用路徑：「➜圖表繪製 盒鬚圖➜步驟一（資料匯入）使用個人資料檔➜步驟二（參數設定）選擇繪製盒鬚圖之變數：SURVIVAL_MONTHS；選擇分類變數：SITE➜開始分析」則得以存活時間為分析變數，研究地點為分類變數的盒鬚圖：

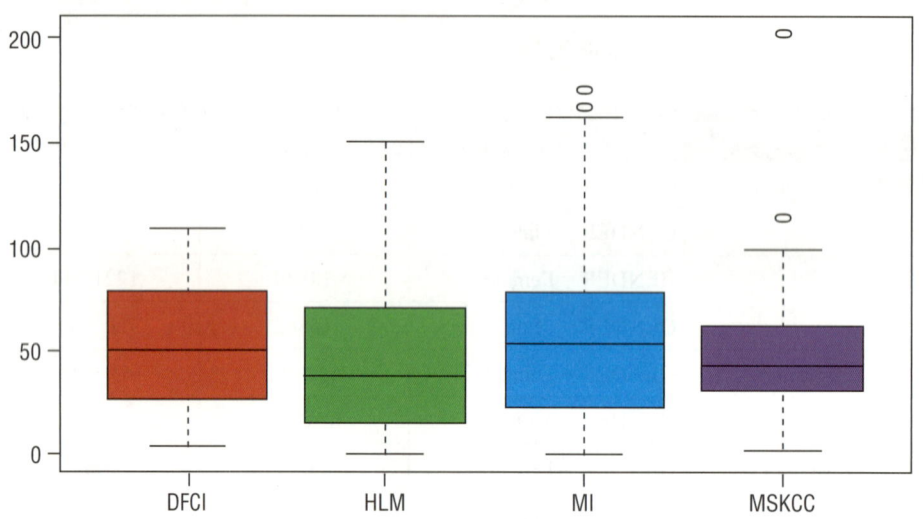

盒鬚圖（box and whisker plot），又稱為箱型圖，是一種檢視（比較）資料分散程度時相當實用的一種統計圖。盒鬚圖中會顯示資料的最大值、最小值、中位數、第一四分位以及第三四分位數等統計量。盒子的下界高度為 Q_1，中線高度為 Q_2，上界高度為 Q_3，因此盒子的長為 IQR。最高實線的高度是資料中小於（$Q_3 + 1.5 \times$ IQR）的最大數值，又稱為上端點值；最低實線的高度是資料中大於（$Q_1 - 1.5 \times$ IQR）的最小數值，又稱為下端點值。連結上下端點的線稱為「鬚線」。在「常態」母群體的資料下（$Q_1 - 1.5 \times$ IQR）和（$Q_3 + 1.5 \times$ IQR）的範圍內包含 99% 以上的資料量，因此鬚線以外的資料通常以「o」表示，稱為**界外資料**（outlier）。樣本資料若排除界外資料，則剩餘資料的全距就是鬚線的長度！

下面是依照路徑：「➜圖表繪製➜直方圖➜步驟一（資料匯入）使用個人資料檔➜步驟二（參數設定）選擇變數：SURVIVAL_MONTHS➜開始分析」點選後所得的**直方圖**（histogram）。

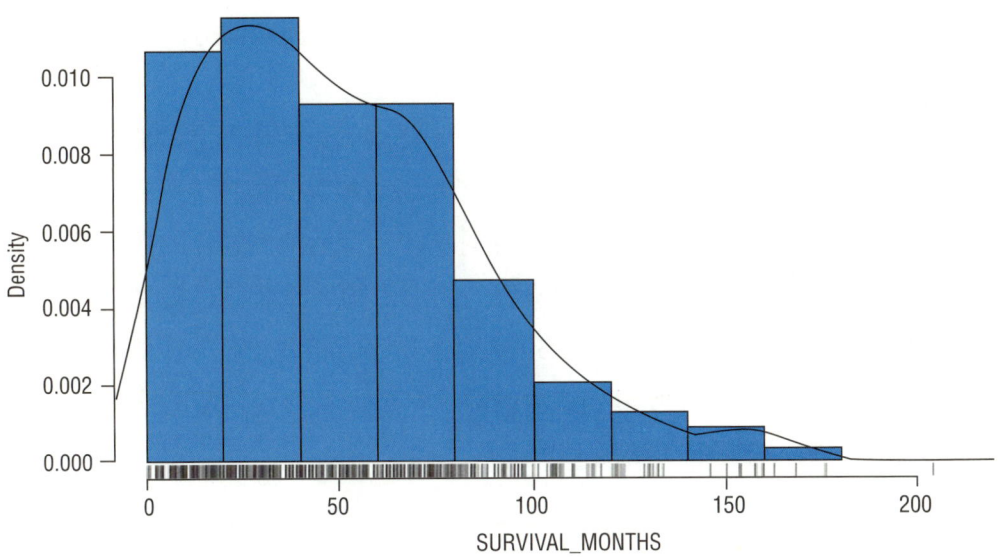

　　直方圖是一種將連續型數值資料分組後，依各組次數分配或相對次數分配數據以長方形矩形連接而成的統計圖，可以了解資料大小分配比例的情形，也可以知道眾數的位置。

　　下面是依照路徑：「 →圖表繪製→長條圖→步驟一（資料匯入）使用個人資料檔→步驟二（參數設定）選擇繪製長條圖的變數：SITE； 分組變數：GENDER→開始分析 」點選後所得的長條圖。（若需要有橫軸座標標題及縱軸座標標題，可在步驟二完成後，選擇進階選項，予以設定）

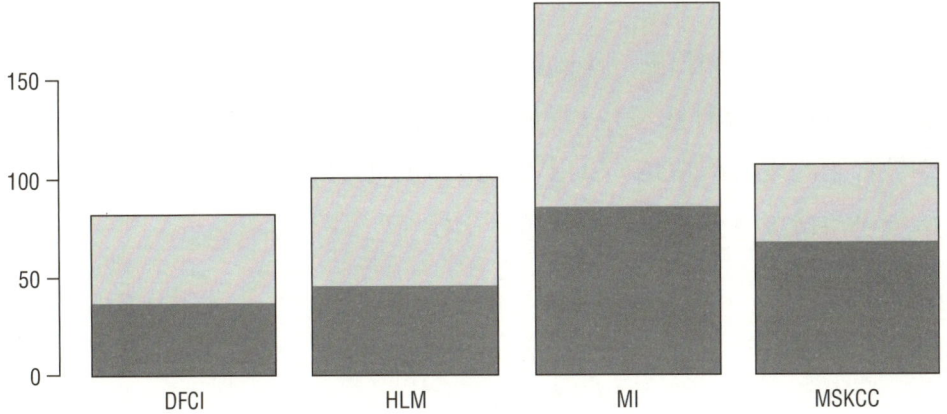

長條圖的功能和直方圖類似，用於表現類別資料之次數分配情形。選定繪製長條圖的變數後，以長條狀圖形表示各組次數分配情形，長條圖表示法中各長方矩形不相連。

最後是**二維散佈圖**（scatter plot）。將兩個可能相關之數值變數分別置於座標圖上的 X 與 Y 軸，用圖點標示各資料點的位置，可初步觀察兩變數間的相關性。下面 散佈圖是探討年齡及存活時間關係的散佈圖。紅色散佈圖是沒有接受放射性治療病人的散佈圖，淺藍色是接受放射性治療病人的散佈圖。散佈圖顯示 50 歲以上的病人接受放療的比例較高；年齡大的病人存活時間較短，其中也顯示年齡大且接受放療的病人較沒接受放療的病人存活時間更短。

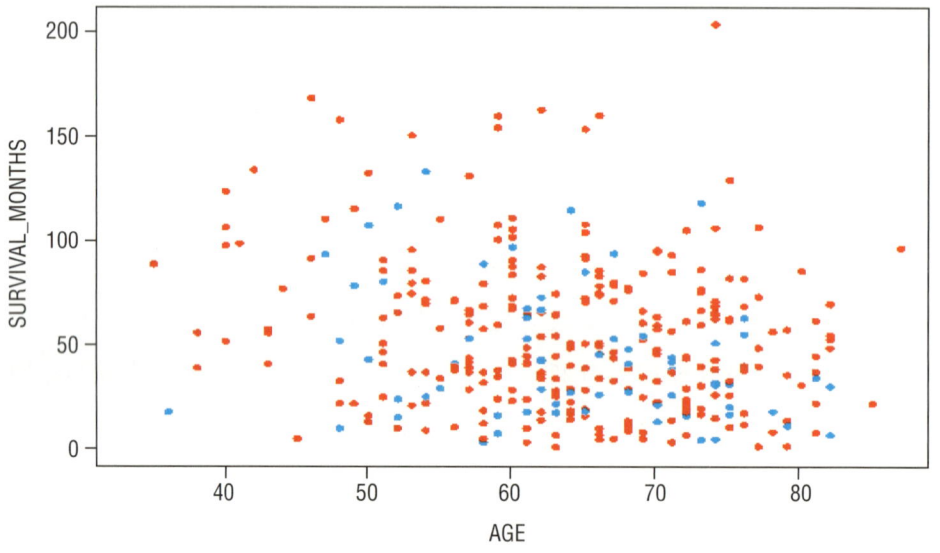

二維（2D）散佈圖分析的路徑：「 →圖表繪製→散佈圖→2D 散佈圖→步驟一（資料匯入）使用個人資料檔→步驟二（參數設定）選擇繪製散佈圖的變數：AGE，SURVIVAL_MONTHS；→分組變數：放射性治療→進階選項→圖點符號→開始分析 」

關鍵字

描述性統計　　　　　　　　全距
推論性統計　　　　　　　　四分位距
樣本　　　　　　　　　　　標準差
母群體　　　　　　　　　　變異數
平均數　　　　　　　　　　長條圖
比例　　　　　　　　　　　盒鬚圖
總數　　　　　　　　　　　直方圖
眾數　　　　　　　　　　　散佈圖
中位數

參考資料

Upton, G., Cook, I. (2006). Oxford Dictionary of Statistics, OUP. ISBN 978-0-19-954145-4

資料檔名

本章節分析資料檔，請參照 http://www.r-web.com.tw/publish 的資料檔選單，資料檔名為 lung_cancer_study

作業

1. PPHN 資料檔中包含嬰兒出生懷胎的週期及體重等資料。

(1) 請計算懷胎週期及體重的平均數、中位數、變異數及 IQR。

(2) 接續第 (1) 小題，請分別以男女嬰兒的結果呈現。

(3) 接續第 (1) 小題，請針對懷胎週期小於平均數以下的小孩，計算他們體重的平均數、中位數、變異數及 IQR。

2. 資料總結的五數（five-number summary）通常以極小數、極大數、中位數、第一和第三個四分位數來表達。由五數的結構我們通常可以約略地認識資料「分配」的狀態。使用 CVD_All 的資料：

(1) 計算收縮壓資料的五個總結數。
(2) 計算空腹血糖資料的五個總結數。
(3) 計算三酸甘油酯資料的五個總結數。
(4) 前面五個總結數，以男女分別呈現。
(5) 從 (4) 中五個總數的比較，你有什麼結論？

3. 接續第 2 個題目中的第 4 個小題，請使用盒鬚圖，探討男女資料分散程度的差異性。

4. 接續第 2 個題目中的資料：
(1) 請畫出收縮壓資料的直方圖。
(2) 請畫出舒張壓資料的直方圖。
(3) 請比較前面二個直方圖，並列出結論。

5. 接續第 2 個題目中的資料，請針對收縮壓及舒張壓，畫出 2D 散佈圖，並探討二個變數間的相關性。

Chapter 2

基礎機率及抽樣分配

上一章已經介紹基本統計概念以及描述資料特徵的統計量,其中有些統計量主要應用在推論母群體的特徵例如平均數,由於統計量的計算主要是以蒐集的資料為基礎,資料蒐集過程中常會使用到隨機抽樣,使得統計量隱含誤差,無法完全精確得到母群體的參數,因此會藉由機率模型來描述這樣的現象以推論母群體的參數,本章將介紹機率的基本概念、常見的機率分配,以及統計推論中常會用到的中央極限定理。

機率是一個介於 0~1 之間的數值,用以描述一個隨機事件發生的可能性,數值愈大代表發生的可能性愈高,但不代表必定發生,例如吸菸已經被發現是心血管疾病重要危險因子之一,但是沒有吸菸並不意味不會得到心血管疾病,吸菸並不代表一定會得到心血管疾病,在這個情況下,為了了解危險因子吸菸對心血管疾病的影響,會利用比較吸菸與不吸菸兩群人個別得到心血管疾病的機率(又稱為得病的風險)的差異方式來了解兩者的關係,因此會看到吸菸與心血管疾病相關的研究報告如下:

「吸菸者心血管疾病死亡風險升高 2~7 倍,戒菸一年發作機率就可減半。」

許多人都知道吸菸會導致肺癌,卻不知道吸菸會造成自己與配偶心肌梗塞和中風!美國疾病管制局(CDC)出版的菸害報告亦指出,男女性吸菸者比非吸菸者有高達 2~7 倍的心血管疾

病死亡風險；另外，吸菸者的配偶、父母、家人暴露於二手菸，也會大大提升死於中風與心臟病的機會。臨床研究顯示，菸品中的尼古丁等物質會加速動脈硬化，讓血液黏稠、血管缺乏彈性，一旦引發阻塞會造成缺血性中風，若是血管破裂，則會造成出血性中風，菸品對心血管造成的惡劣影響，也容易引發心肌梗塞。

（此段摘錄自國民健康署網頁：http：//www.hpa.gov.tw/BHPNet/Web/News/News.aspx?No＝201310240001）。

其中「男女性吸菸者比非吸菸者有高達 2~7 倍的心血管疾病死亡風險」表示吸菸者因心血管疾病導致死亡的機率為沒有吸菸者的 2~7 倍，代表吸菸更容易造成心血管疾病死亡。表 2-1 為基隆地區心血管疾病調查資料，我們將利用這筆資料介紹機率的基本概念，資料包含兩個變項（有無心血管疾病、每日吸菸量）合計 61,963 人，假設每個人被抽到的機率都一樣時（此抽樣稱為簡單隨機抽樣），每個人被抽中的機率為 1/61,963，所以抽到的人每日吸菸量為 0 包、1 包、2 包、超過 2 包的機率分別為 45,795/61,963、14,404/61,963、1,596/61,963、168/61,963，由於只有完成抽樣時才能知道抽出的人每日吸菸量為何，但在還沒有抽取前，並無法知道這個人的每日吸菸量，此機率主要用來描述抽出的人每日吸菸量的可能性，機率上稱抽出人的每日吸菸量（X）為**隨機變數**（random variable）。由此可知機率不只是描述可能性，同時具有比例的概念。如果事件改為每日吸菸量是 0 包、1 包、2 包、超過 2 包的其中一種，因為隨機抽取一個人必屬於這四類，此事件機率為 1。

表 2-1 心血管疾病與吸菸量人數表

每日吸菸量	心血管疾病 無（0）	心血管疾病 有（1）	合計
0 包	41,629	4,166	45,795
1 包	13,021	1,383	14,404
2 包	1,420	176	1,596
超過 2 包	144	24	168
合計	56,214	5,749	61,963

當有多個隨機變數或稱為**變項**（variables）必須考慮時，每個變項會有自己的可能值，同時考慮所有變項可能值的個別發生機率稱為**聯合機率**（joint probability），例如每個人有每日吸菸量（X）及心血管疾病（Y）的兩個變項，隨機抽出的人在這兩個變項有各自的可能值，總共有 8 種組合的聯合機率（如表 2-2），其中抽到每日菸量為 0 且沒有心血管疾病的人的聯合機率為

$$P(X=0, Y=0) = 41,629/61,963 = 0.6718。$$

若只考慮單一變項的事件機率而不考慮其他變項時的機率稱為**邊際機率**（marginal probability），例如每日菸量為 0 包的機率為 45,795/61,963，亦可表示成所有含每日吸菸量為 0 包的聯合機率加總起來，

$$P(X=0) = P(X=0, Y=0) + P(X=0, Y=1)$$
$$= 41,629/61,963 + 4,166/61,963$$
$$= 41,629/61,963，$$

同樣的方法可以得到心血管疾病的機率

$$P(Y=1)$$

為

$$4,166/61,963 + 1,383/61,963 + 176/61,963 + 24/61,963 = 5,749/61,963。$$

在醫學上常會比較暴露在不同危險因子下得病的機率是否有差異，以了解危險因子與疾病的關係，如欲探討每日吸菸量族群對心血管疾病

表 2-2 心血管疾與吸菸量機率

每日吸菸量	心血管疾病 無（0）	心血管疾病 有（1）	合計
0 包	0.6718	0.0672	0.7390
1 包	0.2101	0.0223	0.2325
2 包	0.0229	0.0028	0.0258
超過 2 包	0.0023	0.0004	0.0027
邊際機率	0.9072	0.0928	1.0000

的影響，會透過比較各組的心血管疾病罹患機率是否有差異以了解兩者的關係，這個機率稱為**條件機率**（conditional probability），意指給定一個條件（每日吸菸量）下有興趣事件（有心血管疾病）發生的機率，可以表示成

$P(Y=1|X=0)$、$P(Y=1|X=1)$、$P(Y=1|X=2)$、$P(Y=1|X>2)$，

可以得到表 2-1 資料各組的得病條件機率為 $4,166/45,795=0.091$、$1,383/14,404=0.096$、$176/1,596=0.1103$、$24/168=0.1429$，結果顯示心血管疾病發生機率會隨著每日吸菸量的增加而增加。另外，條件機率可以表示成聯合機率與邊際機率的相除，反之聯合機率可以表示成條件機率與邊際機率的乘積（此為機率的乘法法則），例如

$$P(Y=1|X=0) = P(Y=1, X=0)/P(Y=0)$$
$$= (4,166/61,963)/(45,795/61,963)$$
$$= 4,166/45,795。$$

當兩個變項的事件發生彼此不影響時，稱為**獨立**（independent），此時聯合機率就可以表示成個別的邊際機率相乘 $P(X, Y) = P(X)P(Y)$，且條件機率不會受條件變化的影響（即 $P(Y|X) = P(Y)$），若兩變項不獨立時，稱兩者是相關的。所以如果每日吸菸量與心血管疾病是獨立的話，無論每日吸菸量為何，心血管疾病發生機率都會是一樣的，但表 2-1 資料結果顯示條件機率都是不一樣的，表示每日吸菸量與心血管疾病是相關的。

前面介紹的條件機率的計算是依據完整的聯合機率密度所計算出來，但是實務上有時候無法蒐集到如此完整的資料。在某些研究中，會針對有病和沒有病的人來蒐集資料，以便回溯其過去的生活習慣或危險因子暴露的程度，像是針對有心血管疾病和沒有心血管疾病的病人蒐集其過去的每日吸菸量，以得到給定心血管疾病狀態的每日吸菸量的條件機率 P (每日吸菸量|心血管疾病)，但是最終有興趣知道不同每日吸菸量得到心血管疾病的條件機率 P (心血管疾病|每日吸菸量)，以了解每日吸菸量是否為心血管疾病致病的危險因子。此時需要利用**貝氏定理**（Bayes'

Theorem）推估這個條件機率，如欲推估每日吸菸量為 0 包這群人得心血管病的機率時，先利用有心血管疾病族群中每日吸菸量為 0 包的機率

$$P(X=0|Y=1) = 0.7241$$

與有血管疾病的邊際機率

$$P(Y=1) = 0.0928$$

相乘求得兩者的聯合機率

$$P(X=0, Y=1) = 0.7241 \times 0.0928 = 0.0672，$$

同樣的方法再去求得其他的聯合機率以便計算邊際機率，因為這裡依心血管疾病只分成兩組，僅須求得

$$P(X=0, Y=0) = 0.7405 \times 0.9072 = 0.6718，$$

可以得到每日吸菸量為 0 的邊際機率

$$P(X=0) = 0.0672 + 0.6718 = 0.739，$$

最後將聯合機率和邊際機率相除即可得到每日吸菸量 0 包的人得到心血管疾病的機率 0.0909，其計算方式如下：

$$\begin{aligned}P(Y=1|X=0) &= \frac{P(Y=1, X=0)}{P(X=0)} \\ &= \frac{P(X=1|Y=0)P(Y=1)}{P(X=0|Y=0)P(Y=0) + P(X=0|Y=0)P(Y=1)} \\ &= \frac{0.7241 \times 0.0928}{0.7241 \times 0.0928 + 0.7405 \times 0.9072} = 0.0909\end{aligned}$$

結果與直接利用原始的聯合機率和邊際機率相除結果 0.0672/0.7391 是相同的。另外，在實證研究時亦會利用到此定理，我們將於第十四章診斷工具之判斷準則中再作介紹。

機率分配

前面介紹了機率的基本概念，接下來要介紹一些常被用來描述統計量隨機行為的**機率分配**（probability distribution）。主要可以分成離散型、連續型兩大類，其中離散型常用來描述質性資料、類別型資料、**計數型態資料**（count data），連續型則可以用描述身高、體重、血壓。這小節將介紹統計學常用的分配，包含 (1) 離散型：**二項式分配、卜瓦松分配**；(2) 連續型：**常態分配**。

在離散型中，最簡單的型式是**二元變項**（binary variable）的隨機變數，表示事件只有兩種狀態，例如成功或失敗、疾病的有或無、存活或死亡、性別，通常成功的機率以 p 表示，失敗的機率則為 $1-p$。例如人口中男女生比例相等，隨機抽樣時男女抽中的機率皆為 0.5，如果假設男生或女生代表成功（$p=0.5$），隨機抽取五個樣本時男生出現次數為 0 的機率為 $0.5\times0.5\times0.5\times0.5\times0.5=0.03125$；男生出現 1 次可能發生在 5 次的任意其中一次，會有 5 種可能，所以機率為 $5\times0.5\times0.5\times0.5\times0.5\times0.5=0.15625$；出現 2 次就會是任意 5 次取 2 次出現的組合，即有 $\frac{5\times4}{2}$ 可能的組合，依此類推。所以如果重覆 n 次試驗，且每一次都是獨立的事件且成功機率為 p，因為在計算過程中用到二項式的排列組合，所以代表成功次數的隨機變數（X）稱為**二項式隨機變數**（binomial random variable），其機率分配稱為**二項式分配**（binomial distribution），可能值為 $\{0, 1, 2, 3, ..., n\}$。出現 x 次數的機率可以表示成：

$$P(X=x\,;p)=\frac{n!}{x!(n-x)!}p^x(1-p)^{n-x}\,,\ x=0,1,2,...,n\,,\ 0<p<1\,,$$

此函數稱為**機率質量函數**（probability mass function）。抽樣 5 次的機率可以利用 R-web 計算機率，操作方式為：機率分配 → 分配機率函數 → 步驟一（分配選擇）：binomial → 步驟二（參數設定）：給定 x 值設為 0、1、2、3、4、5 且 $n=5$、$p=0.5$，可得到對應的機率為 0.0312、0.1562、0.3125、0.3125、0.1562、0.0312。

圖 2-1 和圖 2-2 分別為 $p = 0.5$ 和 $p = 0.2$ 不同 n 的機率分配圖。當 $p = 0.5$ 時，其分配會是一個對稱分配。n 愈來愈大時會像是一個**鐘形曲線**（bell-shaped curve）；雖然 $p = 0.2$ 不是一個對稱的分配，當 n 變大時也會出現相同現象，由此可見這樣的特性不會因為 p 的大小而改變，主要是因為中央極限定理的特性，我們將會於本章後面介紹此定理。利用 R-web 繪製各機率分配圖：機率分配 ➔ 機率分配圖 ➔ 步驟一（分配選擇）：binomial ➔ 步驟二（參數設定）：勾選機率密度圖，設定 n 為 5 且 $p = 0.5$，即可得到對應的機率分配圖。

一般在使用二項式分配來描述一個事件時，如果 n 和 p 都已知時，就可以具體計算出每一個事件的機率，在統計學上稱 n、p 為二項式分配的**參數**（parameter）。實際上通常 n 是已知，p 是未知的，會藉由資料的

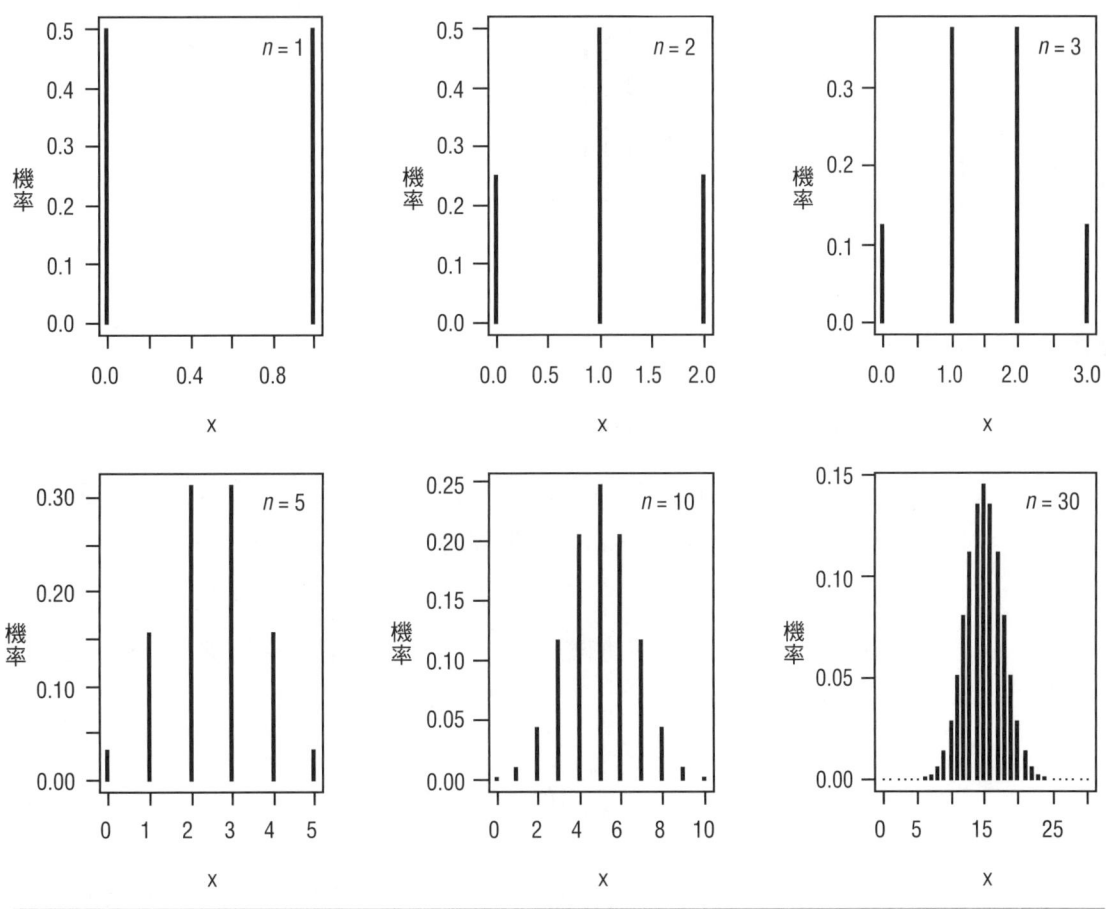

圖 2-1 二項式分配 $p = 0.5$

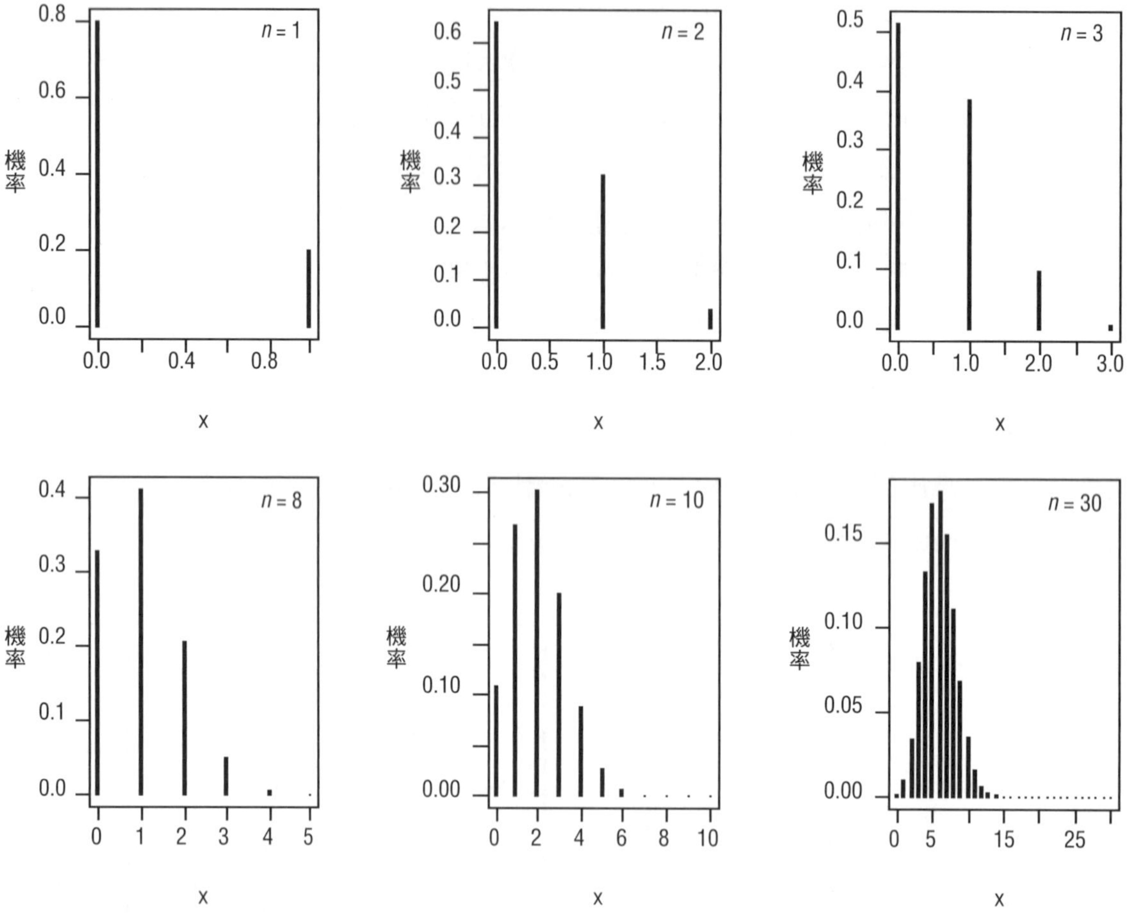

22 實用生物統計方法及 R-Web

圖 2-2 二項式分配 $p = 0.2$

蒐集來推估通常未知的參數 p。在前一章已經介紹平均數和變異數會搭配在一起以表達資料的集中趨勢和資料間分散差異的程度，不同的機率分配也可以利用**平均數**（mean）和**變異數**（variance）來表達同樣的特徵，只是兩者的計算不同於前一章的方式。在統計上，利用隨機變數的可能數值與相對應的機率相乘加總起來的加權平均稱為**平均數**（mean）或**期望值**（expected value），二項式分配的平均數為

$$\sum_{x=0}^{n} xP(X = x; p) = np$$

變異數計算方式為次數減掉平均數的平方，再乘上對應的機率加總起來，即隨機變數「偏離」平均數程度的加權平均，二項式分配的變異

數為

$$\sum_{x=0}^{n}(x-np)^2 P(X=x\,;p) = np(1-p)$$

圖 2-1 和圖 2-2 顯示資料會集中於平均數附近，例如 $n=30$ 時資料分別集中在 $30\times 0.5=15$ 和 $30\times 0.2=6$ 附近。此外，兩者的變異數分別為 $30\times 0.5\times 0.5=7.5$ 和 $30\times 0.2\times 0.8=4.8$，因為 $p=0.5$ 的變異數較大，所以隨機變數比較分散。

另一個常用的離散型分配為**卜瓦松分配**（Poisson distribution），此分配經常被用來描述一段區間內事件發生次數的機率。「發生次數」是計數型的資料，可以用來表示一年內疾病或死亡發生的次數。其主要假設為：(1) 各小段區間發生的次數是彼此獨立的。(2) 在極短的區間內，發生一次的機率與時間長短成正比。(3) 在極短區間內發生次數僅為 1 次或 0 次。卜瓦松分配僅有一個大於 0 的參數 λ，可以解釋為在這段區間發生的平均次數，也是變異數。依據卜瓦松假設，多個獨立的卜瓦松相加時，可以看成一個卜瓦松區間的延長且長度等於個別的總和，因此這個總和還會是一個卜瓦松分配且平均數和變異數會等於個別的總和。例如流行性感冒服從在第一年發生次數是平均數為 0.1 的卜瓦松分配，第二年的發生次數是平均數為 0.2 的卜瓦松分配，若這兩年發生次數是獨立的，則這兩年發生的次數總和的機率分配即是平均數 λ 為 0.3 的卜瓦松分配。

卜瓦松分配中發生 x 次機率可以表示成：

$$f(x\,;\lambda) = \frac{e^{-\lambda}}{x!}\lambda^x,\ x=0,1,2,...,\ 0<\lambda<\infty$$

圖 2-3 為不同參數的卜瓦松分配，可以發現資料會集中在平均數 λ 附近，且 λ 愈大資料愈分散。當 $\lambda=0.1$ 時，x 等於 0、1、2、3 次數機率為 0.9048、0.0905、0.0045、0.0002，R-web 操作方式：機率分配→分配機率函數→步驟一（分配選擇）：Poisson→步驟二（參數設定）：給定 x 值設為 0，1，2，3，$\lambda=0.1$。機率分配圖：機率分配→機率分配圖形→步驟一（分配選擇）：Poisson→步驟二（參數設定）：勾選機率密度圖，設定 λ。

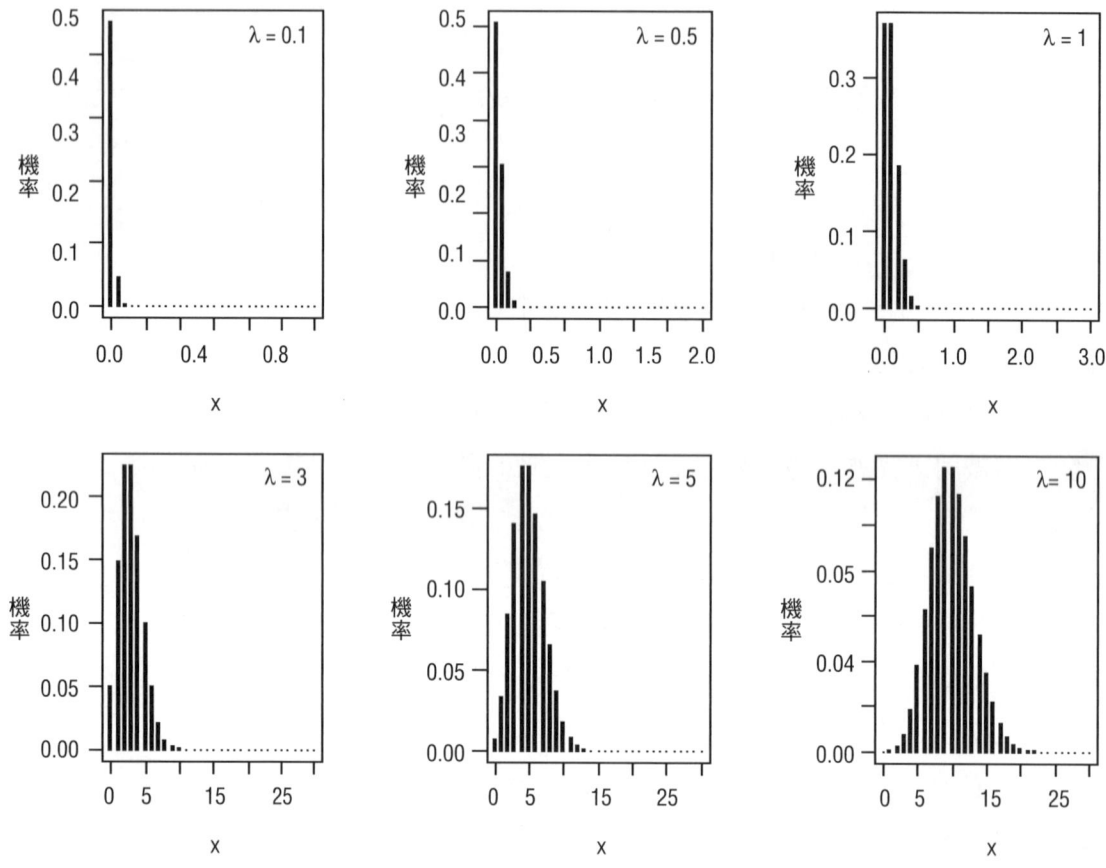

圖 2-3 卜瓦松機率分配

　　連續型隨機變數（continuous random variable）常用來描述數值型資料，例如身高、體重、BMI。連續型變數的機率經常以**機率密度函數**（probability density function）$f(x)$ 表達。不同於離散型隨機變數，計算方式是利用積分方法求得，例如

$$P(a \leq X \leq b) = \int_a^b f(x)dx$$

表示隨機變數值發生在 a, b 區間內的機率。為了符合整體機率為 1 的性質，此函數必須滿足

$$\int_{\text{所有可能值}} f(x)dx = 1 \text{；}$$

此外，另一個常見的名詞為**累積機率函數**（cumulative distribution function），是指隨機變數小於等於該數值的機率，通常會以

$$F(x) = \int_{-\infty}^{x} f(t)dt$$

表示。

常態分配（normal distribution）又稱**高斯分配**（Gaussian distribution），是最常見的連續型分配，特色為分配會集中在平均數附近且左右對稱，機率密度函數的外表有如一個鐘形，屬於**鐘形曲線**（bell-shaped curve）的分配。鐘形分配的特性普遍存在生活中的資料分配，例如圖 2-4 為 57,387 名基隆市無心血管疾病民眾收縮壓的**直方圖**（histogram），平均數和標準差分別為 122 與 20，圖中虛線部分為平均數和標準差分別為 122 與 20 的常態分配機率密度函數。可以發現兩者分配非常相似，表示可以利用常態分配來描述無心血管疾病民眾的收縮壓行為。

常態分配有兩個參數：平均數與變異數（或標準差），一般會以 μ

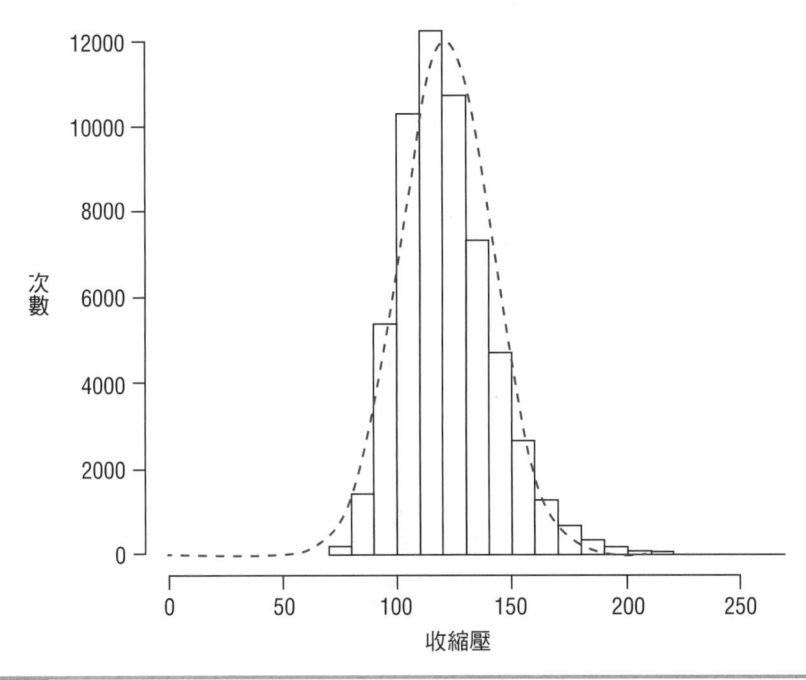

圖 2-4 57,387 名無心血管疾病基隆市民的收縮壓分配圖

和 σ^2（或 σ）表示，其機率密度函數可以表示成：

$$f(x;\mu,\sigma^2) = \frac{1}{\sqrt{2\pi\sigma^2}} e^{-\frac{1}{2\sigma^2}(x-\mu)^2},$$
$$-\infty < x < \infty, \ -\infty < \mu < \infty, \ 0 < \sigma^2 < \infty$$

圖 2-5 為不同平均數以及變異數的常態分配圖，可以發現常態分配主要集中在平均數並以平均數為中心對稱分布，變異數會影響到整個分配的形狀，愈大時分配會愈扁平，如圖中平均數為 0 時，標準差為 1、0.5、2、5 的形狀有所不同。平均數並不影響分布的形狀，僅影響位置，如圖中平均數為 0 或 1，標準差均為 1 的兩個分配，僅是位置的不同，其餘形狀皆相同。平均數為 0 且變異數為 1 的分配稱為**標準常態分配**（standard normal distribution），通常會以 Z 分配表示，任何不同參數的常態分配隨機變數減掉其平均數再除以它的**標準差**（standard deviation），則此隨機變數的機率分配會變成一個標準常態分配，此步驟稱為**標準化**（standardize）。我們在計算一般常態分配的機率時，都會透過標準化的步驟求得機率。另外，由於常態分配機率分布並無法利

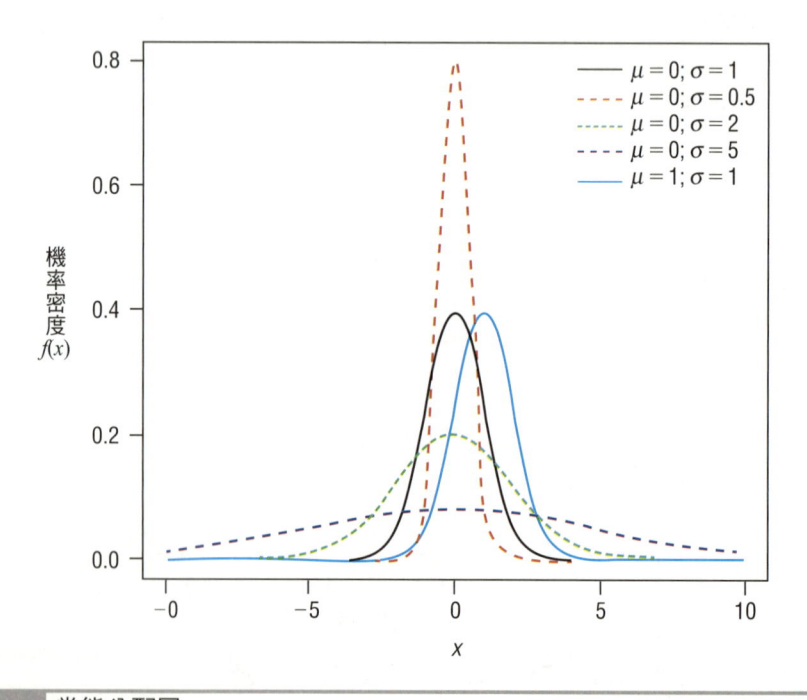

圖 2-5　常態分配圖

用積分的方式求得，因為沒有確切的公式可以求得，只能利用數值方法，傳統上因計算不容易，通常會利用已計算好的「標準常態分配表」供大家查表求機率。現在由於電腦計算的發達，不須再利用查表方式求得常態分配的機率，R-web 亦提供計算常態分配機率的功能。如欲計算收縮壓平均數為 122 且標準差為 20 的常態分配，正常血壓介於 90 到 140 之間的機率操作方式：機率分配→分配累積機率→步驟一（分配選擇）：normal→步驟二（參數設定）：給定 x 值設為 90、140，$\mu = 110$ 且 $\sigma = 10$，可得到 90 和 140 的累積機率分別為 0.0548 與 0.8159，可得到介於 90 和 140 之間的機率為 0.7611，如果以平均數為 122 且標準差為 20 的常態分配來描述基隆市無心血管疾病市民的收縮壓，表示有 76.11% 的人其收縮壓落在 90 和 140 的範圍內。

抽樣分配介紹

雖然前述的機率分配可以協助大家描述統計量的隨機特徵，但是仍存在不少統計量是無法利用常見的機率分配來表達其隨機分配的性質，必須要利用不同的方法來推論統計量的隨機性質。其中，最常被經常討論的統計量就是樣本平均數。**中央極限定理**（central limit theory）提供了一個解決方案：當抽樣 n 筆資料來自同一個機率分配且每一筆資料的抽樣過程都是獨立的，假設分配的平均數和標準差為 μ 和 σ，當樣本數 n 夠大時，抽樣資料的平均數會服從一個平均數為 μ 且標準差為 $\dfrac{\sigma}{\sqrt{n}}$ 的常態分配，經過標準化會變成標準常態分配。其實這個性質已經出現在圖 2-1、圖 2-2 和圖 2-3，圖 2-1、圖 2-2 中 $p = 0.5$、$p = 0.2$ 的二項式分配可以看成獨立的 $n = 1$ 二項式分配加總，這也是為什麼在圖 2-1 和圖 2-2 中當 n 愈大時，分配會像是個常態分配。同樣地，平均數較大的卜瓦松分配也可以看成多個獨立平均數較小且相等的卜瓦松分配加總，使得圖 2-3 中卜瓦松分配平均數為愈大者愈趨近於常態分配。

根據中央極限定理可以知道任意蒐集的 10 個無心血管疾病樣本的收縮壓平均數會服從平均數為 122 且標準差為 $\dfrac{20}{\sqrt{10}} = 6.32$ 的常態分配，當有一組資料為 122.0、93.5、95.0、127.0、111.0、151.0、141.5、116.0、

139.0、157.5 時，此 10 筆資料平均數為 125.35，10 個樣本平均數的分配與資料的樣本平均數的關係可以圖 2-6 表示。當要推論此筆資料母體平均數是否與無心血疾病者同，會計算比 125.35 更大的值的機率以當作衡量指標（圖 2-6 灰色部分），此機率稱為**尾部機率**（tail probability）。如果資料與母體來自於同一個分配時，資料的平均數比較可能是在母體平均數附近，此時尾部的機率會較大。尾部機率愈大，愈可以推論蒐集的資料是來自相同的母體，因此尾部機率會被當作一種證據力強度的衡量指標。由於是計算分配的右邊機率，此時稱為右尾機率，如果是計算左邊的機率，則稱為左尾機率，左右的計算會依推論的興趣來決定，此推論方法將於第四章平均數檢定中介紹。右尾機率的通用型式可以表示成圖 2-7，標準常態右尾機率為 α 所對應的值 z_α 稱為**臨界值**（critical point）或 α **分位點**（quantile），125.35 右尾機率 R-web 操作方式：機率分配→分配累積機率→步驟一（分配選擇）：normal→步驟二（參數設定）：給定 x 值設為 125.35，$\mu = 122$ 且 $\sigma = 6.32$，會得到左尾機率為 0.702，所以右尾機率為 1－0.702 = 0.298。標準常態分配 0.05 分位點的 R-web 操作方式：機率分配→分配百分位數→步驟一（分配選擇）：normal→步驟二（參數設定）：給定 p 值設為 0.95，$\mu = 0$ 且 $\sigma = 1$，0.05 的分位點為 1.6449，又稱為**第 95 百分位數**（95 th percentile）。

計算尾部機率和統計檢定方法有很密切的關係，雖然很多種統計

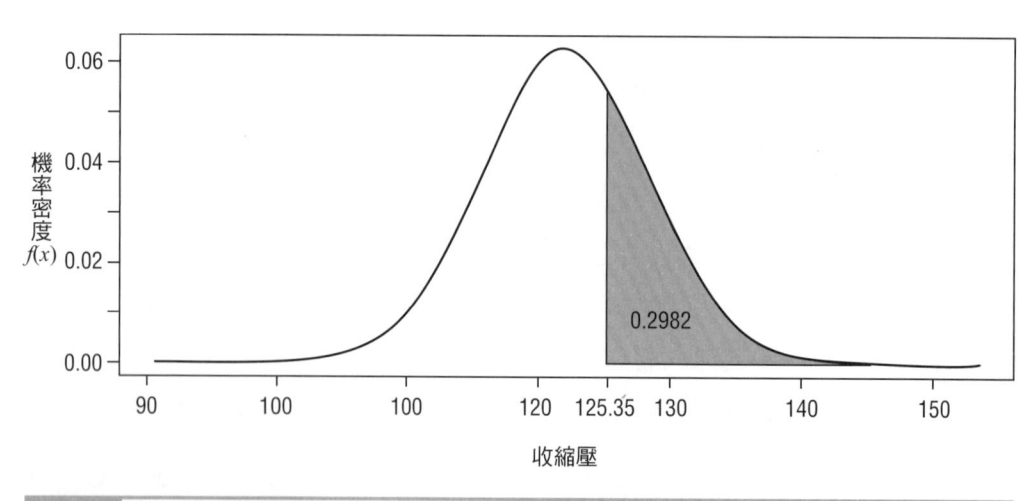

圖 2-6 收縮壓尾部機率

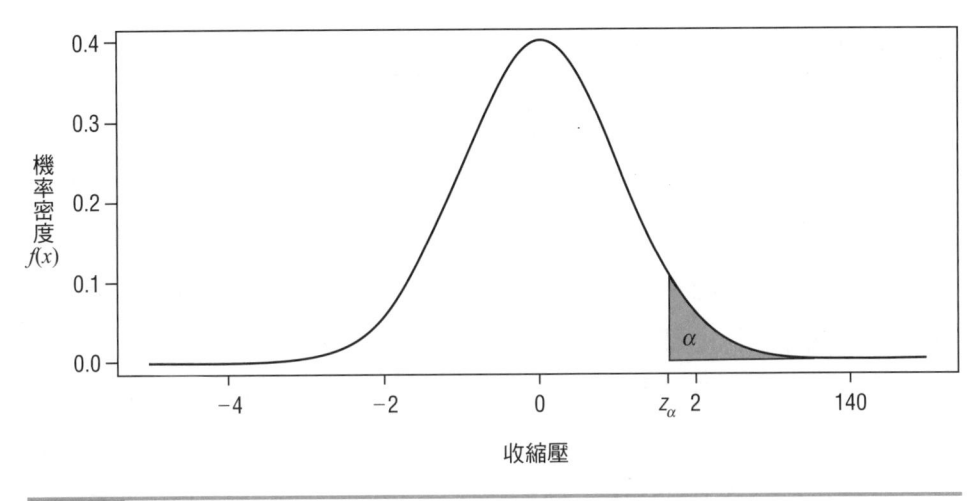

圖 2-7 尾部機率

量的分配計算可以用常用的機率分配來計算，但這些常用的**抽樣分配**（sampling distribution）除了常態分配外，還有 t 分配、F 分配、卡方（chi-square）分配、韋伯分配…等等。此外，生物統計分析中還有許多很重要的統計量我們不清楚其機率分配為何？此時，我們有時也可以利用一些模擬技術來計算機率分配或尾部機率。

進階閱讀 ▶▶▶

機率質量函數與機率密度函數

連續型隨機變數不像離散型分配稱為機率質量函數而稱為機率密度函數，會稱為機率密度函數是因為這個函數所對應值 $f(x)$ 並不是指發生該值 x 的機率，由於連續型隨機變數有無限多個可能值，單一點佔有的比例會趨近於 0，所以在連續型隨機變數計算單一點的機率是沒有意義的，無論哪一種連續型隨機變數分配，可推論單一點發生機率為 0。所以一般在連續型隨機變數中不會計算單一點的機率，會是計算一個區間的機率。

拔靴法與隨機排列法

除了利用中央極限定理得到近似的抽樣平均分配之外，**拔靴法**（boostrapping）提供了另一種方式建立抽樣平均分配，此方法把蒐集到的資料當作是一個母體，重覆抽樣相同個數的資料且抽取後放回，每一次抽樣都會計算一個平均數，此步驟重覆多次之後所得到的值就可以建立抽樣平均的分配。圖 2-8 利用前述 10 筆收縮壓資料，重覆 10,000 次所得結果，可以發現結果並不會與常態分配差太多，相當符合中央極限定理的結果，且拔靴法僅用 10 筆資料即可求得抽樣平均分配，不需要樣本夠大。不同於中央極限定理的假設，這個方法完全是用自己的資料所產出來的，因此拔靴法又稱為自助法。另一個特色是拔靴法可以生成任何統計量的分配，可以推論平均數以外的母體特徵。如圖 2-9 是利用 10,000 次的拔靴法計算出的標準差的分配，此時則無法利用中央極限定理來推論標準差，此為拔靴法最大的特色，但是缺點在於必須針對各個統計量撰寫相對應的程式計算，且計算量大較耗時。

利用蒐集到資料抽樣達成統計推論目的的方法除了拔靴法之外，另一個常用的方法為**隨機排列法**（random permutation），不同於拔靴法，隨機排列方法採用隨機排列方式（亦可看成抽取後不放回）的策略，主

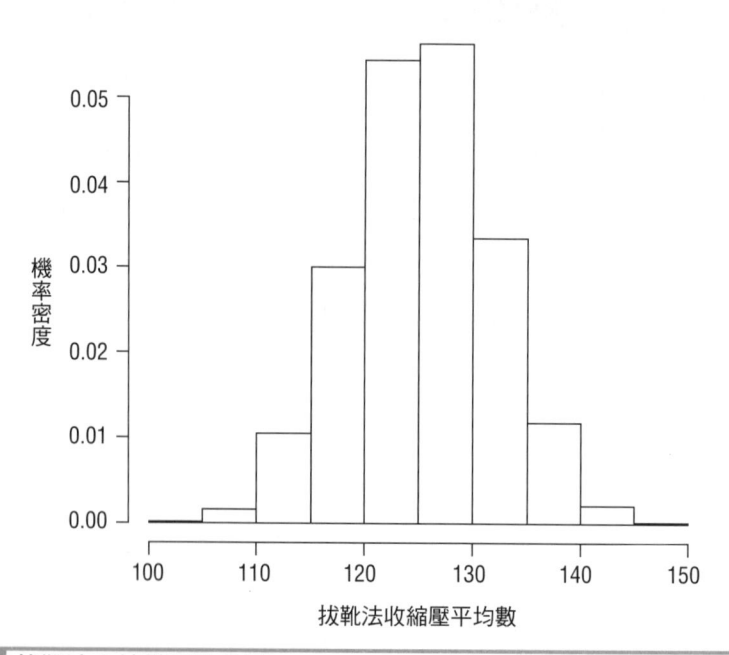

圖 2-8 拔靴法：抽樣平均分配

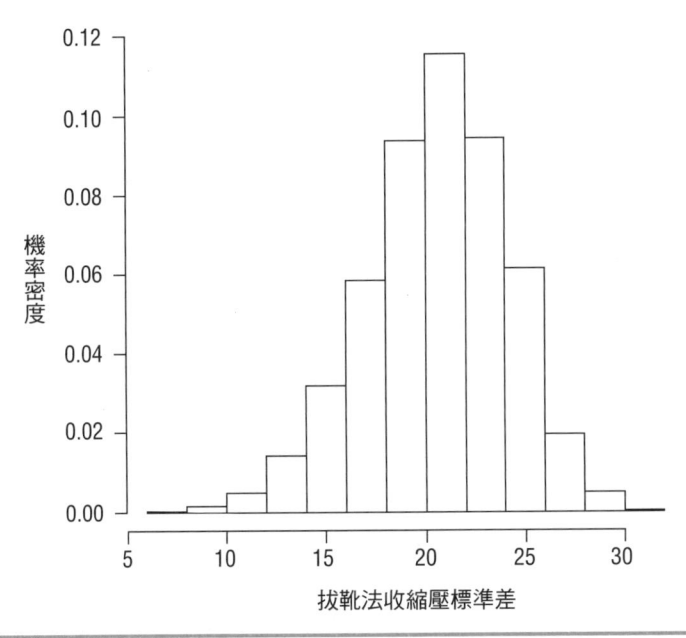

圖 2-9　拔靴法：抽樣標準差分配

要用來推論組間的差異或變項之間的關係，實作方法為將有興趣的變項隨機排列再放回原來的變項，打亂此變項與其他變項之間的關係，重覆數次以建立沒有關係下與其他變項之間的統計量。如有兩組收縮壓資料，一組無心血管疾病 8 名且收縮壓為 106.0、108.5、143.5、88.0、92.0、121.5、122.5、115.0 且平均數為 112.125，另一組有心血管疾病 10 名且收縮壓為 102.0、185.5、116.0、195.0、121.0、120.0、95.0、142.0、142.5、129.0 且平均數為 134.8，隨機排列這 18 名心血管疾病狀態並更新到原始的疾病狀態，再依排列結果計算有心血管疾病與無心血管疾病收縮壓樣本平均差，圖 2-10 為重覆 10,000 次所求得的抽樣平均差的分配，即兩者沒有關係下的收縮壓差分配，紅色虛線部分是實際蒐集到的資料血壓差 22.68＝134.8－112.125，落於機率較小的部分，可以推論 22.68 不太可能是來自於這個分配，所以兩者有可能是相關的。其實，隨機排列方法的特質與拔靴法很相似，少量的樣本就可以推論，但是需要針對不同的統計量或關係，發展出相對應的計算方法的電腦程式，且計算時間長。

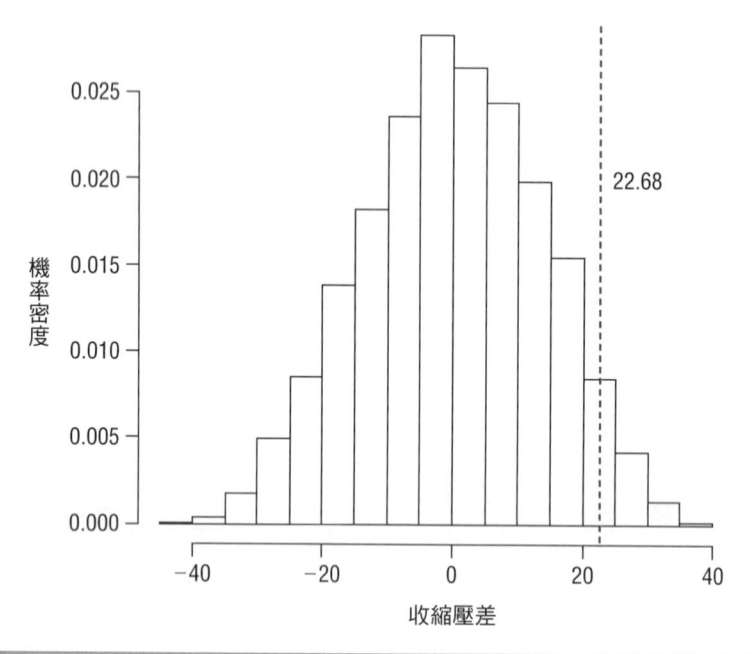

圖 2-10 隨機排列收縮壓差分配

統計推論常用的機率分配

常用的分配除了前述幾個分配之外，在統計推論會有幾個常用的統計分配包含**卡方分配**（chi-square distribution, χ^2 distribution）、t 分配、F 分配，這些分配在接下來幾章的統計推論都會用到，因此以下將介紹這幾個分配及彼此之間的關係。

卡方分配常被應用在**適合度**（goodness-of-fit）檢定，有效範圍為所有正數，僅有**自由度**（degrees-of-freedom）df 一個參數，機率密度函數為

$$f(x;df) = \frac{1}{2^{\frac{df}{2}} + (\frac{df}{2})} \times x^{\frac{df-2}{2}} \times e^{-\frac{x}{2}},\ x > 0,\ df > 0$$

平均數和變異數分別為 df 和 $2df$，不同的自由度的機率密度函數如圖 2-11。

自由度為 n 的卡方分配可以表示成 n 個獨立的標準常態分配的隨機

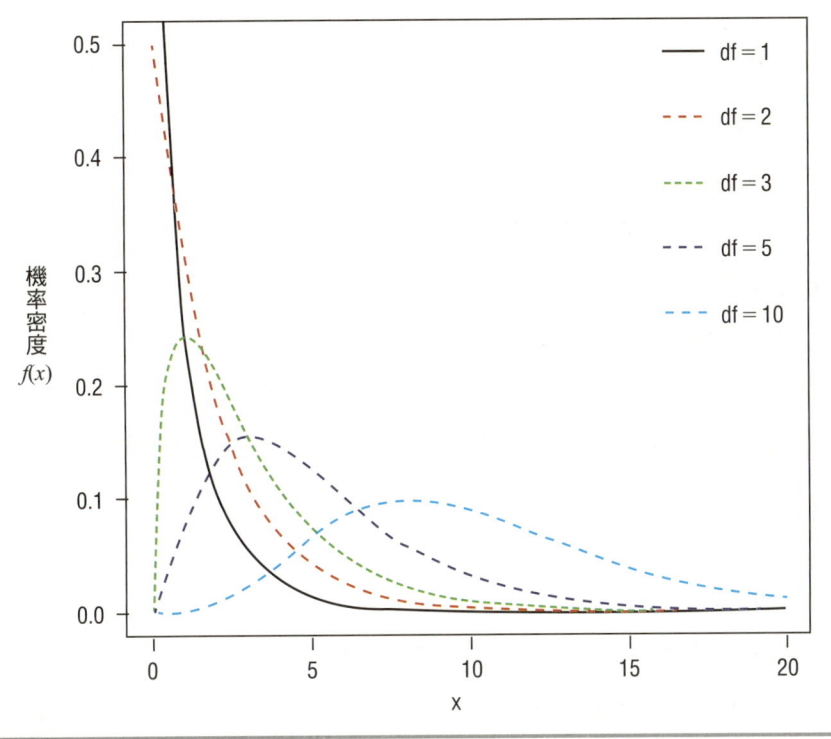

圖 2-11 卡方分配機率密度圖

變數平方的和。因此當自由度愈大時，卡方分配也會趨近於一個常態分配。在統計推論中，常會計算卡方分配的尾部機率，一般會利用查表的方式求得，若要利用 R-web 求自由度為 10 的卡方分配卡方值 10 的右尾機率，操作方式：機率分配 → 分配累積機率 → 步驟一（分配選擇）：chi-squared → 步驟二（參數設定）：給定 x 值設為 10 且自由度 $df = 10$，會得到左尾機率為 0.5595，所以右尾機率為 $1 - 0.5595 = 0.4405$。此卡方分配 0.05 分位點的 R-web 操作方式：機率分配 → 分配百分位數 → 步驟一（分配選擇）：chi-squared → 步驟二（參數設定）：給定 p 值設為 0.95，自由度 $df = 10$ 的分位點為 18.307。

t 分配又稱**學生 t 分配**（student's t distribution），僅有一個參數自由度的機率分配，其機率密度函數可以表示成：

$$f(t\,;\,df) = \frac{\Gamma(\frac{df+1}{2})}{\sqrt{\pi}\sqrt{df}\,\Gamma(\frac{df}{2})}(1+\frac{t^2}{df})^{-\frac{df+1}{2}},\ -\infty < t < \infty,\ df > 0$$

平均數與變異數分別為 0 和 $\dfrac{df}{df-2}$，但是變異數僅有在自由度比 2 大時才會存在。t 分配可以表示成兩個獨立變數的相除，其中分子為標準常態分配，分母為卡方分配除以自由度再開根號，部分 t 分配機率密度函數如圖 2-12。圖中顯示其外型也是一個鐘形曲線，與常態分配不一樣的地方在於尾部機率較高，但會隨著自由增加而變小，且當自由度趨近於無限大時，t 分配會趨近於常態分配。

自由度為 20 的 t 分配 1.65 的右尾機率 R-web 操作方式：機率分配 → 分配累積機率 → 步驟一（分配選擇）：Student's t → 步驟二（參數設定）：給定 x 值設為 1.65 且自由度 $df = 20$，會得到左尾機率為 0.9427，所以右尾機率為 1 − 0.9427 = 0.0573。此 t 分配 0.05 分位點的 R-web 操作方式：機率分配 → 分配百分位數 → 步驟一（分配選擇）：Student's t → 步驟二（參數設定）：給定 p 值設為 0.95，自由度 $df = 20$ 的分位點為 1.7247。自由度 20 可算是夠大，如圖 2-13 顯示相當趨近於標準常態分

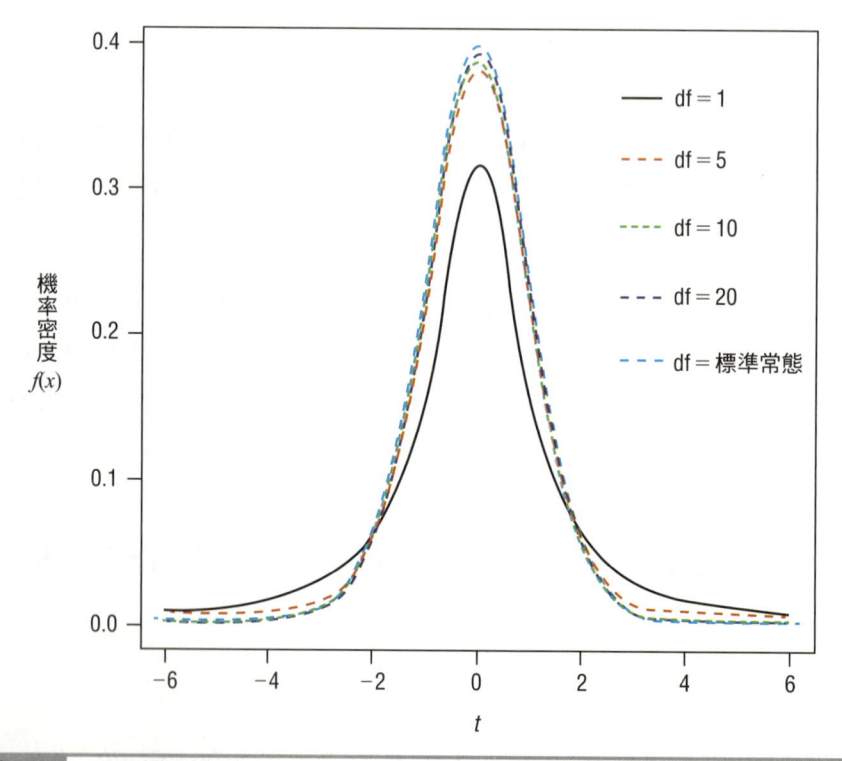

圖 2-12 t 分配機率密度

配，所以兩個結果與標準常態分配僅有些微差異。

F 分配（F distribution）的隨機變數是一個非負隨機變數，可以表示成兩個獨立隨機變數的相除，分子與分母分別為此兩個卡方分配的隨機變數除以自己的自由度，因此會有兩個自由度的參數分別為 df_1 和 df_2，機率密度函數為：

$$f(x\,;\,df_1,\,df_2) = \frac{\Gamma(\frac{df_1+df_2}{2})}{\Gamma(\frac{df_1}{2})\Gamma(\frac{df_2}{2})} \times (\frac{df_1}{df_2})^{\frac{df_1}{2}} \times x^{\frac{df_1}{2}-1} \times (1+\frac{df_1}{df_2}x)^{-\frac{1}{2}(df_1+df_2)},$$
$$0 < x < \infty,$$

部分 F 分配機率密度函數圖如圖 2-13。

分子、分母自由度分別為 10、20 的 F 分配，值為 2 的右尾機率 R-web 操作方式：機率分配 → 分配累積機率 → 步驟一（分配選擇）：F → 步驟二（參數設定）：給定 x 值設為 2 且自由度 $df_1 = 10$ 和 $df_2 = 20$，會得到左尾機率為 0.9102，所以右尾機率為 1 − 0.9102 = 0.0898。此 F 分

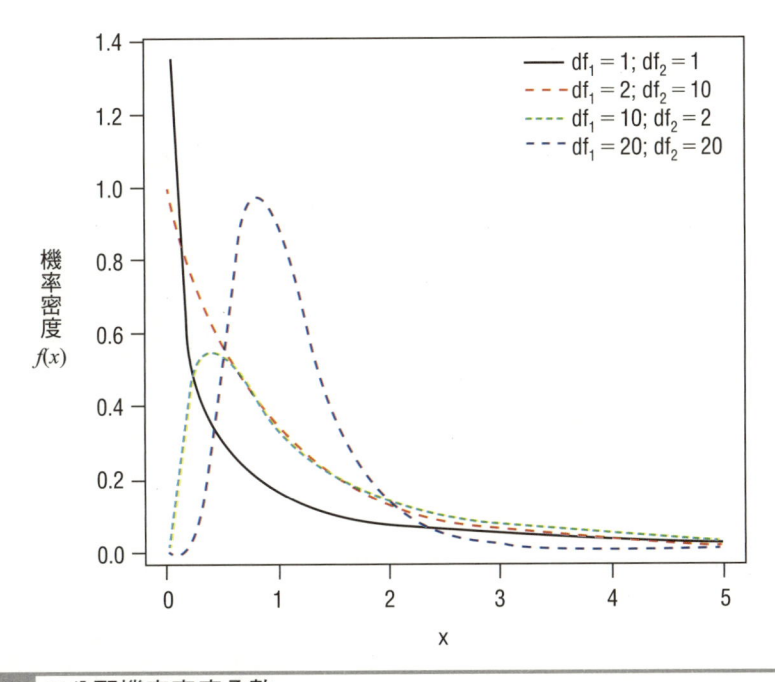

圖 2-13 F 分配機率密度函數

配 0.05 分位點的 R-web 操作方式：機率分配 → 分配百分位數 → 步驟一（分配選擇）：F → 步驟二（參數設定）：給定 p 值設為 0.95，自由度 $df_1 = 10$ 和 $df_2 = 20$，得到分位點為 2.3479。

關鍵字

機率	中央極限定理
貝氏定理	拔靴法
二項式分配	隨機排列法
卜瓦松分配	t 分配
常態分配	卡方分配
貝氏定理	F 分配

參考資料

1. Marcello Pagano, Kimberlee Gauvreau (2000). *Principle of Biostatistics*, 2nd Edition, Cengage Learning.
2. Beth Dawson, Robert G. Trapp (2004). *Basic & Clinical Biostatistics*, 4/E, McGraw Hill Professional.
3. Bradley Efron and R.J. Tibshirani (1994). *An Introduction to the Bootstrap*, CRC Press.
4. Hesterberg, TC, DS Moore, S Monaghan, A Clipson and R Epstein (2005). *Bootstrap Methods and Permutation Tests*. W. H. Freeman and Company, New York.

作業

1. 下表為某城市母體的抽菸與肺癌的人口統計表，今有一研究者在此母群體抽樣，欲探討肺癌與吸菸的關係。

吸菸習慣	肺癌 無（0）	肺癌 有（1）	合計
無	7,970	30	8,000
有	1,980	20	2,000
合計	9,950	50	10,000

(1) 若隨機抽樣一名，這個人有抽菸習慣的機率為何？
(2) 隨機抽到有抽菸習慣且沒有肺癌的人機率為何？
(3) 已知隨機抽到一名有抽菸習慣者，請問此人有肺癌的機率為何？

2. 若老鼠暴露在二手菸下一個月發生肺癌的機率為 0.2，某研究讓 30 隻老鼠暴露在二手菸下。
(1) 此研究一個月後有 3 隻老鼠得到肺癌的機率為何？
(2) 一個月後得到肺癌老鼠個數的平均數和變異數為何？
(3) 試利用中央極限定理計算一個月後超過 8 隻老鼠得肺癌的機率為何？

3. 某一十字路口車禍發生次數服從卜瓦松分配，且平均每年發生 1.5 次。
(1) 請問一年發生 2 次的機率為何？
(2) 假設每一年發生次數的分配都是一樣（平均數為 1.5 次的卜瓦松分配）且獨立，請問連續三年的發生次數平均數與變異數為何？

4. 某研究抽樣 40 人，已知母體平均身高為 170 公分，標準差為 10 公分。
(1) 請問此 40 人的樣本平均數近似於什麼分配？此分配的平均數與標準差為何？
(2) 此 40 人平均身高超過 175 公分的機率為何？

Chapter

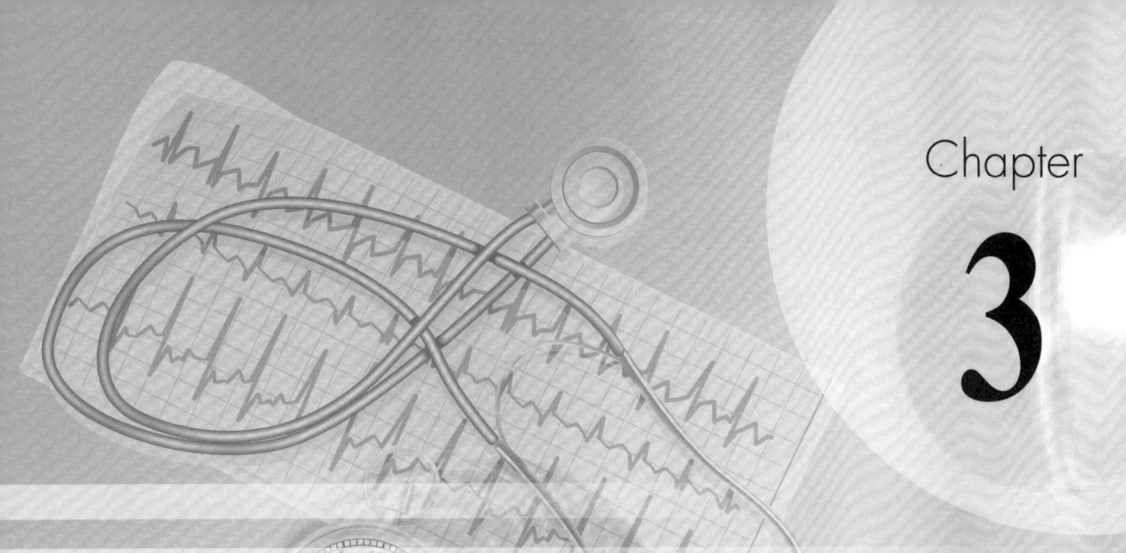

3

估計及假設檢定

在前面幾章中，我們已經介紹如何描述資料及彙整，以及常用的機率模型，從本章開始將陸續介紹常用的統計推論方法。**統計推論**主要可分為三個方面：**估計**、**信賴區間**和**假設檢定**。然而這些推論方法不應該被看作是單獨或彼此獨立的分析程序，而是互相結合在一起，甚至信賴區間估計和假設檢定還有互換關係；意即信賴區間估計可以用來做檢定假設方法的基礎，假設檢定的方法有時也可以用來推導信賴區間估計。本章將一一介紹這三種統計推論方式。

通常統計模型或統計分析都是針對手上蒐集的資料（即所謂樣本）做分析推論，然而我們的目的並不在於推論這少數觀測值的樣本資料，而是想推論這筆資料所代表的母群體的一些重要特徵（統稱為**參數**）性質；如母體的平均數、變數的機率分配及結構等。主要原因還是在一般的研究上，成本和時間有限，我們無法或不可能觀測到目標母群體內所有成員資料，取而代之的做法是從我們的目標母群體抽取一部分樣本，再從此樣本來推論母群體的一些特性。

以下案例是關於孕婦補充魚油是否能提高幼兒手眼協調能力的研究〔資料來源：康活健康知識網—醫學疾病類科《小兒科》（Apr. 2011）補充魚油 DHA 幫助神經發育，節錄部分〕。文章是發表在 2008 年 1 月的 Arch Dis Child Fetal Neonatal Ed. 期刊。作者是澳大利亞 University of Western Australia 大學的一個研究團隊。研究者招募了 83 位不抽菸、不常吃魚的孕婦，將她們隨機分為兩組，一組每天攝取 4 公克魚油補充品

（內含 2.2 公克 DHA 和 1.1 公克 EPA），另一組每天攝取 4 公克的橄欖油；攝取期間是從懷孕 20 週至嬰兒出生為止。然後在小孩 2.5 歲時，研究者測驗他們發育和成熟的狀況，包括：語言、行為、推理和手眼協調等能力，並且進一步分析母親攝取魚油補充品與否，和小孩發育程度之間的關係。

在例子中，我們的目的並不是這 83 位婦女所生小孩的發育情形，而是希望藉由此資料知道「所有」懷孕婦女攝取魚油與否對小孩發育情形的影響。這種企圖的做法過程我們稱為**推論**（inference），本章節將介紹統計推論的幾個方法：點及信賴區間估計和假設檢定的基本概念。

估計

母群體特性中最重要的是母體平均數、標準差及母體比例，這些數值都是未知的參數；例如上例中攝取魚油孕婦的小孩在兩歲半時的平均身高及身高標準差、語言障礙的比例等。如何使用所蒐集的樣本去估計這些母體參數？如何得知樣本是否有偏頗，無法反應母群體的特質？統計估計的技巧應用在於如何利用樣本做出最佳推論，然而資料來自母群體抽樣的結果，不同次抽樣所獲得的樣本資料也不盡相同，如何評估估計值與母群體參數的差異（即所謂誤差）？一般而言，我們希望盡可能使估計量的誤差最小化，利用誤差可得知估計值的準確性及可靠性。

在**估計**（estimation）中，我們利用樣本資料的某些函數來當成**估計量**（estimator），例如我們用樣本資料的中位數及平均數分別估計母體中位數及平均數；也用樣本的標準差估計母體的標準差。估計量即是一種**統計量**（statistic）用來估計母體的參數，統計量既然是由隨機樣本建構組成，因此當然也是一個隨機變數，也會有機率分配，即抽樣機率分配。**估計值**（estimate）便是將觀察到的樣本資料代入估計量後所計算出的「值」。例如，平均身高 56.3 公分、身高標準差 6 公分等，都是估計值。因為樣本平均數或標準差這些估計值都是單一的值，不是區間或範圍，所以又稱為**點估計值**（point estimates）。

估計量的評估

關於母體參數的估計量可能會有很多,例如有興趣的母體分布的參數是中央趨勢或中心位置,如前章所述可用樣本平均數或樣本中位數來估計。然而不同的估計量如何評估其估計母體參數的優劣?一個好的點估計量需要有一些好的性質方能幫助我們去準確地推論母體參數,以下介紹幾個關於「好」估計量的性質:

不偏性(unbiasedness)

如前面所述,每個估計量在估計母體參數時皆會有誤差,假如估計量(隨機變數)的期望值等於母體參數時,則稱該估計量具「不偏性」。換句話說,不偏性即表示估計誤差期望值為 0。在前章中我們介紹了樣本平均數估計量的機率分配,其期望值為母體平均數,所以樣本平均數是母體平均數的不偏估計量;此外,我們也發現為何樣本變異數的分母是 $n-1$ 而非 n,其中一個原因也是使其為母體變異數的不偏估計量。

有效性(efficiency)

除了估計量與母體參數之間誤差外,我們也關心估計量的抽樣機率分配的標準差,即所謂**標準誤**(standard error),通常標準誤可視為估計**量精密度**(precision)的衡量值,標準誤愈小者精密度愈高。假設現有兩個對於同一母體參數的不同估計量,我們稱有較小標準誤差者較為**有效**(efficient),而具有最小可能標準誤的估計量稱為**高效估計量**(efficient estimate)。至於對於母體參數之估計量的最小可能標準誤可藉由統計理論 Cramer-Rao 下界求得。

信賴區間

區間估計是另外一種估計母群體參數的方法,它結合點估計值及其標準誤來計算出一段信賴區間 (a,b),使得此區間有一指定的機率 p 包含欲估計的母體參數 θ:

$$P(a<\theta<b)=p;$$

我們稱這個覆蓋機率（coverage probability）p 為**信心水準**（confidence level）。常用的信心水準為 90%、95% 及 99%，經由**信賴區間**（confidence intervals）估計，我們可以衡量此區間包含母體參數之信心有多少。信賴區間為區間估計量，當樣本資料代入算出一段區間估計值後，這段區間只有兩種可能，包含或不包含欲估計的母體參數，此時信心水準代表如果重覆抽樣計算區間估計值，我們預期會有 95% 或 99% 的信賴區間會包含母體參數值。此外，信賴區間可分**雙邊**（two-sided）和**單邊**（one-sided）兩種信賴區間；單邊信賴區間通常用在對於資料有較多累積知識或經驗時，想估計母體參數的上界或下界，例如上例中我們有興趣估計攝取魚油孕婦的小孩在兩歲半時的平均身高（μ），假設在過去實驗中已證明攝取魚油孕婦的小孩在兩歲半時的身高有較高傾向但不會超過 100 公分，所以這時候我們可能比較有興趣關於 μ 的**下限**（lower limit），μ_L，因此我們可得到單邊信賴區間為（μ_L，100）；反之，我們也可能有興趣關於 μ 的**上限**（upper limit），μ_U，因為身高沒有負值，所以其單邊信賴區間為（0，μ_U）。

信賴區間之建構

本章先以母體平均數（μ）的信賴區間估計為例，之後各章會陸續介紹不同母體參數的信賴區間估計。在計算之前，我們須先設定信心水準，通常以 $100\times(1-\alpha)$% 表示，在這裡 α 表示信賴區間不包含母體參數值的機率，即所謂誤差，在之後介紹假設檢定時會再出現，例如 $\alpha=0.05$ 表示信心水準為 95%。

我們在第二章時曾經介紹過中央極限定理，由中央極限定理可知當樣本數夠大時，則樣本平均數（$\bar{X}$）的抽樣機率分配為常態或近似常態分配，且此分配的期望值為母體平均數 μ 且標準差為 $\dfrac{\sigma}{\sqrt{n}}$，假設母體標準差 σ 已知。樣本平均數經過標準化後其機率分配會變成標準常態分配，藉由標準常態分配 Z 的機率我們首先可以確認 $Z_{\frac{\alpha}{2}}$ 滿足

$$P(Z \leq Z_{\frac{\alpha}{2}}) = 1 - \frac{\alpha}{2} ,$$

因為

$$Z = \frac{\overline{X} - \mu}{\frac{\sigma}{\sqrt{n}}} ,$$

所以我們可計算覆蓋機率 $1 - \alpha$ 下的信賴區間如下：

$$P(-Z_{\alpha/2} \leq \frac{\overline{X} - \mu}{\frac{\sigma}{\sqrt{n}}} \leq Z_{\alpha/2})$$
$$= P(\overline{X} - Z_{\frac{\alpha}{2}} \frac{\sigma}{\sqrt{n}} \leq \mu \leq \overline{X} + Z_{\alpha/2} \frac{\sigma}{\sqrt{n}})$$
$$= 1 - \alpha$$

因此，可得母體平均數 μ 的 $100 \times (1 - \alpha)\%$ 信賴區間為

$$\overline{X} \pm Z_{\alpha/2} \frac{\sigma}{\sqrt{n}}$$

例如信心水準為 95%，則 $Z_{0.025} = 1.96$，所以母體平均數 μ 的 95% 信賴區間為

$$\overline{X} \pm 1.96 \frac{\sigma}{\sqrt{n}}$$

信賴區間估計同時提供了估計值的**精密度（precision）**與**可靠性（reliability）**，在統計推論中佔有很重要的角色，除此之外，還有以下幾個重點：

1. 信賴區間如同點估計量一樣皆是隨機變數，而非固定值，因此我們才能討論區間包含母體參數的機率。
2. 信賴區間長度 $2 \times Z_{\alpha/2} \frac{\sigma}{\sqrt{n}}$ 可視為樣本估計值的精密度指標，而信心水準則是**準確性（accuracy）**指標。
3. 由母體平均數信賴區間的例子中可知信賴區間長度僅跟點估計量的

標準誤和信心水準有關，母體的標準誤差愈小，樣本數愈大，或者信心水準愈小則信賴區間愈短。

假設檢定

另外一個重要統計推論方法是提供分析者如何根據樣本資料來回答我們研究假設的問題。例如，上例中孕婦攝取魚油其所生小孩在兩歲半時的平均身高較高，或者孕婦攝取魚油其小孩發生語言障礙的比率較低等，即為研究要證實的假設。我們必須依據樣本資料從兩個選擇中（平均身高一樣或較高，語言障礙的比率相同或較低）做出決策。在統計學上，我們稱為**假設檢定**（hypothesis testing），其基本概念如下。

蒐集資料前先建立統計假設：

1. **虛無假設**（null hypothesis，以 H_0 表示）：通常虛無假設陳述的是兩者無關、維持原狀或具有一致性；例如孕婦是否攝取魚油與其所生小孩在兩歲半時的平均身高無關（或相同）。
2. **對立假設**（alternative hypothesis，以 H_a 表示）：通常對立假設陳述的是研究者想探究問題假設，例如孕婦攝取魚油則其所生小孩在兩歲半時的平均身高較高。

蒐集資料後計算檢定統計量：

1. 假設虛無假設成立下，利用檢定統計量的抽樣分布決定所觀測的資料是否支持虛無假設的可能性。
2. 假設資料有足夠證據拒絕虛無假設則支持對立假設，否則無法拒絕虛無假設。

以懷孕婦女攝取魚油與否對小孩發育影響之研究為例，研究目的想證明孕婦補充魚油能提高幼兒手眼協調能力，所以建立的假設分別為：

H_0：攝取魚油的孕婦與未攝取魚油的孕婦其所生小孩的手眼協調能力無不同。

H_a：攝取魚油的孕婦比未攝取魚油的孕婦其所生小孩的手眼協調能力較好。

兩種型式錯誤

當蒐集資料後，我們要推論資料支持何種假設，因為統計檢定並非百分之百正確，無論何種推論結果，都有下列兩種錯誤產生：

型一錯誤：當虛無假設是正確時但我們錯誤地將其拒絕，我們稱為型一錯誤，統計上我們將發生型一錯誤的機率以 α 符號表示，通常也稱為檢定的**顯著水準**（significance level）。因此顯著水準設的愈小，我們的決策會犯型一錯誤的機率愈小。以上例而言，即實際上孕婦攝取魚油與否與小孩手眼協調能力無關，但是我們下的結論卻是孕婦攝取魚油會使小孩手眼協調能力較好，發生此種錯誤結論的機率便是型一錯誤。

型二錯誤：當對立假設是正確時但我們卻錯誤地接受虛無假設，我們稱為型二錯誤的機率，統計上我們將發生型二錯誤的機率以 β 符號表示。以上例而言，即實際上孕婦攝取魚油會使小孩手眼協調能力較好，但是我們下的結論卻是孕婦攝取魚油與否與小孩手眼協調能力無關，發生此種錯誤結論的機率便是型二錯誤。

此外，當對立假設是正確時，我們正確地拒絕虛無假設的機率我們稱為**檢定力**（power），即是 $1-\beta$；換句話說，檢定力是衡量我們的檢定能正確地作出拒絕虛無假設的能力，檢定力愈高，研究者想探究的問題愈容易被「正確地」檢定出來，在醫學診斷工具稱為**敏感度**（sensitivity）。相反地，當虛無假設是正確時，我們正確地接受虛無假設的機率為 $1-\alpha$，亦稱為**特異度**（specificity），表 3-1 列出兩種錯誤、檢定力及特異度之間的關係。

綜合以上所述，無論做何種決定皆有犯錯的機會，所以我們希望提出的檢定統計方法能儘量讓兩種錯誤發生的機率最小或者控制在我們可容許範圍內，來幫助我們做出正確的決定。然而，這兩種錯誤發生機率

表 3-1 型一及型二錯誤，檢定力及特異度之說明

	實際 H_0 為真	實際 H_a 為真
資料支持 H_0	特異度 $= 1-\alpha$	型二錯誤 $= \beta$
資料支持 H_a	型一錯誤 $= \alpha$	檢定力（敏感度）$= 1-\beta$

似乎存在著彼此制衡的關係，當我們想要降低 α 時，β 便會隨之增加，反之亦然。以下例子可幫助我們了解兩者的關係。

臨床上對於糖尿病初期診斷最常使用的是空腹血糖值測定，正常人空腹血糖值平均是 100 mg/dl，標準差為 8.5 mg/dl，而糖尿病患者空腹血糖值平均為 126 mg/dl，標準差為 15.0 mg/dl，假設兩族群的空腹血糖值皆為常態分配。現在想利用空腹血糖值來建立一個簡單的診斷是否有糖尿病的診斷工具，假如空腹血糖值大於某個切點值 C 時判定有糖尿病，反之，小於切點 C 則無糖尿病，圖 3-1 是以 $C = 115$ 為切點下，型一錯誤及型二錯誤的關係，由圖示中可看出當我們把切點提高時，型一錯誤機率降低，但同時卻升高了型二錯誤的機率。

p 值計算

在決定是否拒絕虛無假設時，除了利用檢定統計量抽樣分配來決定拒絕虛無假設的臨界值外，另外常見的便是計算 **p 值**（*p*-values），其定義為資料拒絕虛無假設時，最小可能的型一錯誤機率，換句話說，*p* 值是計算在虛無假設成立時，比觀測的檢定統計值更極端（與虛無假設不一致）的機率。所以當 *p* 值很小時，有二種可能，一種是虛無假設是正確的，但我們觀測到一筆發生機率很低的資料（這顯然不太可能發生），

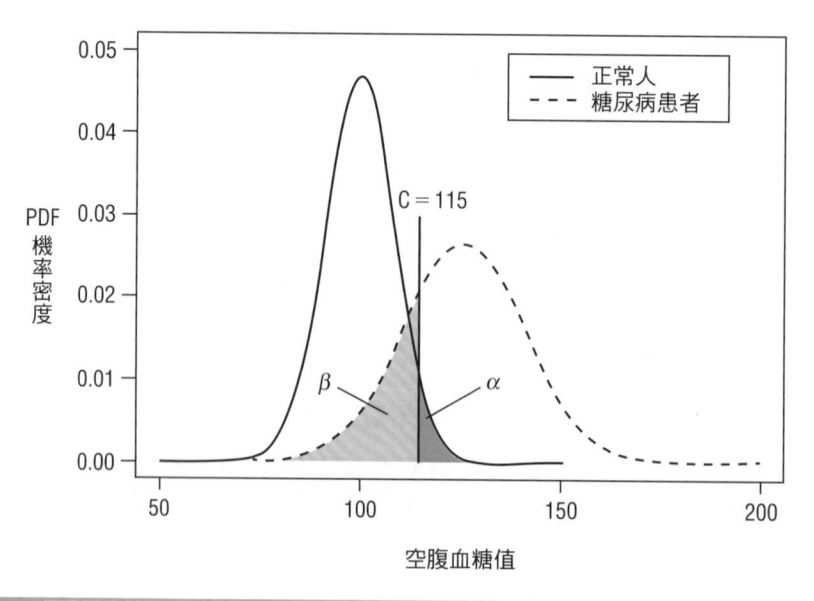

圖 3-1 以 115 mg/dl 為切點，α、β 之說明

另一種情形是虛無假設是錯的，資料不是來自虛無假設，這個可能性比較大，所以有充分證據拒絕虛無假設。因此，p 值可視為當虛無假設成立時，資料拒絕虛無假設的「**風險（risk）**」，當風險很小時，我們當然傾向拒絕虛無假設，所以當這風險小於我們設定的顯著水準 α 時，我們就有充份證據來拒絕虛無假設。以母體平均數（μ）檢定為例，今蒐集 30 位糖尿病患的收縮壓資料，要檢定糖尿病患的平均收縮壓是否大於正常平均數的 130 mmHg。我們建立以下的假設檢定：

$$H_0: \mu < 130 \quad versus \quad H_a: \mu > 130$$

關於母體平均數的檢定，其檢定統計量為樣本平均數（$\overline{X}$）。假設 30 筆資料的樣本平均數為 138.5，若是虛無假設成立的話，我們觀測到比 138.5 更大的樣本平均數的尾部機率應該不會太小，因此 p 值計算為在虛無假設成立下，比觀測的樣本平均數大的右尾機率

$$P(\overline{X} > 138.5 | \mu = 130)，$$

p 值愈小，表示資料不是出自虛無假設下的母體可能性也愈大。根據中央極限定理可知當樣本數夠大時，樣本平均數（$\overline{X}$）的抽樣分配為常態或近似常態分配，且此分配的期望值為母體平均數 $\mu = 130$ 且標準差為 $\dfrac{\sigma}{\sqrt{n}}$（假設母體標準差 $\sigma = 20$）為已知，所以 p 值可計算如下：

$$\begin{aligned} P(\overline{X} > 138.5 | \mu = 130) &= P(\dfrac{\overline{X} - 130}{\dfrac{20}{\sqrt{30}}} > \dfrac{138.5 - 130}{\dfrac{20}{\sqrt{30}}}) \\ &= P(Z > 2.3278)， \\ &= 0.00996 \end{aligned}$$

可由前章所介紹之尾部機率計算得 p 值。例中所計算之 p 值小於我們設定的顯著水準 $\alpha = 0.05$，因此我們可說這些資料提供了一些證據來拒絕虛無假設是成立，可以推論資料來自於對立假設的母體分配，即糖尿病患的平均收縮壓大於正常平均數的 130 mmHg。

建立檢定方法的步驟

依據以上的介紹，我們可用下列幾個步驟來建構假設檢定：

1. 依據研究目的設立虛無假設 H_0 及對立假設 H_a，並設定顯著水準 α。
2. 找出適當的檢定統計量 T 及其在虛無假設下的抽樣機率分配。
3. 利用設定的顯著水準及檢定統計量在虛無假設下的抽樣機率分配計算出拒絕虛無假設的區域作為檢定結果的判斷準則。
4. 將蒐集的資料帶入計算檢定統計值，計算 p 值或判斷是否落於拒絕域中，做出結論及解釋。p 值若小於顯著水準 α，則拒絕虛無假設；反之，則無法拒絕虛無假設。

關鍵字

估計
信賴區間
假設檢定
估計量
估計值
不偏性
有效性
覆蓋機率
信心水準

虛無假設
對立假設
型一錯誤
型二錯誤
檢定力
敏感度
特異度
p 值

參考資料

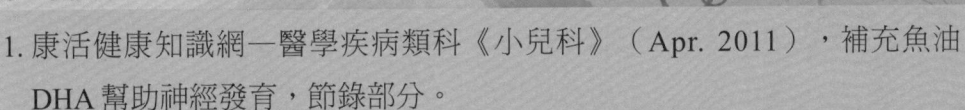

1. 康活健康知識網—醫學疾病類科《小兒科》（Apr. 2011），補充魚油 DHA 幫助神經發育，節錄部分。
2. Pagano M and Gauvreau K. *Principles of Biostatistics*. 2nd edition. (duxbury Press.)
3. Beth Dawson, Robert G. Trapp (2004). *Basic & Clinical Biostatistics*, 4/E, McGraw Hill Professional.

作業

1. 當樣本數增加時，請解釋下列敘述何者為真或錯誤：
   (1) 樣本標準差變小。
   (2) 樣本平均數的標準誤變小。
   (3) 樣本平均數變小。
   (4) 全距變大。

2. 關於母體平均數的 95% 信賴區間，請解釋下列敘述何者為真或錯誤：
   (1) 此信賴區間會包含 95% 的觀測資料。
   (2) 95% 信賴區間會比 99% 信賴區間寬。
   (3) 此區間包含樣本平均數的機率為 1。

(4) 重覆抽樣計算此信賴區間，大概有 95% 的區間會包含母體平均數。

(5) 信賴區間可當成評估估計值精密度的指標。

3. 請解釋何謂信心水準及信賴區間？

4. 某教學醫院一外科醫生正在調查 65 歲以上發生中風的情形。作為一個初探性（pilot study）的研究，他考察了醫院的病歷紀錄下，指出在過去 10 年在這個年齡層所發現的 120 例患者中，經診斷證實後分別為 73 名女性和 47 名男性。請以中央極限定理，計算 65 歲以上發生中風女性比例之 95% 信賴區間。

5. 請敘述統計學上型一及型二錯誤之意義。

6. 請解釋何謂顯著水準 α 及 p 值？當 p 值小於顯著水準 α 時，我們的決策應該是接受虛無假設或對立假設？

Chapter 4

單樣本及雙樣本檢定

本章將針對：1. 連續變項之母體平均數或中位數進行比較，可應用於單個、兩個或多個平均數（中位數）之問題。2. 類別變項，對於母體比例進行比較：單一或兩個比例。可利用假設檢定求得解答，將樣本訊息推論至母群體，並考慮到估計量變異程度（稱為標準誤）。

一般的研究上，成本和時間有限，無法一一蒐集母體資料，也無法得到母體的特徵值（如：平均數、變異數、比例…等等），需藉由抽樣方法得到樣本，進一步推論母體的相關資訊。由中央極限定理的概念可知，只要樣本數愈大，抽樣誤差愈小，樣本平均數和母體平均數愈接近，利用樣本平均數估計母體平均數，兩者剛好相等的機會很小。

以下是一個關於孕婦補充魚油及橄欖油並測驗嬰兒之發展狀況是否有差異的案例。這是兩組資料的比較，視資料的集中趨勢可用平均數或中位數代表，再比較兩者的差異。

孕婦補充魚油，能提高幼兒手眼協調能力

這一篇文章是發表在 2008 年 1 月的 Arch Dis Child Fetal Neonatal Ed. 期刊。作者是澳大利亞 University of Western Australia 的一個研究團隊。研究者招募了 83 位不抽菸、不常吃魚的孕婦，將她們隨機分為兩組，一組每天攝取 4 公克魚油補充品（內含 2.2 公克 DHA 和 1.1 公克 EPA），另一組每天攝取 4 公克的橄欖油；攝取期間是從懷孕 20 週至嬰兒出生為止。然後在小孩 2.5 歲時，研究者測驗他們發育和成熟的狀況，包括：語

言、行為、推理和手眼協調等能力,並且進一步分析母親攝取魚油補充品與否,和小孩發育程度之間的關係,結果發現:

- 兩組小孩在兩歲半的時候,大部分的語言技巧和身體的生長速度都沒有太大的不同,但是魚油組的小孩在語言了解的能力(包括詞彙和句子的長度)有比較好。
- 魚油組孕婦的小孩在兩歲半時的手眼協調能力,則明顯的高於橄欖油組。
- 出生臍帶血中的 Omega-3 脂肪酸濃度和嬰兒手眼協調能力的提升有顯著的相關性。

這樣的討論常在文獻中普遍看到,然而,通常經過資料整理而得到基本資料之描述性統計後,就可用直觀數據下此結論嗎?答案是否定的。因資料結果來自抽樣樣本,每次抽樣所得結果將有不同,存在抽樣誤差,需考量誤差後所得之統計量的抽樣分配後,利用統計檢定的方式而得到結論。上述案例中,主要比較懷孕媽媽攝取魚油補充及不攝取兩組,綜合一些變數,以了解對於小孩未來成長的差異。這些變數包含:語言、行為、推理能力、手眼協調能力,若是連續變項,可利用兩個樣本平均數檢定(或中位數)得到結果;若是類別變項,可用兩個樣本比例檢定。本章將介紹這些方法之使用機制,若能了解這些內容,蒐集完資料後,也能得到您要的論證。

本章將討論簡單統計檢定方法,連續變項使用之單一樣本平均數(或中位數)、兩個樣本平均數(或中位數)之比較方法;類別變項使用之兩個樣本**比例檢定**。應用的例子為:新生兒持續性肺動脈高壓(persistent pulmonary hypertension of newborn, PPHN)之相關研究。此疾病多發生於足月兒或過期產兒,出現臨床上低血氧等之症狀,發生原因可能和子宮或生產時之因素有關。由於某些國家持續性肺動脈高壓之死亡率高達 19%,若能找出和死亡相關之危險因子,即可預防死亡之發生。在新生兒加護病房,新生兒持續性肺動脈高壓則納入欲蒐集之樣本,研究的**關鍵結果**(outcome)或**事件**(event)是死亡與否,共有 131 名新生兒納入。首先針對連續變項及類別變項,分死亡組及存活組個別

描述相關的統計如下：

問題：什麼變數（或稱因子）是影響存活的關鍵變數？

建議作法：比較死亡組及存活組的變數間平均數或比率的差異，若有差異表示可能是和死亡或存活有關的變數！

表 4-1 中，連續性資料通常用平均數作為集中趨勢，搭配標準差或變異數作為分散程度指標；若選擇中位數作為集中趨勢，搭配 IQR 作為分散程度指標。死亡組嬰兒其平均懷孕週數為 34.89 週，存活組嬰兒的平均懷孕週數為 36.49 週，這是點估計的結果。直觀上，此兩組之平均懷孕週數十分接近，但我們無法直接以這兩樣本平均數判斷這兩組之母體平均懷孕週數是否相等，需考量其各組之標準差，再透過檢定方式得到結論。一般檢定流程包括下面步驟（在第三章中已提及）：

1. 建立虛無假設（H_0，null hypothesis）及對立假設（H_a，alternative hypothesis）。設定**顯著水準**（significant level），即**型一錯誤**（type I error）；通常設定為 0.05。
2. 選擇檢定統計量，確認其在虛無假設下之抽樣分配，並計算 p 值。檢定目的不同，所使用的檢定統計量公式也會不同，由於統計軟體的發達，皆可幫忙求得，故無需背誦公式。
3. p 值：即此組樣本提供拒絕虛無假設的證據強弱。若 p 值＜顯著水準，則拒絕 H_0；反之，則不拒絕 H_0。統計量（或標準化後之統計

表 4-1 連續變項之平均數、標準差、中位數、IQR

變數名稱	死亡 ($n=19$) 平均數±標準差	死亡 ($n=19$) 中位數 (IQR)	存活 ($n=112$) 平均數±標準差	存活 ($n=112$) 中位數 (IQR)
懷孕週數	34.89 ± 6.27	37 (11.5)	36.49 ± 4.83	38 (6)
出生體重	2195 ± 952.37	2420 (1352.5)	2700 ± 955.90	2950 (1092.5)
1 分鐘 apgar	4.84 ± 2.12	4 (5)	4.96 ± 2.05	5 (3)
5 分鐘 apgar	5.26 ± 2.47	5 (5)	5.80 ± 2.27	6 (4)
酸鹼值 (PH 值)	7.07 ± 0.19	7 (0.2)	7.14 ± 0.20	7.2 (0.3)
AaDO2	596.99 ± 52.99	612 (43.5)	590.16 ± 66.38	607.1 (45.25)

註：AaDO2：肺泡氣中所含的氧與動脈血所含的氧兩者的差值

表 4-2 類別變項個數及百分比

變數名稱	類別	死亡 n (%)	存活 n (%)
性別	男	14 (74%)	68 (61%)
	女	5 (26%)	44 (39%)
胎便吸入	是	3 (16%)	34 (30%)
	否	16 (84%)	78 (70%)
出生方式	自然產	5 (26%)	64 (57%)
	剖腹產	14 (74%)	48 (43%)
早期破水	是	3 (16%)	11 (10%)
	否	16 (84%)	101 (90%)

量）之抽樣分配可能會近似常態 (z) 分配、χ^2 分配、F 分配…等（第二章）。p 值是根據資料的檢定統計值在抽樣分配之相對位置所算出。

參數的信賴區間（經常也可以用來作檢定假設，虛無假設成立時檢定的參數經常已知，此時，若參數的信賴區間包含這個已知值，則不拒絕 H_0；區間大於或小於這個已知值，則顯示有充份證據拒絕 H_0。

雖然，大部分文獻假設檢定結果多呈現 p 值，但信賴區間可提供更多的訊息，不但可知參數的點估計，也呈現準確誤差的程度。

4. 檢定結果之解釋，並下結論。

檢定方向

虛無假設及對立假設可分**單尾檢定**（one-sided test，可分左尾及右尾檢定）、**雙尾檢定**（two-sided test），區分準則以對立假設而稱之。討論 PPHN 新生兒酸鹼值是否為中性（pH = 7）為例。對立假設的數學式為「不等於」形式為雙尾檢定，例如：$H_a：\mu \neq 7$；若是數學式「大於」，則稱**右尾檢定**（right tail），例如：$H_a：\mu > 7$；若是數學式「小於」，則稱**左尾檢定**（left tail），例如：$H_a：\mu < 7$。

假設檢定設立的幾個常用規則：

1. 檢定時通常等號必置於虛無假設。有些特例：在臨床試驗中，欲證明學名藥和專利藥之藥效一致時，則需將等號置於對立假設。
2. 虛無假設及對立假設通常交集為空集合，且互為補集。後者不一定要成立。
3. 欲驗證之假設有提及「是否」相同、「是否」為某數值，都是雙尾檢定。

母數統計法及無母數方法

在描述性統計中，連續變項可用平均數或中位數來代表資料的集中趨勢。選用平均數時，則傾向資料個數較多或資料分布趨近於常態分配，我們常利用常態分配的性質建立檢定方法，此統計方法稱**母數統計方法**（parametric method）。若資料個數少、資料分布非為常態分配（為左偏或右偏分布）時，則選用中位數代表資料的集中趨勢，此時，我們常用**無母數方法**（nonparametric method）做假設的檢定；分析時會將資料先作排序，利用**序位**（rank）及**個數**（count）建立統計量。無母數方法的優點是不容易受到極端值的影響，缺點是要計算統計量的分配，計算上較麻煩。有母數統計法或無母數方法其在 p 值計算時，可用**近似**（approximate）方法或**精確**（exact）法算出 p 值，R-web 軟體中兩種結果均會顯示。

單一樣本平均數或中位數檢定

藥廠出廠之維他命，宣稱每瓶重量為 500 公克，我們想知道此宣稱是否正確；我們想了解台灣本年度之癌症發生率和去年是否相同；以上皆為單一樣本平均數（或中位數）是否為某個數值之比較。實務應用時，這類的比較不常使用。以 PPHN 新生兒為例，存活組新生兒所測之酸鹼值是否為中性（pH = 7）？由直方圖（圖 4-1）中可清楚得知資料非為常態分配，因此可考慮使用無母數方法：單一樣本中位數檢定，即為**威爾考克森符號等級檢定**（Wilcoxon sign-rank test）。

m 代表 PPHN 新生兒酸鹼值之母體中位數，檢定中位數是否為 7：

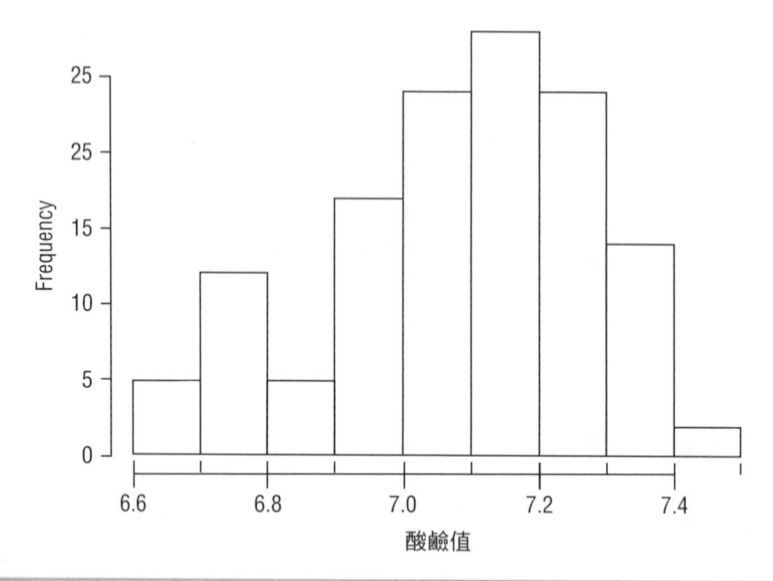

圖 4-1　酸鹼值之直方圖

虛無假設：PPHN 新生兒酸鹼值之母體中位數為 7（$H_0: m = 7$）
對立假設：PPHN 新生兒酸鹼值之母體中位數不為 7（$H_a: m \neq 7$）

$$p \text{ 值} = 2 \times P(Z \geq 6.38) = 1.79 \times 10^{-10}$$

其中 Z 為標準常態分配。

結論：p 值＜0.05，拒絕虛無假設。顯著水準為 0.05 下，我們有充份證據顯示，在 PPHN 的新生兒酸鹼值不為中性。此處的無母數架構中，我們以近似方法求得 p 值。

R-web

　　分析方法 → 無母數方法 → 中位數檢定 → 單一樣本 → 資料匯入 → 設定參數：選擇要進行分析的變數、設定檢定中位數（設為 7）→ 進階選項（可選擇計算 p 值時是利用近似法或精確法得到結果）→ 開始分析 → 分析結果。

　　若要使用**平均數檢定**方法，稱為單一樣本平均數檢定（即**單一樣本 t 檢定（one-sample t test）**）。實際資料分析時，通常不知母體變異數，此時可使用單一樣本 t 檢定。其檢定統計量為：

$$t = \frac{\overline{X} - \mu_0}{s/\sqrt{n}} \sim t_{(n-1)}$$

μ_0 為在虛無假設下之母體平均數，s 為樣本標準差，在大樣本下，檢定統計量近似 t 分配，自由度 $n-1$。

μ 代表 PPHN 新生兒 pH 值之平均數，檢定平均數是否為 7：

虛無假設：PPHN 新生兒酸鹼值之母體平均數為 7（$H_0 : \mu=7$）

對立假設：PPHN 新生兒酸鹼值之母體平均數不為 7（$H_a : \mu \neq 7$）

$t = 7.74$，可求得 p 值及 95% 信賴區間如下：

$$p\ \text{值} = 2 \times P(t_{(130)} > |t|) = 2.47 \times 10^{-12}$$

μ 之 95% 信賴區間為（7.10, 7.17）

結論：以下兩種方式皆可使用（擇一即可）

1. 顯著水準為 0.05 下，則 p 值 < 0.05，拒絕虛無假設。結果其中 t 檢定統計值（= 7.74）大於 0，表此族群之酸鹼值之平均數大於 7。
2. μ 之 95% 信賴區間為（7.0984, 7.1660），此信賴區間不包含虛無假設之等號值（$\mu = 7$），則拒絕 H_0；且信賴區間皆大於 7，表此族群之酸鹼值之平均數大於 7。

我們有充份證據顯示，PPHN 新生兒之酸鹼值不為中性。

R-web

分析方法 → 平均數檢定 → 單一樣本 → 資料匯入 → 設定參數：選擇要進行分析的變數、設定檢定平均數（設為 7）→ 進階選項 → 開始分析 → 分析結果。

注：對立假設為單尾時：PPHN 新生兒酸鹼值之母體平均數大於 7（$H_a : \mu > 7$），單尾檢定 p 值如下：

$$p\ \text{值} = P(t_{(130)} > 7.74) = 2.47 \times \frac{10^{-12}}{2}$$

成對樣本平均數或中位數檢定

同一人在治療前後不同時間內測量療效，欲了解治療介入的效果如何？若要知道介入的效用，比較同一個人在前後測量間是否有差異，處理上會先將前後測量結果相減，再檢定前後測量差值是否為 0，以判定介入的效用。例：要了解飲食控制對於體重的影響，飲食控制可視為一種介入，以了解介入前後之體重差距。這研究設計方式將自己視為**控制組**（control）也是**實驗組**（case），可排除不同條件（干擾因子，confounder）下而造成結果的差異。檢定概念和單一樣本平均數及**中位數檢定**相同，將前後測量差值視為每一個人的數據，即為單一樣本的資料型態，並檢定這些差值的平均數（中位數）是否為 0（表示前後測量沒有差異）。

Apgar 分數是針對出生新生兒健康狀況快速評核方法，分數愈高代表狀況愈佳，0～10 分。想得知 PPNH 新生兒之出生狀況會愈來愈差嗎？利用 1 分鐘及 5 分鐘之分數來判斷，就是 1 分鐘 apgar 分數和 5 分鐘 apgar 分數是否有差異？此處在意的是 PPNH 新生兒出生後的健康狀況是否隨時間而改變？

前後測量差值＝5 分鐘 apgar 分數－1 分鐘 apgar 分數

若「前後測量差值」大於 0，表示健康狀況愈佳，若小於 0，表示健康情況有變差；或

前後測量差值*＝1 分鐘 apgar 分數－5 分鐘 apgar 分數

若「前後測量差值*」大於 0，表示健康狀況愈差，若小於 0，表示健康情況有改善。利用前後測量差值進行檢定，μ_d 母體前後測量差值之平均數。以 5 筆資料為例，樣本前後測差值平均數大於 0，整體而言，表示健康狀況變好。

ID	1 分鐘 apgar 分數	5 分鐘 apgar 分數	前後測量差值（d_i）
1	1	3	$d_1 = 2$
2	6	6	$d_2 = 0$
3	5	3	$d_3 = -2$
4	3	5	$d_4 = 2$
5	7	8	$d_5 = 1$

樣本前後測量差值平均數：$\bar{x}_d = \dfrac{(2+0-2+2+1)}{5} = 0.6$

樣本前後測量差值標準差：$S_d = \sqrt{\dfrac{\sum_{i=1}^{5}(d_i - x_d)^2}{5-1}} = 1.67$

這些差值之變異數通常是未知的，故差值平均數（統計量）之抽樣分配為 t 分配：

$$t = \frac{\bar{X} - \mu_d}{s/\sqrt{n}} \sim t_{(n-1)}$$

μ_d 為在虛無假設等於母體平均數，在大樣本下，檢定統計量（標準化後）近似 t 分配，自由度 $n-1$。R-web 操作時有兩種作法，可視為單一樣本之平均數（中位數）檢定或（成對）雙樣本平均數（中位數）檢定，可擇一計算，結果相同。

　　虛無假設：1 分鐘及 5 分鐘 apgar 分數無差異（$H_0 : \mu_d = 0$）

　　對立假設：1 分鐘及 5 分鐘 apgar 分數有差異（$H_a : \mu_d \neq 0$）

p 值及 95% 信賴區間如下：

$$p \text{ 值} = 2 \times P(t_{130} \geq 7.79) = 1.82 \times 10^{-12}$$

$$\mu_d \text{ 之 95% 信賴區間為}（0.63, 1.05）$$

結論：以下兩種方式皆可使用（擇一即可）

1. 顯著水準為 0.05 下，則 p 值 < 0.05，拒絕虛無假設。結果中 t 檢定統計值大於 0，表示 5 分鐘之 apgar 分數大於 1 分鐘。
2. 95% 信賴區間為（0.63, 1.05），信賴區間不包含虛無假設等號值

（$\mu_d = 0$），則拒絕 H_0，且區間完全大於 0，故 5 分鐘之 apgar 分數大於 1 分鐘。

故有充份證據顯示，PPHN 新生兒之 1 分鐘及 5 分鐘之 apgar 分數有顯著差異。

R-web

1. 單一平均數檢定法：分析方法 → 平均數檢定 → 單一樣本 → 資料匯入 → 設定參數：選擇要進行分析的變數（1 分鐘和 5 分鐘 apgar 分數差）、設定檢定平均數（設為 0）→ 進階選項 → 開始分析 → 分析結果。
2. （成對）雙樣本平均數檢定法：分析方法 → 平均數檢定 →（成對）雙樣本 → 資料匯入 → 設定參數：選擇要進行分析的變數（檢定樣本一：1 分鐘 apgar，檢定樣本二：5 分鐘 apgar）、設定檢定平均數差異（設為 0）→ 進階選項 → 開始分析 → 分析結果。

圖 4-2 為前後測量差值之直方圖，不符合常態分配假設，考慮無母數方法：**威爾考克森符號等級檢定（Wilcoxon sign-rank test）**。m_d 前後測量差值之母體中位數。

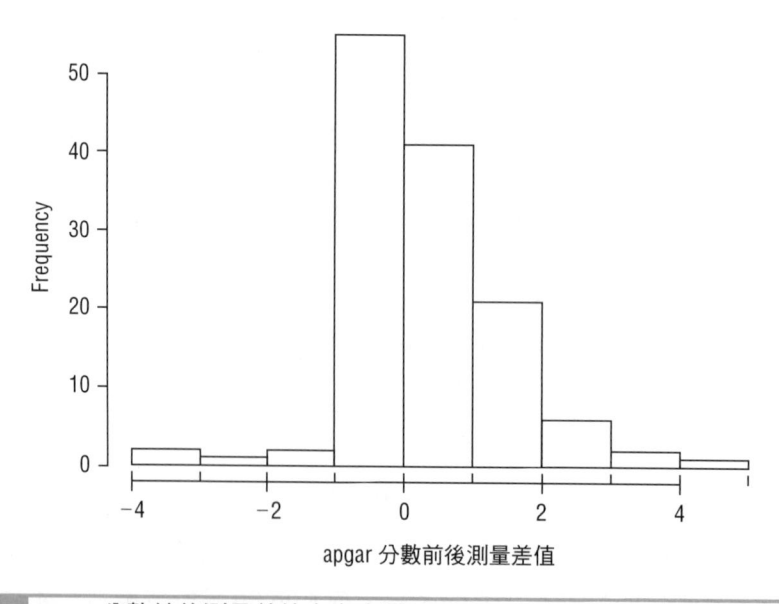

圖 4-2 apgar 分數前後測量差值之直方圖

虛無假設：1 分鐘及 5 分鐘 apgar 分數無差異（$H_0: m_d = 0$）

對立假設：1 分鐘及 5 分鐘 apgar 分數有差異（$H_a: m_d \neq 0$）

$$p \text{ 值} = 2 \times P(Z \geq 6.62) = 3.71 \times 10^{-11}$$

結論：顯著水準為 0.05 下，則 p 值＜0.05，拒絕虛無假設。我們有充份證據顯示，在 PPHN 的新生兒之 1 分鐘及 5 分鐘之 apgar 分數有顯著差異。

R-web（以下兩者擇一）

1. 分析方法→無母數方法→中位數檢定→單一樣本→資料匯入→設定參數：選擇要進行分析的變數（1 分鐘和 5 分鐘 apgar 分數差）、設定檢定中位數（設為 0）→進階選項（可選擇計算時是利用近似法或精確法得到結果）→開始分析→分析結果。

2. 分析方法→無母數方法→中位數檢定→（成對）雙樣本→資料匯入→設定參數：選擇要進行分析的變數（檢定樣本一：1 分鐘 apgar，檢定樣本二：5 分鐘 apgar）、設定檢定中位數差異（設為 0）→進階選項（選擇近似法或精確法）→開始分析→分析結果。

● 獨立雙樣本平均數或中位數檢定

實際問題中，常遇到兩獨立樣本之平均數（中位數）比較。例：PPHN 的新生兒之死亡及存活兩組，在出生體重、懷孕週數、1 分鐘 apgar 分數、5 分鐘 apgar 分數、酸鹼值，這些變項在死亡及存活兩組間是否有差異。在表 4-1 可得到此資料各變項下之描述性統計，得知死亡及存活兩組間是否存在差異。以出生體重為例，μ_1 存活組之出生體重母體平均數，σ_1^2 為母體變異數，μ_2 死亡組之出生體重母體平均數，σ_2^2 為母體變異數，兩組為互相獨立之樣本，比較兩組出生體重的差異。在樣本符合常態分布且大樣本數下，可用雙樣本 t 檢定處理：可分為①兩組母體之變異數不同 ($\sigma_1^2 \neq \sigma_2^2$) 和②兩組母體之變異數相同 ($\sigma_1^2 = \sigma_2^2$)。為求使用方便及穩健性，可用兩組變異數不同之 t 檢定。檢定統計量 t：

$$t = \frac{(\overline{X}_1 - \overline{X}_2) - (\mu_1 - \mu_2)}{SE(\overline{X}_1 - \overline{X}_2)} \sim t_{(df)} ,$$

其中,

$$SE(\overline{X}_1 - \overline{X}_2) = \sqrt{\frac{s_1^2}{n_1} + \frac{s_2^2}{n_2}}$$

及自由度

$$df = \frac{[(s_1^2/n_1) + (s_2^2/n_2)]^2}{\frac{(s_1^2/n_1)^2}{n_1-1} + \frac{(s_2^2/n_2)^2}{n_2-1}} 。$$

若兩組變異數相同,可使用兩組變異數相同之 t 檢定:

$$t = \frac{(\overline{X}_1 - \overline{X}_2) - (\mu_1 - \mu_2)}{SE(\overline{X}_1 - \overline{X}_2)} \sim t_{(n-2)} ,$$

其中,

$$SE(\overline{X}_1 - \overline{X}_2) = \sqrt{S_p^2 \frac{1}{n_1} + \frac{1}{n_2}} \ , \ S_p^2 = \frac{(\frac{S_1^2}{n_1} + \frac{S_2^2}{n_2})}{n_1 + n_2 - 2} 。$$

表 4-1 中,出生體重之平均數及標準差分別為:存活組 $\overline{X}_1 = 2,700$ 公克,$s_1 = 955.90$ 公克,死亡組 $\overline{X}_2 = 2,195$ 公克,$s_2 = 952.37$ 公克,直觀上兩組平均數差異滿大且標準差滿接近,可供我們參考,但仍需用檢定方法判斷兩組平均數是否有差異。變異數是否相等?可檢定兩組母體變異數是否相同($H_0:\frac{\sigma_1^2}{\sigma_2^2} = 1$)。

虛無假設:存活組平均出生體重和死亡組無差異($H_0: \mu_1 - \mu_2 = 0$)
對立假設:存活組平均出生體重和死亡組有差異($H_a: \mu_1 - \mu_2 \neq 0$)

p 值及 95% 信賴區間如下：

$$p \text{ 值} = 2 \times P(t_{127} \geq 2.07) = 0.0402$$

$$\mu_1 - \mu_2 \text{ 之 95% 信賴區間為}（22.71, 982.34）$$

結論：（兩組母體變異數相等下）顯著水準為 0.05 下，我們有充份證據顯示，存活組之出生體重平均數和死亡組有顯著差異。存活組平均體重大於死亡組。

R-web

分析方法 ➔ 平均數檢定 ➔（獨立）雙樣本 ➔ 資料匯入 ➔ 資料型態設定：一檢定變數及一分組變數或兩獨立樣本 ➔ 參數設定：選擇要進行分析的變數（檢定變數：體重，分組變數：死亡與否）、設定檢定平均數差異（設為 0）➔ 進階選項（1. 檢定變異數是否相同，2. 指定變異數相同或不同）➔ 開始分析 ➔ 分析結果。

本組資料型態如下，並非死亡組及存活組分開呈現各變數資料（兩獨立樣本），是「體重」為一個檢定變數，「死亡與否」為一個分組變數。要勾選「一檢定變數一分組變數」。

變數名稱	性別	胎便吸入	早期破水	剖腹產	週數	體重	1分鐘apgar分數	5分鐘apgar分數	酸鹼值	AaDO2	死亡與否	apgar分數前後測
變數型態	數值	數值	數值	數值	數值	數值	數值	數值	數值	數值	數值	數值
1.	0	1	0	1	39	NA	3	3	6.8	573.2	0	0
2.	0	0	0	1	44	3450	2	3	6.8	615	0	1
3.	0	0	0	0	27	1460	6	9	7.3	593	0	3
4.	0	0	0	0	40	3250	3	4	7.5	645	0	1
5.	1	1	0	1	28	1250	1	3	7.1	540.8	0	2

若在兩組的體重分布不為常態、樣本數過小或有極端值時，則會利用中位數當作兩組的集中趨勢指標，可使用**威爾考森等級和檢定**（Wilcoxon rank-sum test）比較兩組中位數是否有差異。m_1、m_2 分別代表此兩組體重之母體中位數。

虛無假設：存活組出生體重中位數和死亡組無差異

$$(H_0：m_1 - m_2 = 0)$$

對立假設：存活組出生體重中位數和死亡組有差異

$$(H_a：m_1 - m_2 \neq 0)$$

$$p \text{ 值} = 2 \times P(Z \geq 2.19) = 0.03$$

結論：顯著水準為 0.05 下，我們有充份證據顯示存活組別出生體重中位數和死亡組別有顯著差異，且存活組出生體重中位數大於死亡組。

R-web

分析方法 → 無母數方法 → 中位數檢定 →（獨立）雙樣本 → 資料匯入 → 資料型態設定：一檢定變數及一分組變數或兩獨立樣本 → 參數設定：選擇要進行分析的變數（檢定變數：體重，分組變數：死亡與否）、設定檢定中位數差異（設為 0）→ 進階選項（計算精確 p 值）→ 開始分析 → 分析結果。

單一樣本比例檢定

以上的方法都是處理連續型變項資料，以平均數或中位數代表資料的集中趨勢指標。倘若資料變數為類別型時，只有兩類別變項資料，計算平均數才有意義，例如：性別變項包含男生或女生兩種，令男生為 1，女生為 0，將性別變項加總後即為男生的個數，計算平均數時，即為男生的比例，為母體比例的估計值，代表男生在資料中出現的頻率。檢定此問題時，依中央極限定理，在樣本數夠大時，可利用 $\widehat{P}$ 的抽樣分配建構統計量，進而計算 p 值及信賴區間。$\widehat{P}$ 的抽樣分配（標準化後）為：

$$Z = \frac{\widehat{P} - P}{SE(\widehat{P})} \sim N(0, 1)，$$

其中 P 為母體比例，$N(0, 1)$ 為標準常態分配，

$$SE(\widehat{P}) = \sqrt{\frac{P(1-P)}{n}} ,$$

此例中，PPHN 新生兒死亡比例是我們要研究的問題；將死亡設為 1，存活設為 0，檢定死亡比例是否超過歐美的死亡率 0.1？在樣本中，我們可以先觀察其點估計值，$\widehat{P} = 0.145$，其值大於 0.1，由於這是樣本資料，要考慮抽樣誤差的概念，需用檢定來尋求解答：

虛無假設：死亡比例小於等於 0.1（$H_0 : P \leq 0.1$）
對立假設：死亡比例大於 0.1（$H_a : P > 0.1$）

p 值及 95% 信賴區間如下：

$$p \text{ 值} = P(Z > 1.72) = 0.0429$$
$$P \text{ 之 95\% 信賴區間為}（0.1016, 1.000）$$

結論：在顯著水準為 0.05 下，我們有證據顯示 PPHN 的新生兒的死亡比例超過 0.1。

R-web

分析方法 → 比例檢定 → 單一樣本 → 資料匯入 → 參數設定：選擇要進行分析的變數（死亡與否）、變數中代表成功的值（表示欲研究類別為 0 或 1）、設定檢定比例（$p = 0.1$）→ 進階選項（二項分配理論或大樣本理論下計算的 p 值）→ 開始分析 → 分析結果。

獨立雙樣本之比例檢定

影響死亡與否的因素很多，這些因素若是兩類別時，則能比較這兩組間發生此因素的比例是否相同，這就是兩比例檢定的目的。死亡組早期破水的發生比例（$\widehat{P}_1$）和存活組比較（$\widehat{P}_2$），比較這兩比例是否相同？若這兩組之早期破水比例有明顯差異時，則早期破水和死亡的相關性可進一步討論。在檢定時，依大樣本理論下，$P_1 - P_2$ 的抽樣分配近似常態分配，來計算 p 值及信賴區間。$P_1 - P_2$ 的抽樣分配（標準化後）：

$$Z = \frac{(\widehat{P}_1 - \widehat{P}_2) - (P_1 - P_2)}{SE(\widehat{P}_1 - \widehat{P}_2)} \sim N(0,1) \text{,}$$

其中

$$SE(\widehat{P}_1 - \widehat{P}_2) = \sqrt{\widehat{P}(1-\widehat{P})(\frac{1}{n_1} + \frac{1}{n_2})} \text{ , } \widehat{P} = \frac{n_1 \widehat{P}_1 + n_2 \widehat{P}_2}{n_1 + n_2} \text{ 。}$$

點估計的結果，存活組早期破水比例為 $\widehat{P}_1 = 10\%$，死亡組為 $\widehat{P}_2 = 16\%$，直觀上這兩個比例滿接近的，仍需透過檢定了解死亡與否和早期破水的相關性。

　　虛無假設：存活組之期破水比例和死亡組相同（$P_1 = P_2$）
　　對立假設：存活組之期破水比例和死亡組不同（$P_1 \neq P_2$）

p 值及 95% 信賴區間如下：

$$p \text{ 值} = 2 \times P(Z > |-0.095|) = 0.0757$$
$$P_1 - P_2 \text{ 之 95\% 信賴區間為（} -0.1524, 0.1383 \text{）}$$

結論：在顯著水準為 0.05 下，我們沒有證據顯示死亡組和存活組之早期破水比例不相同。

R-web

　　分析方法→比例檢定→（獨立）雙樣本→資料匯入→資料型態設定：資料型態設定：一檢定變數及一分組變數或兩獨立樣本→參數設定：參數設定：選擇要進行分析的變數（檢定變數：早期破水，分組變數：死亡與否）、變數中代表成功的值（表示欲研究類別為 0 或 1）、設定檢定比例差異（預設為 0）→進階選項→開始分析→分析結果。

關鍵字

雙樣本　　　　　　　　　　中位數檢定
單一樣本　　　　　　　　　比例檢定
平均數檢定

參考資料

1. 康活健康知識網—醫學疾病類科《小兒科》（Apr. 2011），補充魚油 DHA 幫助神經發育，節錄部分。
2. Marcello Pagano, Kimberlee Gauvreau. (2000). *Principle of Biostatistics*, 2nd Edition, Cengage Learning.
3. Beth Dawson, Robert G. Trapp. (2004). *Basic & Clinical Biostatistics*, 4/E, McGraw Hill Professional.

資料檔

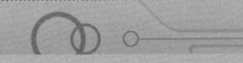

依照實際 PPHN 新生兒研究案例報告之數據虛擬而成，此資料可由 http://www.r-web.com.tw/publish 的資料檔選單，資料檔名為 PPHN

作業

請利用此章節之資料（新生兒持續性肺動脈高壓 PPHN），回答下列問題：
顯著水準為 0.05。

1. 在懷孕週數、出生體重、1 分鐘 apgar、5 分鐘 apgar、酸鹼值（pH 值）、AaDO2，上述 6 個變項中，哪個變項在死亡和存活兩組別間，其平均數上具有統計上之顯著差異。使用的統計方法稱為什麼？

2. 在懷孕週數、出生體重、1 分鐘 apgar、5 分鐘 apgar、酸鹼值（pH 值）、AaDO2，上述 6 個變項中，在死亡和存活兩組別間，哪些變項其存活組之中位數是顯著大於死亡組之中位數。使用的統計方法稱為什麼？

3. 在胎便吸入與否、出生方式、早期破水與否，這三個變項中，哪些變項在

死亡和存活兩組間的比例分布是具有顯著差異。使用的統計方法稱為什麼？

4. 上述 1.~3. 問題，分別是雙尾檢定、左尾檢定或右尾檢定？

5. 上述 1. 問題中，在檢定兩組平均數是否相等時，你喜歡用什麼方法？為什麼？需要注意哪些假設及條件。

Chapter

5

平均數檢定：多組樣本

在前一章中我們已經討論如何檢定兩個母體平均數或中位數是否有差異，其實也是在檢定一個連續變項和一類別型變項之間的關係，此時類別變項僅限於二類的情況下，然而很多研究會進行三個以上母體平均數差異的比較，或者類別變項有三類以上時，如何檢定此類別變項與某一連續變項是否有關。本章將介紹三組以上母體平均數（或母體分配）比較之問題。

以下案例是關於在配方奶添加 DHA 是否可以提升嬰兒視力敏銳度和認知能力的研究（資料來源：康活健康知識網－醫學疾病類科《小兒科》（Apr. 2011）補充魚油 DHA 幫助神經發育，節錄部分）。

這一個臨床系列是由美國德州 Retina Foundation of the Southwest 和加拿大的 Memorial University of Newfoundland 大學的研究團隊所做的 The DIAMOND（DHA Intake and Measurement of Neural Development）Study 研究。其中關於提升視力的文章是發表在 2010 年 4 月 Am J Clin Nutr. 期刊；關於提升認知能力的文章是發表在 2011 年 3 月的 Early Hum Dev. 期刊。研究者招募了超過 100 位剛出生的嬰兒，將他們分成四組，每一組在配方奶裡添加不同濃度的 DHA 脂肪酸，各為 0%（對照組、0.32%、0.64% 或 0.96% 的 DHA。服用配方奶的時間為 12 個月，然後在出生滿 18 個月的時候，嬰兒接受眼力和智力的測驗。結果發現：

- 有補充 DHA 的三組小孩，其平均視力比對照組高。

- 有補充 DHA 的三組小孩，其平均認知能力也高於對照組。
- 有補充 DHA 的研究者最後評論說，在配方奶中補充 0.32% 的 DHA，不必更多，似乎是一個有效的方法來提昇幼兒的眼力和認知能力。

上述案例中，主要比較在配方奶裡添加不同濃度的 DHA 脂肪酸的四組嬰兒，其視力與認知能力是否有差異，如果有差異，究竟要添加多少濃度的 DHA 脂肪酸才能提昇幼兒的眼力和認知能力。對於這個問題，雖然我們也可以第四章所介紹的兩個母體平均數（中位數）差異檢定方法來進行分析，然而這種兩兩互相比較的檢定方式會導致**整體型一錯誤機率**（familywise error rate）比我們設定的顯著水準膨脹很多，換句話說，我們結論的可靠性便會大打折扣；以本例來說我們有四組需要互相比較其平均差異，共要進行六次每對母體平均數差異檢定，假設每次檢定的顯著水準皆為 $\alpha = 0.05$，則六次檢定皆正確地接受虛無假設不犯型一錯誤的機率為 $(0.95)^6 = 0.735$，因此整體至少一次犯型一錯誤的機率高達 $1 - 0.375 = 0.265$ 之多，雖然可藉由調整每次檢定顯著水準來控制犯型一錯誤的機率，但這種方法的檢定力較差，一般較不建議此種方式。對於檢測三組或三組以上獨立之母群體平均數差異，且要控制整體型一錯誤機率在顯著水準 α 以內，最恰當的檢定方式為**變異數分析**（analysis of variance, ANOVA）。

變異數分析（ANOVA）利用將資料變異數分離成兩個不同變異數估計值來達成多組母群體平均數之差異比較。假設有一研究欲驗證 k 組的母群體平均數是否有差異，所以虛無假設為「各組母群體平均數完全相同」，即

$$H_0: \mu_1 = \mu_2 = \cdots = \mu_k$$

其對立假設為 k 組間的母群體平均數不完全相同。假如無法拒絕虛無假設，則結論為 k 組的母群體平均數並無差異，在上述例子中，即是配方奶裡添加不同濃度的 DHA 脂肪酸並不影響小孩日後視力與認知能力；倘若拒絕虛無假設，則須再進一步探究這 k 組的母群體平均數差異的情形，例如需添加多少濃度的 DHA 脂肪酸才能提昇幼兒的眼力和認知能

力，我們稱為**事後檢定**（post-hoc test），本章稍後會再討論。

變異數分析主要的概念是將資料的總變異數分離成兩個部分：**組內變異**（within-group variance）及**組間變異**（between-group variance），為何比較母群體平均數差異要用變異數？假設 k 組的母群體平均數不同，各組組內變異小者較組內變異大者容易被檢定出有差異，因此藉由組內變異及組間變異的比較可以檢定 k 組的母群體平均數是否有差異。變異數分析之前提假設：

1. k 組母群體均為常態分配，且各組變異數相同。
2. k 組中的觀察值為彼此獨立，不相互影響。

其檢定統計量為：

$$F = \frac{SS_B / (k-1)}{SS_W / (n-k)} = \frac{MS_B}{MS_W}$$

其中總樣本數為 $n = n_1 + \cdots + n_k$；SS_B 為**組間離均差平方和**（between sum of squares），由各組樣本平均數 $\bar{x}_1$ 與總平均數 $\bar{x}$ 之差值的平方相加再乘各組樣本數之總和：

$$SS_B = n_1(\bar{x}_1 - \bar{x})^2 + n_2(\bar{x}_2 - \bar{x})^2 + \cdots + n_k(\bar{x}_k - \bar{x})^2$$

SS_W 為**組內離均差平方和**（within sum of squares），由各組所抽出的樣本觀察值與該組樣本平均數之差值的平方總和：

$$SS_W = \sum_{i=1}^{k} (\bar{x}_i - \bar{x})^2 = (n_1 - 1)S_1^2 + (n_2 - 1)S_2^2 + \cdots + (n_k - 1)S_k^2$$

兩者總和稱為**總變異量**（total sum of squares, SS_T），$SS_T = SS_B + SS_W$。SS_B 與 SS_W 各自除以自由度（組間自由度為組數 $k-1$；組內自由度為 $n-k$），所得 MS_B 為**組間均方**（between groups mean square）與 MS_W 為**組內均方**（within groups mean square）。在前提假設成立下及虛無假設 H_0 成立下，檢定統計量服從 F 分配，分子及分母自由度各為 $k-1$ 及 $n-k$，而且因 MS_B 與 MS_W 皆為母體變異數的不偏估計量，在虛無假設成立時，我們期望 F 值很靠近 1，當 F 值愈大（即 MS_B 愈大於 MS_W），表示平均數不相等，故應拒絕虛無假設 H_0，即表示各組之平均數有顯著差

異。最後可利用檢定統計量 F 值 $= MS_B / MS_W$，對照「F 分配表」以檢定「各組母群體平均數完全相同」之虛無假設。

變異數分析表的建立

在進行變異數分析時，我們經常會建立以下之變異數分析表，除了可瞭解總變異的分離情形，也可從中計算出 SS_B、SS_W 及檢定結果，變異數分析表如表 5-1。

本章使用範例是關於補充抗壞血酸的癌症治療的研究，資料出自於 1978 年發表在 Proceedings of the National Academy of Science USA, 75, 4538-4542 論文，研究目的在重新評估該療法是否延長人類癌症的存活時間。樣本為患有胃、支氣管、結腸、卵巢及乳房的晚期癌症患者採用抗壞血酸，該研究的目的是想了解是否感染癌症的器官不同會影響其存活時間，有興趣的 endpoint 為存活天數，共有 64 名癌症患者。資料之描述性統計如表 5-2。

在表 5-2 可得到此筆資料的分布，可藉由變異數分析檢定知道感染

表 5-1 變異數分析表

變異來源	平方和	自由度	均方	F 統計量	p 值
組間變異	SS_B	$k-1$	$MS_B = SS_B/(k-1)$	$F = MS_B/MS_W$	計算右尾機率
組內變異	SS_W	$n-k$	$MS_W = SS_W/(n-k)$		
總變異	SS_T	$n-1$			

表 5-2 樣本敘述統計量

變數名稱 Variable	分組變數 Organ	樣本數 Count	平均數 Mean	中位數 Median	最小值 Minimum	最大值 Maximum	標準差 Std. dev.
Survival	Breast	11	1395.9091	1166	24	3808	1238.9667
	Bronchus	17	211.5882	155	20	859	209.8586
	Colon	17	457.4118	372	20	1843	427.1686
	Ovary	6	884.3333	406	89	2970	1098.5788
	Stomach	13	286	124	25	1112	346.3096
	不分組（Total）	64	558.625	265.5	20	3808	776.4787

癌症的器官不同是否會影響其存活時間。直觀上，此五組之平均存活天數有很大的差異，然而各組標準差也很大，因此我們無法直接以這五組樣本平均數判斷這五組之平均存活時間是否有差異，需考量其各組之分散程度，透過變異數分析檢定方式得到結論。表 5-3 為變異數分析檢定結果，顯著水準為 0.05 時，我們有充份證據顯示五組之平均存活天數有顯著差異，此外，從圖 5-1 的盒鬚圖中可明顯發現，並非所有組別之平均存活時間皆有差異，因此，接下來我們可以利用事後多重比較的方法

表 5-3 變異數分析表（R-web 分析結果）

虛無假設：各母體的平均數相等 $H_0 : \mu_1 = \cdots = \mu_5$						
來源 source	平方和 sum of squares	自由度 d.f.	均方和 mean square	F 檢定統計量 F-statistics	臨界值 F(d.f.1, d.f.2, 1 − α)	p 值[II] p-value
處理 treatment	11535761	4	2883940	6.4334	2.5279	0.00022945 ***
誤差 error	26448144	59	448273.6			
總和 total	37983905	63				

[II]：顯著性代碼：'***': <0.001, '**': <0.01, '*': <0.05, '#': <0.1

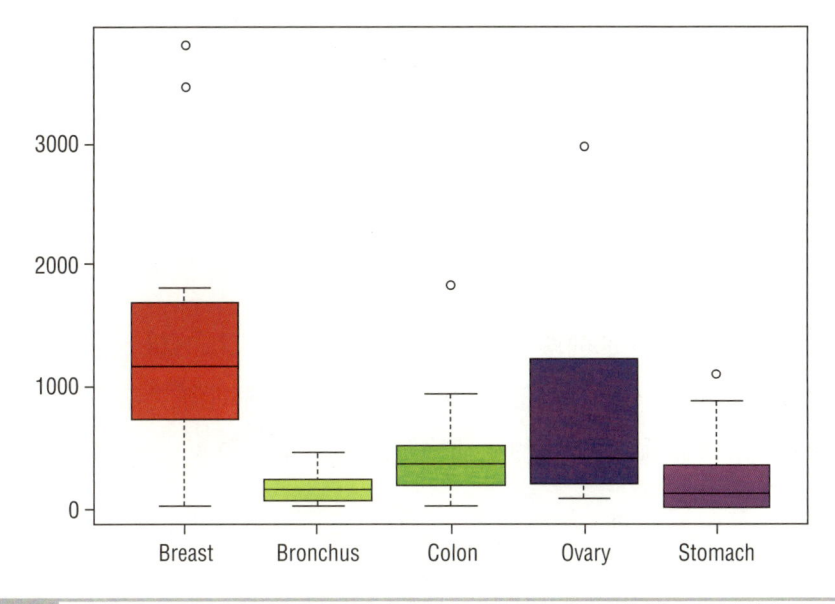

圖 5-1 五種癌症存活時間盒鬚圖（上圖利用 R-web 畫圖之結果，縱軸為存活天數）

（事後檢定）再進一步檢定到底是哪幾組的平均數有差異。

R-web

分析方法→平均數檢定→（獨立）多樣本（或稱變異數分析）→資料匯入→資料型態設定：一檢定變數一分組變數→參數設定：選擇要進行分析的變數（檢定變數：Survival，分組變數：Organ）→進階選項（1. 設定顯著水準 α；2. 顯示樣本敘述統計量）→開始分析→分析結果。

事後檢定或多重比較

當變異數分析的 F 檢定值達顯著水準時，即推翻各組平均數相等的虛無假設，亦表示至少有兩組平均數之間有顯著差異存在，因此需檢驗兩兩個別平均數間是否存在顯著差異，即進行**多重比較**（multiple comparison）之檢定，因為是在已確定有多個群體平均數差異之整體效應達統計顯著性後，後續探討特定的顯著差異，所以又稱**事後檢定**（post-hoc test）。在此我們將介紹二種常用的事後檢定方式：Bonferroni 法及 Kruskal-Wallis Test。

Bonferroni 法

此法為多重比較中常見的方法，所用的方法類似第四章所述之獨立樣本 t 檢定，每兩組進行平均數是否相等的檢定，假若有 k 組資料，則需進行共

$$C_2^k = \frac{k(k-1)}{2}$$

次的假設檢定，在本章前段也有討論這樣的多重比較的檢定會導致整體型一錯誤機率膨脹，因此為使整體犯型一錯誤機率能維持在設定的顯著水準 α 以內，則必須調整每個個別檢定的顯著水準為：

$$\alpha^* = \frac{\alpha}{\frac{k(k-1)}{2}}$$

如此便能控制整體型一錯誤機率在我們設定的顯著水準 α 以內；實務分析報表通常以調整 p 值來呈現，即將每個檢定 p 值乘上 C_2^k 再與顯著水準 α 做比較，如果調整後 p 值小於顯著水準 α，則此二組平均數有顯著差異。考慮以下檢定假設：

虛無假設：第 i 組與第 j 組平均存活天數無差異（$H_0：\mu_i = \mu_j$）
對立假設：第 i 組與第 j 組平均存活天數有差異（$H_a：\mu_i \neq \mu_j$）

則多重檢定統計量 t 與**雙樣本**平均數檢定相似，僅有差異是在母體變異數的估計是以全部 k 組資料為基礎的不偏估計量 MS_W：

$$t = \frac{(\overline{X}_i - \overline{X}_j)}{\sqrt{MS_W(\frac{1}{n_i} + \frac{1}{n_j})}} \sim t_{(n-k)}$$

表 5-4 為 Bonferroni 多重比較檢定結果，顯著水準為 0.05 時，我們有充份證據顯示乳癌與胃癌、支氣管癌及結腸癌三組間之平均存活天數有顯著差異，而且乳癌患者平均存活天數顯著高於胃癌、支氣管癌及結腸癌患者。

表 5-4 Bonferroni 多重比較檢定方法

Bonferroni	差異 Difference	95% 信賴區間 下界 Lower	95% 信賴區間 上界 Upper	修正 p 值 Adj. p-value
Breast - Bronchus	1184.3209	428.7367	1939.905	0.0003
Breast - Colon	938.4973	182.9132	1694.0815	0.0061
Bronchus - Colon	−245.8235	−915.5773	423.9302	1
Breast - Ovary	511.5758	−479.4321	1502.5836	1
Bronchus - Ovary	−672.7451	−1599.9772	254.487	0.3857
Colon - Ovary	−426.9216	−1354.1537	500.3105	1
Breast - Stomach	1109.9091	309.9602	1909.8579	0.0015
Bronchus - Stomach	−74.4118	−793.8427	645.0192	1
Colon - Stomach	171.4118	−548.0192	890.8427	1
Ovary - Stomach	598.3333	−365.3939	1562.0605	0.7528

無母數方法：Kruskal-Wallis Test（K-W Test）

在使用變異數分析時我們對資料做了兩個前提假設：每組資料服從常態分配且母體變異數相同，假若各組變異數不全相同，則變異數分析所得的結論可能就不是這麼確定，因為變異數分析所算的 p 值會比實際小，換句話說，犯型 I 誤差的機率增加，因此要確認變異數相同假設是否成立才能使用變異數分析，通常可由變異數相同的假設檢定來驗證是否符合。假如資料分布不為常態或各組變異數不全相同時，則會考慮以無母數檢定方式來分析，無母數檢定方式不需要對資料的分配做任何假設，如同在雙樣本之中位數檢定中使用**威爾考森等級和檢定**（Wilcoxon rank-sum test），在多組樣本變異數分析對應的無母數分析為 Kruskal-Wallis 檢定。當資料分布不為常態分配則會利用中位數當為集中趨勢，因此 Kruskal-Wallis 檢定在檢定多組不是常態分配的獨立母群體之中位數是否完全相等：

虛無假設（H_0）：各組母群體中位數完全相同
對立假設（H_a）：k 組間的母群體中位數不完全相同

檢定方法

先將各組樣本混合並做排序後，依數值由小排到大並標記**序位**（rank），再將序位分數放回原各組內，計算各組序位總和 $R_1, \cdots, R_k$ 及序位平均 $\overline{R}_1$，再藉由各組樣本數 $n_1, \cdots, n_k$ 換算成檢定統計量 H

$$H = \frac{12\sum_{i=1}^{k} n_i(\overline{R}_i - \overline{R})^2}{n(n+1)}$$

其中 $\overline{R}$ 為全部資料的序位平均，在虛無假設成立下，H 統計量的機率分布為自由度 $k-1$ 之卡方分配，並用以檢定是否各組中位數完全相等。唯一的限制是 K-W 檢定各組樣本數至少要 5 以上。

表 5-5 為無母數 K-W 檢定結果，顯著水準為 0.05 時，我們有充份證據顯示五組之平均存活天數有顯著差異。

表 5-5 多樣本中位數差異檢定（獨立樣本）

虛無假設：各母體的中位數相同 $H_0: m_1 = \cdots = m_5$					
變數名稱 variable	K-W卡方檢定統計量 Kruskal-Wallis chi-square statistics	自由度 d.f.	臨界值 X^2（d.f., $1-\alpha$）	p 值[II] p-value
Survival	14.9539	4	9.4877	0.0047979 **

[II]：顯著性代碼：'***': <0.001, '**': <0.01, '*': <0.05, '#': <0.1

R-web

分析方法 ➡ 無母數方法 ➡ 中位數檢定 ➡（獨立）多樣本（Kruskal-Wallis檢定）➡ 資料匯入 ➡ 資料型態設定：一檢定變數及一分組變數或兩獨立樣本 ➡ 參數設定：選擇要進行分析的變數（檢定變數：Survival，分組變數：Organ）➡ 開始分析 ➡ 分析結果。

進階閱讀 ▶▶▶

規劃性比較與事後檢定

當變異數分析的 F 檢定值達顯著水準，即拒絕各組平均數相等的虛無假設，亦即表示至少有兩組平均數之間有顯著差異存在。但是變異數分析的檢定無法明確檢定出究竟是哪些平均數是有顯著差異，此時便要經由**多重比較**（multiple comparison）的方式來確認有顯著差異的組別，一般多重比較可分為兩種：**規劃性比較**（planned comparison）與**事後檢定**（post-hoc test）。規劃性比較是指在進行研究或蒐集資料之前，研究者事先規劃進行某些組別之平均數或特定平均數組合的比較，而這些特定的比較通常是基於理論或研究特定需要所建立的假設檢定，因為是在蒐集資料之前便已決定哪些平均數的比較，所以又稱為**事前比較**（prior comparisons）。假使我們在研究進行前並沒有特定的規劃性比較，僅是當變異數分析整體平均數檢定呈顯著性時，欲檢定兩兩個別平均數間是否存在顯著差異，因多重檢定是在變異數分析之後進行，故稱為事後檢

定，本章所介紹的多重檢定方法皆屬於事後檢定。而規劃性比較因是基於研究需要，且在研究進行便已規劃的假設檢定，因此無需考慮變異數分析中整體平均數檢定的結論為何，甚至可以省略變異數分析的步驟，直接進行規劃性的多重比較。在統計軟體中，規劃性的多重比較通常可藉由**對比**（contrast）來指定進行哪些特定組合平均數差異的比較。以下我們用一個單因子變異數分析的例子來介紹如何使用對比係數來進行規劃性的多重比較。

假設我們想探討高血壓患者在服用某種降血壓藥時，不同劑量是否會影響降血壓的效果，實驗考慮四種不同劑量（0 mg、20 mg、30 mg 和 40 mg），對比係數的設定準則主要考慮要比較的組別分別以正值和負值來表示，不進行比較的組別則係數為 0，並且對比係數總和要為 0。假設我們有興趣服用低劑量（0 mg 和 20 mg）和高劑量（30 mg 和 40 mg）藥物時血壓的差異，則對比係數如下：

對比	0 mg（A）	20 mg（B）	30 mg（C）	40 mg（D）
AB-CD	＋1	＋1	－1	－1

假設我們有興趣比較不服用（0 mg）與服用藥物（20 mg、30 mg 和 40 mg）時血壓的差異，則對比係數如下：

對比	0 mg（A）	20 mg（B）	30 mg（C）	40 mg（D）
A-BCD	＋3	－1	－1	－1

此外，我們有可能在實驗前已規劃一系列的比較，例如比較服用低劑量（0 mg 和 20 mg）和高劑量（30 mg 和 40 mg）藥物時、不服用（0 mg）與服用藥物（20 mg）時，以及服用藥物（30 mg）和服用藥物（40 mg）時血壓的差異，則對比係數如下：

對比	0 mg（A）	20 mg（B）	30 mg（C）	40 mg（D）
AB-CD	+1	+1	−1	−1
A-B	+1	−1	0	0
C-D	0	0	+1	−1

令每一種比較的對比係數為 c_i，$i = 1, 2, 3, 4$，則每一種比較的多重檢定統計量 t 為：

$$t = \frac{\sum_{i=1}^{4} c_i \overline{X}_i}{\sqrt{MS_W \sum_{i=1}^{4} \frac{c_i^2}{n_i}}} \sim t_{(n-k)}$$

在虛無假設成立下，t 統計量的機率分布為自由度 $n-k$ 之 t 分配。

事後檢定主要使用時機是在蒐集資料後，經由變異數分析發現至少有兩組平均數之間有顯著差異存在，再進一步做多重比較，因此不需要事前規劃，本章介紹的事後檢定方法除了前述的 Bonferroni 多重比較檢定法外，在此另外介紹四種常用的方法。

LSD 檢定（Least Significance Difference Test）

根據 Bonferroni 多重比較方法的 t 檢定統計量，檢定兩組平均數的差異，並計算其檢定 p 值，但不做多重比較的調整。換言之，我們可以決定兩組平均數差異的最小顯著差異值如下：

$$LSD_\alpha = t_{\frac{\alpha}{2}; n-k} \sqrt{MS_W \left(\frac{1}{n_i} + \frac{1}{n_j}\right)}$$

其中 $t_{\frac{\alpha}{2}; n-k}$ 是自由度為 $n-k$ 的 t 分配中右尾機率為 $\alpha/2$ 的臨界值，所以 LSD 計算的是兩組平均數差異達顯著水準所需最小的值。因此，LSD 方法計算簡單且容易得到顯著差異的結論，但當比較的組數增多時，多重比較的結果，其犯型一錯誤的機率也隨之增加，因此一般較不建議採

表 5-6 LSD 多重比較檢定方法

LSD	差異 Difference	95% 信賴區間 下界 Lower	95% 信賴區間 上界 Upper	修正 p 值 Adj. p-value
Breast - Bronchus	1184.3209	665.9078	1702.7339	< 1e-04
Breast - Colon	938.4973	420.0843	1456.9103	0.0006
Bronchus - Colon	−245.8235	−705.3476	213.7005	0.2888
Breast - Ovary	511.5758	−168.3636	1191.5151	0.1375
Bronchus - Ovary	−672.7451	−1308.9273	−36.5629	0.0386
Colon - Ovary	−426.9216	−1063.1038	209.2606	0.1845
Breast - Stomach	1109.9091	561.0571	1658.7611	0.0002
Bronchus - Stomach	−74.4118	−568.0198	419.1962	0.764
Colon - Stomach	171.4118	−322.1962	665.0198	0.4899
Ovary - Stomach	598.3333	−62.8885	1259.5552	0.0753

用。表 5-6 為 LSD 多重比較檢定結果，顯著水準為 0.05 時，我們有充份證據顯示乳癌與胃癌、支氣管癌及結腸癌三組間，以及支氣管癌與卵巢癌間之平均存活天數有顯著差異，比 Bonferroni 方法多了支氣管癌與卵巢癌間有顯著差異。

Tukey's HSD 法

Tukey's HSD 法（Tukey's Honestly Significant）的方法容許研究者進行所有可能的成對比較檢定，而仍能維持整體犯型一錯誤機率在設定的顯著水準 α 以內。此檢定的基礎是稱為「**標準化全距分配（studentized range distribution）**」的機率分布，其檢定統計量如下：

$$q = \frac{\left| \overline{X}_i - \overline{X}_j \right|}{\sqrt{\frac{1}{2} MS_W (\frac{1}{n_i} + \frac{1}{n_j})}} \sim q_{k, n-k}$$

其中 q 檢定統計量在虛無假設成立時的抽樣分配即為標準化全距分配

$q_{k,n-k}$，自由度為 k 及 $n-k$，根據此標準化全距分配計算大於資料 q 值的右尾機率即為檢定的 p 值。此外，我們也可決定任二組平均數的差應為多大才能拒絕其所對應的母體平均數為相等之假設，此臨界值在此稱為真實顯著差異（HSD），即

$$\left|\overline{X}_i - \overline{X}_j\right| > HSD_\alpha = q_{\alpha;k,n-k}\sqrt{\frac{1}{2}MS_W(\frac{1}{n_i}+\frac{1}{n_j})}$$

其中 $q_{\alpha;k,n-k}$ 是自由度為 k 及 $n-k$ 的標準化全距分布的右尾機率為 α 的臨界值，當任兩組平均差異大於 HSD 則稱為有顯著差異，且整體犯型一錯誤機率維持在設定的顯著水準之內。表 5-7 為 Tukey's HSD 多重比較檢定結果，顯著水準為 0.05 時，所得結論與 Bonferroni 方法相同，我們有充份證據顯示乳癌與胃癌、支氣管癌及結腸癌三組間之平均存活天數有顯著差異，而且乳癌患者平均存活天數顯著高於胃癌、支氣管癌及結腸癌患者。

表 5-7 Tukey's HSD 多重比較檢定方法

Tukey HSD	差異 Difference	95% 信賴區間 下界 Lower	95% 信賴區間 上界 Upper	修正 p 值 Adj. p-value
Breast - Bronchus	1184.3209	455.2962	1913.3455	0.0002
Breast - Colon	938.4973	209.4727	1667.522	0.0053
Bronchus - Colon	−245.8235	−892.0348	400.3877	0.8208
Breast - Ovary	511.5758	−444.5973	1467.7488	0.5631
Bronchus - Ovary	−672.7451	−1567.3841	221.8939	0.2271
Colon - Ovary	−426.9216	−1321.5606	467.7174	0.6659
Breast - Stomach	1109.9091	338.0792	1881.739	0.0014
Bronchus - Stomach	−74.4118	−768.554	619.7305	0.9981
Colon - Stomach	171.4118	−522.7305	865.554	0.9568
Ovary - Stomach	598.3333	−331.5179	1528.1846	0.3773

Scheffé Test 法

此法是由 Scheffé（1953）所提出，也是常用來做事後檢定分析，同時也是最保守的方法，不過它能適用於複雜的多重比較問題上。對於兩兩檢定問題且要維持整體犯型一錯誤機率在設定的顯著水準 α 以內，其檢定統計量如下：

$$F_s = \frac{(\overline{X}_i - \overline{X}_j)^2}{MS_W(\frac{1}{n_i} + \frac{1}{n_j})(k-1)} \sim F_{k-1,\,n-k}$$

其中 F 檢定統計量在虛無假設成立時服從 F 分配，但分子及分母自由度各為 $k-1$ 及 $n-k$，根據此抽樣分配計算大於資料 F_S 值的右尾機率即為檢定的 p 值。此外，我們也可此決定任二組平均數差異顯著的臨界值如下：

$$\left|\overline{X}_i - \overline{X}_j\right| > S_\alpha = \sqrt{(k-1)F_{\alpha;\,k-1,\,n-k}}\sqrt{MS_W(\frac{1}{n_i} + \frac{1}{n_j})}$$

其中 $F_{\alpha;\,k-1,\,n-k}$ 是自由度為 $k-1$ 和 $n-k$，F 分配中右尾機率為 α 的臨界值。當兩組平均差異大過此臨界值 S_α 則稱為有顯著差異。表 5-8 為 Scheffé 多重比較檢定結果，顯著水準為 0.05 時，所得結論與 Bonferroni 和 Tuykey's HSD 方法相同，我們有充份證據顯示乳癌與胃癌、支氣管癌及結腸癌三組間之平均存活天數有顯著差異，而且乳癌患者平均存活天數顯著高於胃癌、支氣管癌及結腸癌患者。Scheffé 的臨界值會比 LSD 或 Tuykey's HSD 都來得大，在做兩兩平均數比較時，其差異值較不容易達到統計上顯著水準的差異，通常我們稱此種檢定方法較為保守，因此適合於需要嚴格標準的研究問題上。

R-web

分析方法→平均數檢定→（獨立）多樣本（或稱變異數分析）→資料匯入→資料型態設定：一檢定變數及一分組變數→參數設定：選擇要進行分析的變數（檢定變數：Survival，分組變數：Organ）→進階選項（進行多重比較）→開始分析→分析結果。

表 5-8 Scheffe's Test 多重比較檢定方法

Scheffe	差異 Difference	95% 信賴區間 下界 Lower	95% 信賴區間 上界 Upper	修正 p 值 Adj. p-value
Breast - Bronchus	1184.3209	360.4857	2008.156	0.0011
Breast - Colon	938.4973	114.6622	1762.3325	0.017
Bronchus - Colon	-245.8235	-976.0753	484.4283	0.8856
Breast - Ovary	511.5758	-568.9487	1592.1002	0.6878
Bronchus - Ovary	-672.7451	-1683.733	338.2428	0.3561
Colon - Ovary	-426.9216	-1437.9094	584.0663	0.7714
Breast - Stomach	1109.9091	237.7018	1982.1164	0.0054
Bronchus - Stomach	-74.4118	-858.828	710.0045	0.999
Colon - Stomach	171.4118	-613.0045	955.828	0.9746
Ovary - Stomach	598.3333	-452.4462	1649.1129	0.5178

Dunnett 多對一檢定（Dunnett's Test）

關於事後檢定，在某些實驗中我們只考慮多個處理組與一組對照組（或控制組）的比較，例如檢定藥品有效劑量時，只需檢定服用不同劑量的處理組與服用安慰劑的對照組的差異，對於這樣的檢定問題，最常使用的方法便是 Dunnett 於 1955 年提出的關於**多對一**（many to one）的檢定方法。假設現在有 ($k-1$) 組樣本需與一控制組（或對照組）做平均數比較，所以只需做 ($k-1$) 次的檢定，而不再是 $k(k-1)/2$ 次的倆倆檢定，因此 Dunnett 檢定會比以上討論的多重檢定方法有更高的檢定力，並且維持整體型一錯誤機率在設定的顯著水準 α 以內。假設第一組為對照組，考慮以下檢定假設：

虛無假設：第 i 組與對照組平均存活天數無差異（$H_0: \mu_i = \mu_1$）
對立假設：第 i 組與對照組平均存活天數有差異（$H_a: \mu_i \neq \mu_1$）

其檢定統計量與 Tukey 檢定相似，兩組平均差異的最小顯著差異值如下：

$$T_\alpha = t_{\alpha;(k-1),(n-k)} \sqrt{MS_W\left(\frac{1}{n_i} + \frac{1}{n_1}\right)}$$

其中 $t_{\alpha;(k-1),(n-k)}$ 是修正之 t 統計量在顯著水準為 α 的臨界值，一般可查閱 Dunnett's t 表得知。當兩組平均差異大過此臨界值則稱為有顯著差異。以補充抗壞血酸的癌症治療的研究為例，假設研究目的是想以支氣管癌為對照組來比較其他四種癌症平均存活天數的差異，表 5-9 為 Tukey's HSD 多重比較檢定結果，當顯著水準為 0.05 時，我們有充份證據顯示僅有乳癌與支氣管癌間之平均存活天數有顯著差異，圖 5-2 為 Dunnett 檢定下四種癌症與支氣管癌的平均存活天數差異的 95% 信賴區間，圖中顯示乳癌患者平均存活天數顯著高於支氣管癌，其他三種癌症與支氣管癌平均存活天數差異的信賴區間皆包含 0，表示並無顯著差異。我們可以比較 Dunnett 檢定與本章介紹其他的多重檢定方法，可得知 Dunnett 檢定所計算的 p 值皆比其他方法低，換言之，Dunnett 檢定會有較高的檢定力。因此，假若研究目的僅想比較其中一組（對照組）與其他各組的差異，建議可使用 Dunnett 檢定，除了可以控制整體型一錯誤機率在設定的顯著水準外，也可得到比較容易顯著差異的結論。

表 5-9 Dunnett's Test 多對一比較檢定方法

Dunnett	差異 Difference	95% 信賴區間 下界 Lower	95% 信賴區間 上界 Upper	修正 p 值 Adj. p-value
Breast - Bronchus	1184.3209	528.2920	1840.3498	0.0001
Colon - Bronchus	245.8235	−335.6839	827.3310	0.6916
Ovary - Bronchus	672.7451	−132.3155	1477.8057	0.1295
Stomach - Bronchus	74.4118	−550.2275	699.0510	0.9954

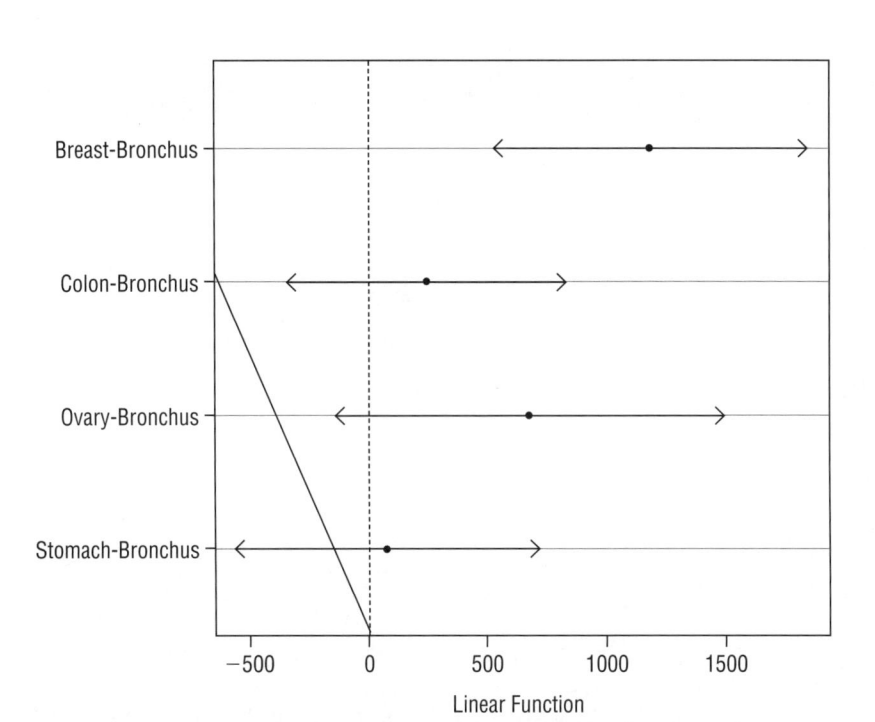

圖 5-2 Dunnett's Test 多對一比較檢定方法之 95% 信賴區間

關鍵字

變異數分析	組間均方
整體型一錯誤機率	組內均方
事後檢定	變異數分析表
組內變異	多重比較
組間變異	Bonferroni 多重比較檢定
組間離均差平方和	Kruskal-Wallis 檢定
組內離均差平方和	

參考資料

1. 康活健康知識網—醫學疾病類科《小兒科》（Apr. 2011），補充魚油 DHA 幫助神經發育，節錄部分。
2. Cameron, E. and Pauling, L. (1978) Supplemental ascorbate in the supportive treatment of cancer: re-evaluation of prolongation of survival times in terminal human cancer. *Proceedings of the National Academy of Science* USA, 75, 4538-4542.
3. Armitage, P., Berry, G., and Matthews, J. N. S. (2002). *Statistical methods in medical research.* 4th ed. Malden, MA: Blackwell Science.

資料檔

Cameron, E. and Pauling, L. (1978) Supplemental ascorbate in the supportive treatment of cancer: re-evaluation of prolongation of survival times in terminal human cancer. *Proceedings of the National Academy of Science* USA, 75, 4538-4542.

作業

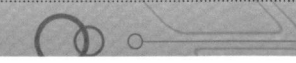

衛生福利部食品藥物管理署欲瞭解 A、B、C 三種品牌嬰兒配方奶及親授母乳，在餵食初生嬰兒一周後體重增加的情形是否有差異，故以完全隨機方式抽出 26 位新生兒分別試用三種配方奶及親授母乳，並記錄其一週後體重增加（單位：公斤，kg）的情形，資料如下表所示：

天數 乳品	第一天	第二天	第三天	第四天	第五天	第六天	第七天	第八天
母乳	1.21	1.19	1.17	1.23	1.29	1.14		
配方奶-A	1.34	1.41	1.38	1.29	1.36	1.42	1.37	1.32
配方奶-B	1.45	1.45	1.51	1.39	1.44			
配方奶-C	1.31	1.32	1.28	1.35	1.41	1.27	1.37	

1. 欲比較 A、B、C 三種品牌配方奶及親授母乳對新生嬰兒增重的影響是否有差異，請列出虛無假設及對立假設。

2. 請製作變異數分析表（ANOVA table），並以顯著水準 $\alpha = 0.05$ 檢定三種配方奶及親授母乳是否影響新生嬰兒體重增加情形？

3. 請以無母數方法（Kruskal-Wallis test）及顯著水準 $\alpha = 0.05$ 檢定三種配方奶及親授母乳是否影響新生嬰兒體重增加情形？

4. 如果 2. 或 3. 結論是有顯著差異，試在顯著水準 $\alpha = 0.05$ 下，利用 Bonferroni 多重比較方法來分別一對一檢定三種品牌配方奶及親授母乳對新生嬰兒增重的影響是否相同？

Chapter

6

兩個類別變數之檢定

在前一章中我們已經討論如何檢定兩個或多個母體平均數或中位數是否有差異,其實也是在檢定一個連續變項和一個類別型變項之間的關係。例如,前章習題中探討配方奶及親授母乳對新生嬰兒體重的影響時,我們使用變異數分析,其中樣本組類(配方奶及母親奶組類)亦可看成一個類別型的變項,若是變異數檢定發現體重的平均變化不顯著,則我們亦可說「體重」的連續變項和「乳品」的類別型變項無關。也因為如此,我們經常說變異數分析是研究連續型變項和類別型變項是否有相關的方法。然而,在很多情形下我們可能處理的並非像「體重」的連續變項,而是質性類別型的資料,例如疾病狀況、風險暴露狀況等;因此,我們要研究的是連續型變項和類別型變項是否有相關的問題。我們在第四章介紹的二個樣本的比率檢定就是處裡這種問題的一個特例;其中兩個類別型變項均只有兩類而已。本章主要介紹的**卡方檢定(chi-square test)**可用來檢定兩個類別型變項的**相關性(association)**,其中變項的類別數目可以是任何數目。此外,卡方檢定的結果是無關係時,也可解釋成來自不同「類」的資料分配是否相同的,因此也稱為「**同質性檢定(test of homogeneity)**」。 卡方檢定也可應用於驗證資料是否符合某一特殊的機率分配,這種檢定稱為「**適合度檢定(test of goodness-of-fit)**」。

以下案例為關於血清鉀濃度是否會影響健康人日後糖尿病罹患率的研究（資料來源：康活健康知識網—醫學疾病類科《內分泌及新陳代謝科》（Apr. 2011）糖尿病增加，可能與缺鉀有關，節錄部分），作者是美國 Johns Hopkins University 大學的 The Atherosclerosis Risk in Communities Study（ARIC）長期臨床計畫的研究團隊。文中提出數據證明當一般健康人血清鉀濃度偏低時，其日後也較容易罹患糖尿病。研究者利用他們於 1986 年開始的 ARIC 臨床研究，蒐集到 12,209 位受試者的血清鉀濃度資料，並在之後的 9 年內以面談的方式追蹤受試者是否罹患糖尿病。結果發現：在 9 年內共有 1,475 位受試者被診斷出糖尿病；當研究者把受試者依照血清鉀濃度分成 4 組（低於 4.0 mEq/L、4.0~4.5 mEq/L、4.5~5.0 mEq/L、5.0~5.5 mEq/L）時，發現濃度較低前三組的糖尿病罹患率，分別是濃度最高第四組的 1.64、1.64 和 1.39 倍。即使在 9 年之後，當研究者以電話繼續追蹤時仍發現，從前血清鉀濃度較低者，其糖尿病罹患率在第 9~17 年間仍然較高。

以上的討論方式在醫學文獻中普遍看得到，通常資料整理後，除了基本資料之描述性統計後，如何利用統計檢定的方式，來比較血清鉀濃度會影響健康人日後的糖尿病罹患率而得到結論。

獨立性檢定（test of independence）

上例中探討血清鉀濃度的類別變項（4 類）與罹患糖尿病（2 類）是否有關；虛無假設（H_0）為兩變數獨立無關，而對立假設（H_a）為兩變數間有相關。我們研究這種問題時經常將資料整理成**列聯表**（contingency table）的形態。列聯表對計算與分析而言相當方便。假設一類別變數有 r 個分組，而另一類別變數有 c 個分組，依據這兩個變數共可產生 $r \times c$ 個類別組合，計數樣本資料落在每種組合的次數，令 N_{ij} 為第 i 列及第 j 行格子的次數，下表為兩個類別變數的 $r \times c$ 列聯表：

列	欄						合計
	1	2	⋯	j	⋯	c	
1	N_{11}	N_{12}	⋯	N_{1j}	⋯	N_{1c}	R_1
2	N_{21}	N_{22}	⋯	N_{2j}	⋯	N_{2c}	R_2
⋮	⋮	⋮		⋮		⋮	⋮
i	N_{i1}	N_{i2}	⋯	N_{ij}	⋯	N_{ic}	R_i
⋮	⋮	⋮		⋮		⋮	⋮
r	N_{r1}	N_{r2}	⋯	N_{rj}	⋯	N_{rc}	R_r
合計	C_1	C_2		C_j		C_c	n

其中 $C_1, \cdots, C_c$ 和 $R_1, \cdots, R_r$ 分別為行列變數的邊際總和，n 為總樣本數。當虛無假設成立時，即兩變數是獨立，則兩事件會同時發生的機率等於各事件獨立發生機率的乘積，所以第 ij 格子的期望次數應為

$$E_{ij} = n \times \frac{R_i}{n} \times \frac{C_j}{n} = \frac{R_i C_j}{n}$$

則卡方檢定統計量定義為：

$$\chi^2 = \sum_{i=1}^{r} \sum_{j=1}^{c} \frac{(N_{ij} - E_{ij})^2}{E_{ij}}$$

此卡方檢定統計量在虛無假設成立時服從自由度為 $(r-1) \times (c-1)$ 之卡方分配 $\chi^2_{(r-1)(c-1)}$；p 值 $= P(\chi^2_{(r-1)(c-1)} > \chi^2)$。直覺上，若兩變數是獨立時，其觀察次數和期望個數應相差無幾，這會使得卡方檢定值很小。反之，若卡方檢定值很大，則代表兩變數間有相關。所以在顯著水準為 α 下，如果卡方檢定統計值大於卡方分配右尾機率 α 的百分位 $\chi^2_{\alpha;(r-1)(c-1)}$ 或 p 值 $< \alpha$，則拒絕虛無假設。

本章使用的範例在第四章提過，即新生兒持續性肺動脈高壓（persistent pulmonary hypertension of newborn, PPHN）之相關研究。此疾病多發生於足月兒或過期產兒，這是一種新生兒之肺血管由子宮內轉換至子宮外所產生之障礙，而出現臨床上低血氧等症狀，發生原因可能

和子宮或生產時之因素有關。由於持續性肺動脈高壓之死亡率約 19%，若能找出和死亡相關之危險因子，即可預防死亡之發生。在新生兒加護病房蒐集的樣本，新生兒持續性肺動脈高壓則納入樣本中，有興趣的「endpoint」為死亡與否，共有 131 名新生兒納入研究。

本例中的檢定假設為：

虛無假設（H_0）：PPHN 新生兒死亡與懷孕週數小於 34 週無關。
對立假設（H_a）：PPHN 新生兒死亡與懷孕週數小於 34 週有關。

在表 6-1 可得到此筆資料關於兩變數的列聯表，每格子的數字依序為觀測次數、總百分比、列百分比及行百分比，可藉由列聯表觀察資料的分配情形，直觀上，兩行的行百分比及兩列的列百分比分配有些許差異，然而我們無法直接判斷這樣的分配差異是否有達到統計上顯著水準，需透過卡方檢定方式得到結論。

表 6-2 為卡方檢定結果，顯著水準為 0.05 時，p 值為 0.61995 無法拒絕虛無假設，所以我們「沒有」充份證據顯示 PPHN 新生兒死亡與懷孕週有關，雖然懷孕週數小於 34 週的 PPHN 新生兒有 18.75% 死亡率，相較於大於 34 週新生兒的 13.13% 的死亡率有較高的死亡率，但這數學上的差異因為考量抽樣誤差的關係，似乎在統計上沒有顯著的差異足以證

表 6-1 列聯表

	懷孕週數 ≥ 34		合計
	0（否）	1（是）	
0（存活）	26 19.85 23.21 81.25	86 65.65 76.79 86.87	112
1（死亡）	6 4.58 31.58 18.75	13 9.92 68.42 13.13	19
合計	32	99	131

表 6-2 卡方獨立性檢定結果

虛無假設：兩變數之間無關聯		
卡方檢定統計量 chi-square statistics	自由度 d.f.	p 值[II] p-value
0.2459	1	0.61995

II：顯著性代碼：'***': <0.001, '**': <0.01, '*': <0.05, '#': <0.1

明 PPHN 新生兒死亡與懷孕週數有關。

R-web

分析方法 → 相關暨列聯表分析 → 卡方獨立性（或稱齊一性）檢定 → 資料匯入 → 設定參數：選擇要進行分析的變數、設定列變數及行變數 → 進階選項（設定數值變數切割點及可選擇是否顯示列聯表）→ 開始分析 → 分析結果。

葉氏連續性校正卡方檢定

卡方檢定統計量 p 值的計算是利用中央極限定理的結果，p 值是近似值，樣本大時近似結果才會精確，當樣本數不夠大時，近似的結果並不是很好。此外，卡方分配是一連續型分布，而計算卡方檢定統計量用的資料是類別型的離散（discrete）資料，通常為使統計量真正的抽樣分配近似於卡方分配，我們會加入一修正項。葉氏校正方式是利用觀測次數與期望次數差異的絕對值減去 0.5 而得下列**葉氏連續性校正（Yates' correction for continuity）**的卡方檢定：

$$\chi^2 = \sum_{i=1}^{r}\sum_{j=1}^{c} \frac{(|N_{ij} - E_{ij}| - 0.5)^2}{E_{ij}}$$

校正後的卡方檢定統計值會較小，主要考慮在樣本不夠大時避免因近似的性質不好而增加犯型一錯誤的機率，因此採取比較保守的檢定方式以控制型一錯誤。此外，在使用卡方檢定時，應確保資料是否符合下列適用條件：

1. 不能有任何格子內之期望次數（E_{ij}）小於 1。
2. 至少 80% 格子的期望次數（E_{ij}）要大於 5。例如：在 2×2 的列聯表中，格子數為 4，若其中有一格子的期望次數小於 5，則佔總細格數的 25%，超過僅能 20% 的限制條件，故此資料不適合應用卡方分配來計算 p 值。

費雪精確性檢定

費雪精確性檢定（Fisher exact test）是由 Fisher（1935）所提出的一種統計方法，其主要目的在檢定兩個類別變項之相關性，一般適用於 2×2 列聯表檢定相關性的問題上。此方法係直接根據資料所賦予的機率理論，考慮所有隨機排列來計算我們觀察到的樣本數在兩個變數獨立無關的情況下出現的機率，故稱之為**精確性檢定**（exact test）。精確性檢定假設邊際觀測次數為固定值非隨機，在行與列變數之間無關（虛無假設成立）時，下面 2×2 列聯表：

	變數 2 (I)	變數 2 (II)	
變數 1 (I)	A	B	A + B
變數 1 (II)	C	D	C + D
	A + C	B + D	N

發生的機率為：

$$q = \frac{\binom{A+C}{A}\binom{B+D}{B}}{\binom{N}{A+B}}$$

此機率分配又稱為**超幾何分配**（hypergeometric distribution）。因為邊際觀測次數為固定值，2×2 列聯表會隨 A 的變化而變化（給定 A 後，B、C、D 就給定），計算比觀測值 A 更大的所有列聯表發生的「機率總和」即為精確性檢定的 p 值，若 p 值小於所定之顯著水準 α 則拒絕虛假設。

費雪精確性檢定是一種嚴謹且有效的檢定方法，它經常在當樣本數太小（$N<20$）以致卡方檢定的 p 值計算不可靠的情況下被使用，臨床實務上用到的機會相當多。

以新生兒持續性肺動脈高壓研究為例，以費雪精確性檢定計算 p 值為0.40451，仍然無法拒絕虛無假設，所以我們「沒有」充份證據顯示 PPHN 新生兒死亡與懷孕週數有關。

R-web：

分析方法 ➡ 相關暨列聯表分析 ➡ 費雪精確檢定 ➡ 資料匯入 ➡ 設定參數：選擇要進行分析的變數、設定列變數及行變數 ➡ 進階選項（設定數值變數切割點及可選擇是否顯示列聯表）➡ 開始分析 ➡ 分析結果。

McNemar 檢定

當兩個類別變項的資料是有連帶關係而非彼此獨立時，例如是配對（matched）或成對（paired）出現時，則所建立的列聯表與檢定方法與上述兩個獨立類別變項的討論方式完全不相同。如同在連續型資料中（成對）雙樣本平均數檢定是使用成對 t 檢定，而在離散型資料中兩成對類別變項的相關性檢定則使用 **McNemar 檢定**（McNemar's test）。

我們使用範例是關於睪丸癌在年輕男性的流行病學研究，資料出自於 Brown（1987）等人發表在 J Epidemiol Community Health, 41, 349-354 論文，研究設計採病例對照配對研究，調查在美國華盛頓 DC 地區時間自 1976 年 1 月 1 日至 1986 年 6 月 30 日，評估年輕男性睪丸癌罹患率增加的可能因子，我們節錄部分關於探討隱睪症與睪丸癌關係的研究，研究團隊找了 259 位男性睪丸癌患者，每位患者根據年齡、種族等屬性配對找一位未罹患睪丸癌的同醫院病患當作對照，均詢問出生時是否有隱睪症。

此類研究設計常用於**病例對照配對研究**（matched case-control study），針對疾病與暴露因子的相關研究，為避免一些干擾因子（如性別、年齡、種族等）誤導或干擾結論，故以配對研究設計方式蒐集資料來進行分析。因為病例、對照兩組資料是來自同一配對，所以是有相關

而非獨立，因此我們將資料整理成以下 2×2 列聯表：

		對照組（無睪丸癌）		
		隱睪症		
		Yes	No	總計
病例組 （有睪丸癌）	隱睪症 Yes	4 (O_{11})	11 (O_{12})	15
	No	3 (O_{21})	241 (O_{22})	244
	總計	7	252	259

針對以上配對或成對資料的 2×2 列聯表分析，McNemar 檢定為適當的統計方法，其統計檢定假設為：

H_0：隱睪症與睪丸癌無關。
H_a：隱睪症與睪丸癌有關。

上述列聯表的結果可分為兩類配對：結果**一致的配對**（concordant pairs），如 O_{11} 和 O_{22}，以及結果**不一致的配對**（discordant pairs），如 O_{12} 和 O_{21}，對於我們想檢定隱睪症與睪丸癌是否相關的問題，那些一致的配對似乎無法回答這個問題，只有那些結果不一致的配對差異能提供變數是否相關的訊息。當虛無假設成立時，我們認為 O_{12} 和 O_{21} 差異不大；McNemar 檢定的檢定統計量為：

$$\chi^2_{\text{McNemar}} = \frac{(O_{12} - O_{21})^2}{(O_{12} + O_{21})}$$

此卡方檢定統計量在虛無假設成立時服從自由度為 1 之卡方分配 $\chi^2_{(1)}$。分析上述配對資料可得檢定統計值為：

$$\chi^2_{\text{McNemar}} = \frac{(11-3)^2}{11+3} = 4.57$$

對比於自由度為 1 之卡方分配可得 p 值為 $p = P(\chi^2_{(1)} > 4.57) = 0.0325$；因

此在顯著水準為 0.05 時，拒絕虛無假設，我們有證據顯示出生時隱睪症會增加成年後罹患睪丸癌風險。

另外，若不一致的配對觀測值較小時，我們經常會以「葉氏連續性校正法」計算統計量：

$$\chi_C^2 = \frac{(|O_{12} - O_{21}| - 1)^2}{(O_{12} + O_{21})}$$

校正後 McNemar 的檢定統計值為

$$\chi_C^2 = \frac{(|11 - 3| - 1)^2}{11 + 3} = 3.5$$

對比於自由度為 1 之卡方分配可得 p 值為 $p = P(\chi_{(1)}^2 > 3.5) = 0.0614$，結論為在顯著水準為 0.05 時，無法拒絕虛無假設，所以我們「沒有」證據顯示出生時隱睪症與罹患睪丸癌有關。對於這種小樣本的研究，我們通常的態度是寧可採取比較保守的檢定結果，避免型 I 誤差率（假陽結論的機率）過大。

R-web

分析方法 ➔ 相關暨列聯表分析 ➔ McNemar 檢定 ➔ 資料匯入有兩種方式：上傳檔案或以列聯表型態直接輸入 ➔ 參數設定：選擇要進行分析的變數、設定列變數及行變數 ➔ 進階選項（設定是否需要連續性校正法、是否顯示列聯表）➔ 開始分析 ➔ 分析結果。

在 R-web 操作中，要特別注意：若要使用無校正的 McNemar 檢定，需在進階選項中，不勾選「使用連續性修正」選項。

進階閱讀 ▶▶▶

卡方檢定的應用

卡方檢定除了上述介紹用來檢定兩類別變數（因子）的**相關性**（association）的獨立性檢定外，亦可作為**適合度檢定**（test of goodness-of-fit），以驗證觀測資料是否符合某一個特定的分配，或者用來檢定多個母體比例是否一致的**同質性檢定**（test of homogeneity），以下將分別簡述並舉例說明這二種檢定的型式及使用時機。

同質性檢定

在第四章中已介紹如何檢定單一及兩個獨立母體的比例檢定，但當要檢定 3 個或更多母體的比例檢定時，便可使用**同質性檢定**（test of homogeneity）。

假設今有 A、B、C 三種治療過敏性鼻炎的藥，經臨床實驗後其治療效果如下表所示，我們想要檢驗三種藥對於治療過敏性鼻炎的療效是否相同。

成效	藥品 A	B	C
治癒	73	93	108
沒改善	25	10	7

同質性卡方檢驗統計量的計算和獨立性檢定完全一樣，利用列聯表建立卡方檢定統計量，以檢驗藥品變數與治療效果變數是否獨立無關。獨立性檢定和同質性檢定的唯一區別是在虛無假設的陳述，令 p_i，$i = 1, 2, 3$ 表示各藥品的治癒率，則虛無及對立假設分別為：

H_0：三種藥的治癒率相同（即 $p_1 = p_2 = p_3$）。
H_a：三種藥的治癒率不完全相同。

此卡方檢定統計量在虛無假設成立時服從自由度為 $(2-1)\times(3-1)$ $=2$ 之卡方分配，若卡方檢定值愈大，則代表三種藥的治癒率差異愈大。所以在顯著水準為 α 下，如果 p 值小於 α 或卡方檢定統計值大於卡方分配（自由度為 2）右尾機率 α 的百分位 $\chi^2_{\alpha;\,2}$ 則拒絕虛無假設。所以我們以卡方檢定來分析上述同質性檢定問題可得檢定統計值為：

$$\chi^2 = \sum_{i=1}^{2}\sum_{j=1}^{3}\frac{(N_{ij}-E_{ij})^2}{E_{ij}} = 19.02221$$

對比於自由度為 2 之卡方分配可得 p 值為

$$p = P(\chi^2_{(1)} > 19.02221) = 7.4025e^{-5}（即為 7.4025\times 10^{-5}），$$

結論為在顯著水準為 0.05 時，拒絕虛無假設，所以我們有充份證據顯示三種藥的治癒率不完全相同。

R-web

分析方法 ➔ 相關暨列聯表分析 ➔ 卡方獨立性（或稱齊一性）檢定 ➔ 資料匯入：以列聯表型態直接輸入資料 ➔ 設定參數：選擇要進行分析的變數、設定列變數及行變數 ➔ 進階選項（設定數值變數切割點及可選擇是否顯示列聯表）➔ 開始分析 ➔ 分析結果。

第四章的獨立雙樣本之比例檢定是檢定兩種二元類別變數其比例是否相同的方法，同質性卡方檢定或獨立性卡方檢定也可以用來檢定兩種二元類別變數其比例是否相同的問題，所用的卡方統計在計算 p 值時自由度為 1。因此，獨立性卡方檢定也可看成是獨立雙樣本之比例檢定推廣到獨立多樣本 (r) 檢定比例是否有異的方法；卡方檢定自由度為 $r-1$。同樣地，獨立性卡方檢定也可看成是將「檢定兩種二元類別變數其比例是否相同」的方法推廣到「檢定兩種多元類別變數 (c) 其比例是否相同」的方法；卡方檢定自由度為 $c-1$。

適合度檢定

進行統計推論時通常會面臨資料來自於具有特定機率分配母體的假設，因此如何來檢定這個假設便是一個重要的課題。卡方**適合度檢定**（test of goodness-of-fit）可以用來檢定資料是否符合某一特定分配，如二項式分配、卜瓦松分配或常態分配等。檢定方法的精神和卡方檢定統計量計算的精神相同。我們通常比較觀察次數（資料）與特定分配成立下的期望次數的相對差異，若資料確實來自於該特定分配，則觀察次數和期望個數應相差無幾，所以會使得卡方檢定值很小；反之，當卡方檢定值很大，則代表資料並不配適此理論分布。假設今觀察一組樣本數為 n 的資料，想了解資料是否來自於一特定分配 F，其檢定的假設為：

虛無假設（H_0）：資料是來自於特定分配 F。
對立假設（H_a）：資料不是來自於特定分配 F。

做法：將資料分成 m 組，觀察在每一組的觀測次數（N_i）及在虛無假設成立下每一組的期望觀測次數（E_i），計算其卡方檢定統計量：

$$\chi^2 = \sum_{i=1}^{m} \frac{(N_i - E_i)^2}{E_i}$$

此卡方檢定統計量在虛無假設成立時服從卡方分配 $\chi^2_{(df)}$，自由度為 $df = m - 1 - d$，d 是特定分配 F 中未知的參數個數。計算時需要先使用資料來估計參數才能計算期望次數（E_i）。以下舉二個例子來說明適合度檢定，檢定資料的分配分別是離散型及連續型的情形。

台北市政府衛生局欲了解士林區每天腸病毒感染人數是否呈現卜瓦松分配，下表為記錄 260 天的資料：

感染人數／天（x_i）	0	1	2	3	4	5
天數（N_i）	77	90	55	30	5	3

表中資料顯示，260 天當中有 77 天沒有人感染腸病毒，有 55 天觀察到各有 2 人感染腸病毒，有 3 天觀察到各有 5 人感染腸病毒，餘類推。

260 天當中共有 325 人感染腸病毒。

由於卜瓦松分配中有一參數（每天平均染腸病毒人數，λ）需要估計，通常以樣本平均來估計，其估計值如下：

$$\hat{\lambda} = \frac{\Sigma N_i x_i}{\Sigma N_t} = \frac{325}{260} = 1.25$$

經由 $\lambda = 1.25$ 的卜瓦松分配計算感染人數 5 和 6 以上的機率很小，得知其期望次數（機率乘 260）小於 5，不符合卡方檢定的限制條件，因此將感染人數 4 和 5 合併為一組為 ≥ 4，重新整理資料後，並計算每一組的發生機率及期望次數（機率乘 260）如下：

感染人數／天（x_i）	0	1	2	3	≥ 4
天數（N_i）	77	90	55	30	8
發生機率 $P(X=x_i)$	0.2865	0.3581	0.2238	0.0933	0.0383
期望天數（E_i）	74.5	93.1	58.2	24.2	10.0

根據上表可計算卡方檢定統計量為 $\chi^2 = 2.153$，此卡方檢定之自由度應為 $df = 5 - 1 - 1 = 3$，對比於自由度為 3 之卡方分布在右尾機率 $\alpha = 0.05$ 的百分位為 7.815，故在顯著水準為 0.05 時，此資料無法拒絕虛無假設，所以每天腸病毒感染人數是符合卜瓦松分配。

下一例是有關消保官想了解市售鮮乳中脂肪含量百分比（%）的分配情形，經隨機抽樣 175 個鮮乳樣本，計算其脂肪含量百分比，想檢定鮮乳中脂肪含量百分比符合常態分配的假設是否成立？由於此分析資料型態為連續型，在應用卡方檢定前，需先選取適當切點將資料分成數個類別，資料經整理後如下：

脂肪含量百分比（%）	個數（N_i）
$2.6 \leq x < 2.8$	7
$2.8 \leq x < 3.0$	22
$3.0 \leq x < 3.2$	36
$3.2 \leq x < 3.4$	45
$3.4 \leq x < 3.6$	33
$3.6 \leq x < 3.8$	28
$3.8 \leq x$	4

由於常態分布中有二個參數（平均和標準差）需要估計，通常分別以樣本平均 $\bar{x} = 3.3$ 和樣本標準差 $s = 0.291$ 來估計。現依據期望值 3.3、標準差 0.291 的常態分配計算每一組的發生機率及期望次數（機率乘 175）如下：

脂肪含量百分比（%）	觀測個數（N_i）	發生機率	期望個數（E_i）
$-\infty < x < 2.8$	7	0.043	7.5
$2.8 \leq x < 3.0$	22	0.108	18.9
$3.0 \leq x < 3.2$	36	0.214	37.5
$3.2 \leq x < 3.4$	45	0.270	47.2
$3.4 \leq x < 3.6$	33	0.214	37.5
$3.6 \leq x < 3.8$	28	0.108	18.9
$3.8 \leq x < \infty$	4	0.043	7.5

根據上表可計算卡方檢定統計量為 $\chi^2 = 7.258$，此卡方檢定統計量之自由度應為 $df = 7 - 1 - 2 = 4$，對比於自由度為 4 之卡方分布可得 p 值為 $P(\chi^2_{(4)} > 7.258) = 0.1229$，故在顯著水準為 0.05 時，此資料無法拒絕虛無假設，鮮乳中脂肪含量百分比是符合常態分配。

關鍵字

卡方檢定　　　　　　　　　　葉氏連續性校正的卡方檢定
同質性檢定　　　　　　　　　費雪精確性檢定
適合度檢定　　　　　　　　　超幾何分配
獨立性檢定　　　　　　　　　McNemar 檢定
列聯表

參考資料

1. 康活健康知識網—醫學疾病類科《內分泌及新陳代謝科》（Apr. 2011）糖尿病增加，可能與缺鉀有關，節錄部分。
2. Brown, LM, Pottern, LM, Hoover, RN. Testicular cancer in young men: the search for causes of the epidemic increase in the United States. *J Epidemiol Community Health* 1987; 41:349–54.
3. Pagano, M. and Gauvreau, K. *Principles of Biostatistics.* 2nd edition.
4. Beth Dawson, robert G. Trapp. (2004). *Basic and clinical biostatistics,* 4/E, McGraw Hill Professional.

資料檔

1. 依照實際 PPHN 新生兒研究案例報告之數據虛擬而成。此資料可由 http://www.r-web.com.tw/publish 的資料檔選單，資料檔名為 PPHN。
2. Brown, LM, Pottern, LM, Hoover, RN. Testicular cancer in young men: the search for causes of the epidemic increase in the United States. *J Epidemiol Community Health* 1987; 41:349–54.

作業

1. 今有一針對慢性疲勞症候群（CFS）治療方法的臨床試驗，隨機將病患分成兩群分別給予 A 藥物及安慰劑治療，持續治療六週後評估是否減輕各種身心的不適症狀，資料如下：

	治療成效 （是否減輕各種身心不適的症狀）		
治療方法	是	否	總計
A 藥物	12	3	15
安慰劑	3	14	17

(1) 試問在顯著水準 $\alpha = 0.05$ 之下，該藥物對於治療慢性疲勞症候群是否有效？請陳述統計檢定的假設、欲使用的統計檢定方法及檢定結論。

(2) 請以葉氏連續性校正計算在 (1) 的檢定方法，並敘述其檢定結論。

(3) 請檢驗是否符合卡方檢定的適用條件。

(4) 請以費雪精確性檢定來檢定該藥物對於治療慢性疲勞症候群是否有效。

2. 今有一研究欲調查退休狀態與老年癡呆症是否有關連，因為退休狀態與老年癡呆症可能與年紀大者或性別有關，因此考慮年齡及性別為可能干擾因子，經年齡與性別配對後，共調查 127 對老年癡呆患者及健康的成年人，分別詢問其退休狀態，將資料以列聯表整理後，其結果如下：

(1) 試問下列二種陳列方式哪一種較為適當來回答此研究問題？

I.

健康人	老年癡呆患者		合計
	退休	未退休	
退休	27	12	39
未退休	20	68	88
合計	47	80	127

II.

退休狀態	老年癡呆患者 退休	老年癡呆患者 未退休	合計
退休	47	39	86
未退休	80	88	168
合計	127	127	254

(2) 在顯著水準 $\alpha = 0.05$ 之下,請檢定退休狀態與老年癡呆症是否有關聯?請陳述統計檢定的假設、欲使用的統計檢定方法及檢定結論。

Chapter 7

相關和線性迴歸分析

「**睡**眠品質總分 0-21，分數愈高睡眠品質愈差，其平均為 6.07（SD = 2.79）。睡眠品質佳的有 296人（47.1%），睡眠品質差的有 332 人（52.9%）。平均睡眠時間 6.66 小時，大部分學生在凌晨 0-2 點就寢，最晚入睡的時間為 6 點，顯示大部分學生皆有晚睡的現象。導致睡眠品質差的原因有：自覺成績非常差、室友或家人會影響睡眠、在晚上 10 點以後因寫作業打報告而延後時間上床睡覺、學業壓力較高。自覺健康狀況對睡眠品質之皮爾生相關係數（Pearson's correlation）為 -0.345（p 值 <0.01），顯示自覺健康狀況愈差睡眠品質愈差。」

以上節錄自陳美娟與楊志良（2008）關於大學生健康與睡眠品質相關研究，利用**皮爾生相關係數**（Pearson's correlation coefficient）發現大學生自覺健康愈差會有較差的睡眠品質。相關係數在生物醫學上常用來衡量兩個變項之間的關係，並探討影響研究目標的可能因素。

表 7-1 顯示基隆地區社區整合疾病篩檢研究成果的部分資料，可用來了解心血管疾病和各個可能是風險變項之間的關係，完整資料變項包含是否有心血管疾病、年齡、性別、腰圍、收縮壓、舒張壓、空腹血糖、家族心血管疾病史、飲酒、抽菸、檳榔使用習慣、空腹血糖、高密度脂蛋白、三酸甘油脂等。首先，我們可以應用前面幾章介紹的統計檢定方法檢定心血管疾病的發生是否和可能的風險變數獨立無關亦或相關？問題是假如檢定的相關結果是統計上顯著的話，通常下一個重要的問題是：「相關性有多大？」圖 7-1 的**二維散佈圖**（scatter plot）顯示

表 7-1　基隆地區社區整合式疾病篩檢資料

編號	心血管疾病	年齡	性別	腰圍（cm）	收縮壓（mmHg）	舒張壓（mmHg）	飯前血糖（mg/dl）
1	0	51	1	81	138	87	194
2	0	52	1	79	98	66	101
3	0	50	1	86.5	135	97	90
4	0	47	1	84	117.5	88.5	88
5	1	59	1	96	153	91.5	90
6	1	55	1	94	191	135	200
7	0	53	1	67	134.5	93	148
8	0	48	1	87	135.5	97.5	98
⋮	⋮	⋮	⋮	⋮	⋮	⋮	⋮

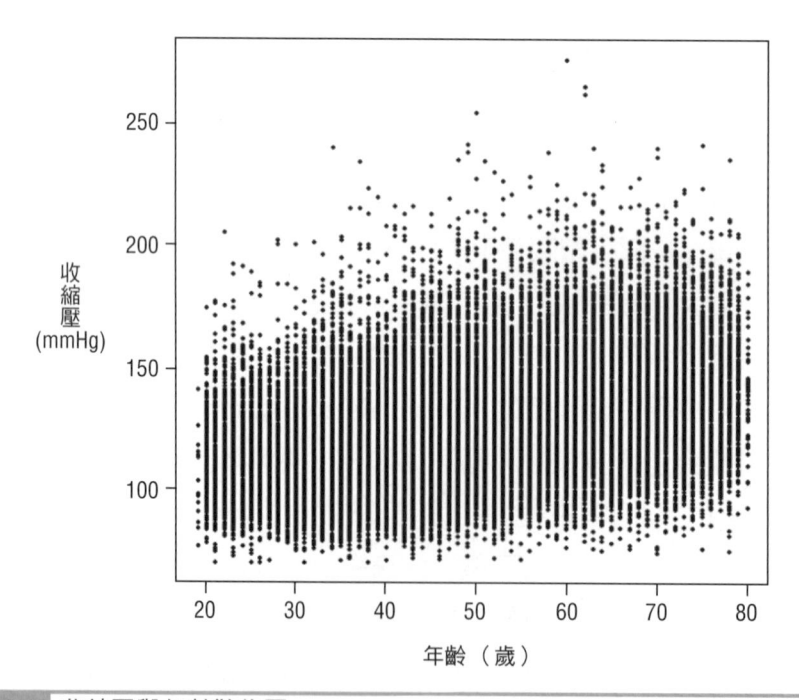

圖 7-1　收縮壓與年齡散佈圖

年齡與血壓的圖形關係，收縮壓會隨著年齡增加而上升的趨勢，但是這樣的圖示結果並不是一個客觀的衡量方式，我們可能會因為圖形大小、比例、範圍等因素影響視覺上的判斷。因此，我們在接下來的章節開

始介紹衡量變數相關程度的統計方法,本章首先將介紹最常被用於衡量兩個連續變項關係的方法,包含**皮爾生相關係數**(Pearson's correlation coefficient)、**斯皮爾曼等級相關係數**(Spearman's rank correlation coefficient)、**簡單線性迴歸模式**(simple linear regression model)。

相關係數之估計及相關性檢定

衡量兩變項的相關程度可以用「當一個變項改變時另一個變項隨著改變的程度」來測量,測量方式有很多種,首先介紹的**皮爾生相關係數**(Pearson's correlation coefficient)。皮爾生相關係數主要用於測量兩變項「線性」相關的程度。由於兩個不同的變項數值的範圍和大小會影響計算的結果,為了避免這些影響因素,可以個別將資料標準化(減掉平均數並除以標準差),如下所示:

$$(X_i - \overline{X})/\sqrt{\frac{1}{n-1}\sum_{i=1}^{n}(X_i - \overline{X})^2} \text{、} (Y_i - \overline{Y})/\sqrt{\frac{1}{n-1}\sum_{i=1}^{n}(Y_i - \overline{Y})^2} \text{。}$$

當兩個變項呈正相關時,資料會傾向同時為正或同時為負,當兩個變呈負相關時,資料會傾向一正一負。因此兩個標準化後之資料乘積的平均可以用來衡量兩個變項相關的程度,此即為皮爾生相關係數,定義為:

$$r_{xy} = \frac{\sum_{i=1}^{n}(X_i - \overline{X})(Y_i - \overline{Y})}{\sqrt{\sum_{i=1}^{n}(X_i - \overline{X})^2 \sum_{i=1}^{n}(Y_i - \overline{Y})^2}} \text{。}$$

皮爾生相關係數會介於 -1~1 之間,當皮爾生相關係數值為 -1 或 1 時,表示兩變項相關最大。r_{xy} 為正值時,代表兩變項正相關,r_{xy} 為負值時,代表兩變項負相關。皮爾生相關係數 r_{xy} 亦可看成是兩個變項的母體相關係數 ρ 的估計值。

$$\rho = E\{(X - \mu_x)(Y - \mu_y)\}/\sqrt{VAR(X)VAR(Y)}$$

圖 7-2 為模擬不同母體相關係數的資料分布圖，當母體相關係數為 1 或 −1 時，會呈現完全線性相關；當相關係數愈趨近於 1 或 −1 時趨勢會愈明顯。

理論可證明若是兩個變項的分配都是常態分配，且虛無假設 H_0: $\rho = 0$ 為真時，檢定統計量

$$t = \frac{r_{xy}\sqrt{n-2}}{\sqrt{1-r_{xy}^2}}$$

的抽樣分配為自由度 $n-2$ 的 t 分配，因此可以藉由 p 值法（雙尾檢定時，$p = 2 \times P(t_{(n-2)} > |t|)$）決定是否拒絕虛無假設。

可利用 R-web 計算心血管疾病資料中連續型變項間的皮爾生相關係

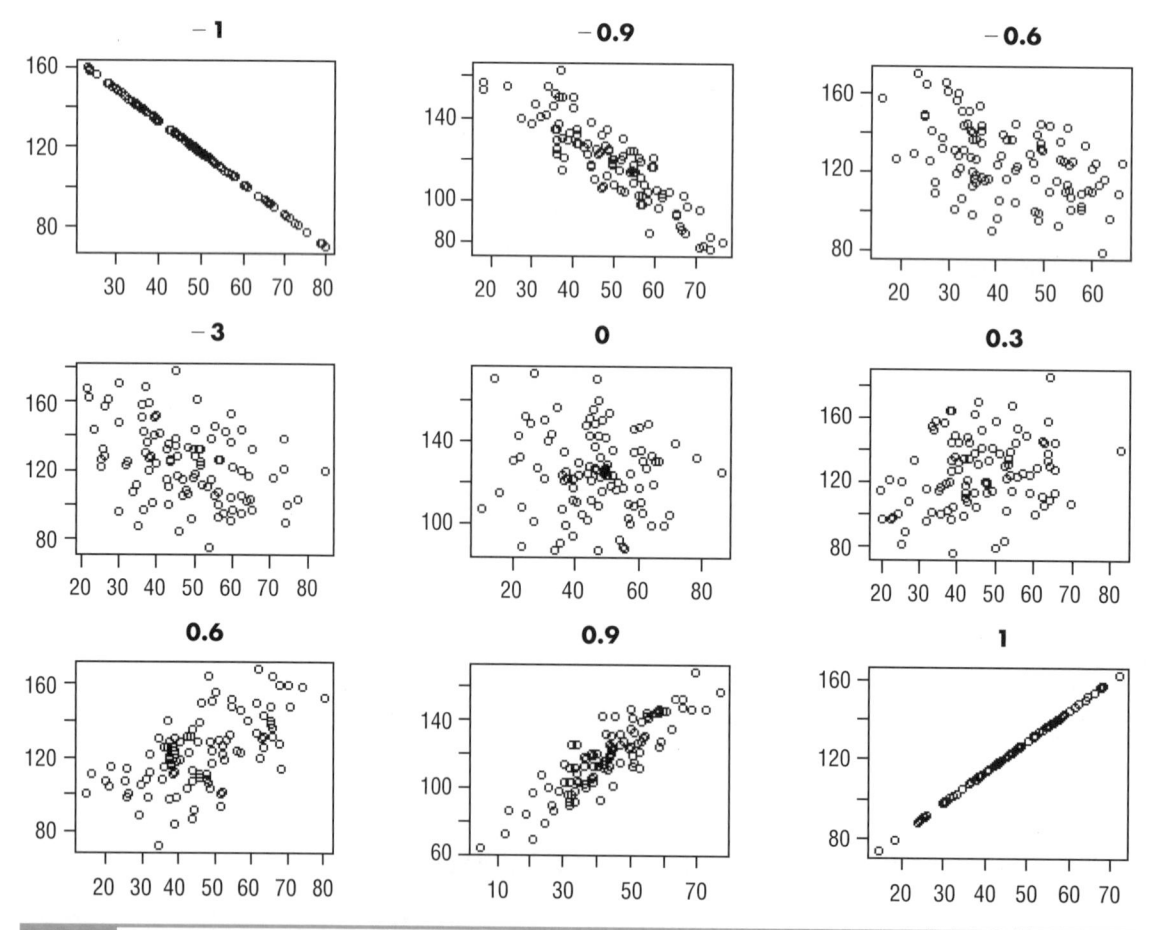

圖 7-2　不同母體相關係數資料散佈圖

數，操作方式為：分析方法 ➔ 相關暨列聯表分析 ➔ 皮爾生相關係數 ➔ 步驟一（資料匯入）：使用者個人資料檔 ➔ 步驟二（參數設定）：選擇變數年齡、腰圍、收縮壓、舒張壓、空腹血糖、高密度脂蛋白、三酸甘油脂。

可得到表 7-2 結果，每一格結果包含相對應的行列名稱變數的皮爾生相關係數、p 值、樣本數（由於部分資料有缺失，計算過程不納入這些資料，使得樣本數不同），當顯著水準設定為 0.05 時，雙尾檢定結果顯示變項之間都有顯著相關，而且大部分都是正相關，僅有高密度脂蛋白與其他變項為負相關。以年齡為例，腰圍、收縮壓、舒張壓、空腹血糖都會隨著年齡增加而增加，僅高密度脂蛋白是減少。

表 7-2 皮爾生相關係數

	年齡	腰圍	收縮壓	舒張壓	空腹血糖	高密度脂蛋白	三酸甘油脂
年齡	1.000 0.000 64484	0.347 0.000 62847	0.420 0.000 63251	0.256 0.000 63240	0.220 0.000 60973	−0.012 0.002 60079	0.129 0.000 60886
腰圍	0.347 0.000 62847	1.000 0.000 62852	0.426 0.000 62383	0.399 0.000 62376	0.200 0.000 59651	−0.399 0.000 59574	0.323 0.000 59563
收縮壓	0.420 0.000 63251	0.426 0.000 62383	1.000 0.000 63256	0.743 0.000 63205	0.191 0.000 59992	−0.163 0.000 59620	0.219 0.000 59904
舒張壓	0.256 0.000 63240	0.399 0.000 62376	0.743 0.000 63205	1.000 0.000 63245	0.130 0.000 59977	−0.172 0.000 59607	0.220 0.000 59889
空腹血糖	0.220 0.000 60973	0.200 0.000 59651	0.191 0.000 59992	0.130 0.000 59977	1.000 0.000 60978	−0.108 0.000 60064	0.235 0.000 60867
高密度脂蛋白	−0.012 0.002 60079	−0.399 0.000 59574	−0.163 0.000 59620	−0.172 0.000 59607	−0.108 0.000 60064	1.000 0.000 60084	−0.359 0.000 59976
三酸甘油脂	0.129 0.000 60886	0.323 0.000 59563	0.219 0.000 59904	0.220 0.000 59889	0.235 0.000 60867	−0.359 0.000 59976	1.000 0.000 60891

皮爾生相關係數通常在常態分配的資料中用來描述一個變項增加時，另一個變項會隨著增加的線性趨勢，但這樣子的趨勢很多時候並非是線性相關，例如血壓會隨著年齡增加而增加，但可能呈現非線性的增加，特別是在年齡愈大時。此時皮爾生相關係數無法充份的測量這樣子的趨勢，**斯皮爾曼等級相關係數**（Spearman's rank correlation coefficient）成了一個替代方法。斯皮爾曼等級相關係數也經常在非常態分配的資料中使用。作法如下：首先個別將兩個變項的資料依大小排序，計算資料的「**等級（rank）**」，再利用這個等級數值 R_{X_i} 及 R_{Y_i} 計算皮爾生相關係數，計算式如下：

$$r_s = \frac{\Sigma(R_{X_i} - \bar{R}_X)(R_{Y_i} - \bar{R}_Y)}{\sqrt{\sum_{i=1}^{n}(R_{X_i} - \bar{R}_X)^2 \sum_{i=1}^{n}(R_{Y_i} - \bar{R}_Y)^2}} ,$$

同樣地，其數值介於 −1 與 1 之間，檢定統計量為

$$t = \frac{r_s\sqrt{n-2}}{\sqrt{1-r_s^2}} ,$$

當虛無假設 $H_0 : \rho_s = 0$ 成立時，此統計量的抽樣分配近似於自由度為 $n-2$ 的 t 分配。

以心血管疾病資料連續型變數為例，R-web 操作方式為：分析方法 ➔ 相關暨列聯表分析 ➔ 斯皮爾曼等級相關係數 ➔ 步驟一（資料匯入）：使用者個人資料檔 ➔ 步驟二（參數設定）：選擇變數年齡、腰圍、收縮壓、舒張壓、空腹血糖、高密度脂蛋白、三酸甘油脂。

結果如表 7-3 包含變項間的斯皮爾曼等級相關係數、p 值、樣本數。當顯著水準為 0.05 時，雙尾檢定結果顯示變項間都是顯著地相關，且大部分為正相關，僅高密度脂蛋白與其他變項之間為負相關，結果與皮爾生相關係數相似。

斯皮爾曼等級相關係數的額外優點是不受極端值影響，當資料中有少數幾個資料異常的大或小時，很容易造成強相關的皮爾生相關係數，但是斯皮爾曼等級相關係數卻不易受到影響，如圖 7-3 左下角資料點是相

表 7-3 斯皮爾曼等級相關係數

	年齡	腰圍	收縮壓	舒張壓	空腹血糖	高密度脂蛋白	三酸甘油脂
年齡	1.000 0.000 64484	0.347 0.000 62847	0.421 0.000 63251	0.284 0.000 63240	0.267 0.000 60973	−0.033 0.000 60079	0.248 0.000 60886
腰圍	0.364 0.000 62847	1.000 0.000 62852	0.458 0.000 62383	0.418 0.000 62376	0.232 0.000 59651	−0.450 0.000 59574	0.481 0.000 59563
收縮壓	0.421 0.000 63251	0.458 0.000 62383	1.000 0.000 63256	0.742 0.000 63205	0.255 0.000 59992	−0.210 0.000 59620	0.322 0.000 59904
舒張壓	0.284 0.000 63240	0.418 0.000 62376	0.742 0.000 63205	1.000 0.000 63245	0.172 0.000 59977	−0.198 0.000 59607	0.309 0.000 59889
空腹血糖	0.267 0.000 60973	0.232 0.000 59651	0.255 0.000 59992	0.172 0.000 59977	1.000 0.000 60978	−0.154 0.000 60064	0.238 0.000 60867
高密度脂蛋白	−0.033 0.002 60079	−0.450 0.000 59574	−0.210 0.000 59620	−0.198 0.000 59607	−0.154 0.000 60064	1.000 0.000 60084	−0.456 0.000 59976
三酸甘油脂	0.248 0.000 60886	0.481 0.000 59563	0.322 0.000 59904	0.309 0.000 59889	0.238 0.000 60867	−0.456 0.000 59976	1.000 0.000 60891

關係數為 0 的模擬資料（右上角的極端點未納入時），其皮爾生相關係數 $r_{xy} = 0.1785$。斯皮爾曼等級相關係數 $r_s = 0.2007$，當右上角的極端點納入時，分別改變為 $r_{xy} = 0.8363$ 與 $r_s = 0.2242$，可以發現皮爾生相關係數改變相當大，而斯皮爾曼等級相關係數的變化相對小很多。當這種情況發生時，斯皮爾曼等級相關係數會是較佳的選擇。

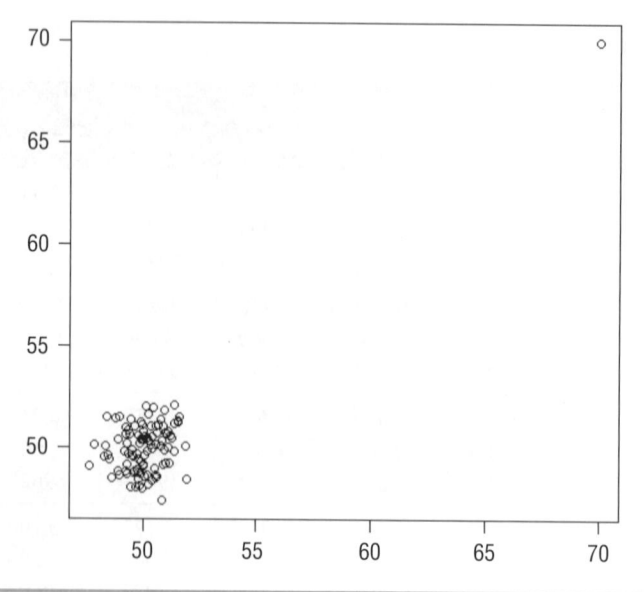

圖 7-3 相關係數為 0 資料與極端值（模擬資料）

簡單線性迴歸模型

　　線性關係是描述兩變項之間簡單關係中最常見的方法，我們除了使用皮爾生相關係數衡量兩變項「線性」相關的程度外，也可以利用簡單線性迴歸模型來分析。兩變項 X 與 Y 之間的線性關係可表示成 $Y = \beta_0 + \beta_1 X$，其中 Y、X 分別稱為**依變數**（dependent variable）與**自變數**（independent variable），此模型的優點在於明確描述自變數對依變數的影響，當自變數增加一單位，依變數則增加 β_1 單位。但實際上因為隨機資料會有不確定性，線性模型會加入一個「隨機誤差項」ϵ_i 來描述這樣的關係現象，因此完整的簡單線性迴歸模型表示為：

$$Y_i = \beta_0 + \beta_1 X_i + \epsilon_i，$$

其中 $(X_i, Y_i) = 1, 2, \cdots n$，為二個變數的資料。統計學上經常假設誤差項 ϵ_i 的機率分配為常態分配，其平均數為 0 變異數為 σ^2。此模型可以表示成圖 7-4，資料會散佈在斜直線的上下附近，且散佈的方式會服從虛線的常態分配，所以當 $X_i = x$ 時，Y_i 的機率分配即是平均數為 $\beta_0 + \beta_1 x$，變異數為 σ^2 的常態分配。例如年齡與收縮壓的關係為：

$$收縮壓 = 93.79 + 0.63 \times 年齡 + \epsilon_i，$$

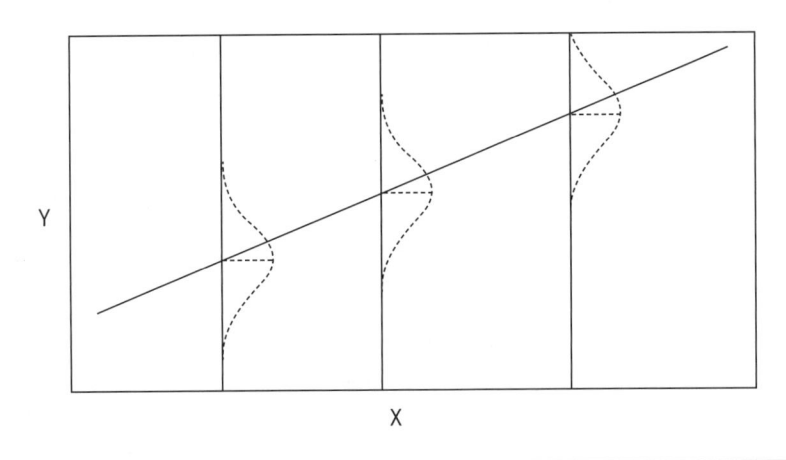

圖 7-4 簡單線性迴歸模型

50 歲的人「平均收縮壓」為

$$93.79 + 0.63 \times 50 = 125.29。$$

β_0（截距項）與 β_1 通稱為迴歸係數或參數，我們用 β_1 來描述 X 對 Y「**效應（effect）**」的大小；$\beta_1 > 0$ 表示 X 和 Y 呈現正向的關係，$\beta_1 < 0$ 表示 X 和 Y 呈現負向的關係，$\beta_1 = 0$ 表示 X 和 Y 無關係。因此檢定 β_1 是否為 0 經常用來檢定 X 和 Y 是否有關係。使用迴歸模型的好處是其分析不但可以用來檢定 X 和 Y 是否有關係，β_1 值也可以用來衡量關係的大小。迴歸係數 β_0 與 β_1 為未知數，必須透過蒐集的資料估計其值。最簡單的估計方法為最小平方法，即計算 β_0 與 β_1 使得誤差平方總和

$$\sum_{i=1}^{n}(\epsilon_i)^2 = \sum_{i=1}^{n}(Y_i - \beta_0 + \beta_1 X_i)^2$$

為最小。如此可得的迴歸係數估計量分別為：

$$\widehat{\beta}_1 = \frac{\sum_{i=1}^{n}(X_i - \overline{X})(Y_i - \overline{Y})}{\sum_{i=1}^{n}(X_i - \overline{X})^2}、\widehat{\beta}_0 = \overline{Y} - \widehat{\beta}_1 \overline{X},$$

且變異數估計值為

$$\widehat{\sigma}^2 = \frac{\sum_{i=1}^{n}(y_i - \widehat{y}_i)^2}{n-2}。$$

虛無假設 $H_0: \beta_1 = 0$ 為經常要檢定的假設。我們通常使用的檢定統計量為

$$t = \frac{\hat{\beta}_1}{s.e.(\hat{\beta}_1)} ,$$

其中

$$s.e.(\hat{\beta}_1) = \hat{\sigma} \sqrt{\frac{1}{\sum_{i=1}^{n}(X_i - \overline{X})}} ;$$

當虛無假設為真時，此統計量的抽樣分配為自由度為 $n-2$ 的 t 分配，因此 p 值為

$$p = 2 \times P(t_{(n-2)} > |t|) 。$$

表 7-4 為心血管疾病資料收縮壓與年齡的簡單線性迴歸結果，R-web 分析方法選擇：點選分析方法 → 迴歸模式 → 簡單迴歸分析 → 步驟一（資料匯入）：使用者個人資料檔 → 步驟二（參數設定）：選擇依變數為收縮壓與自變數為年齡 → 開始分析。

表 7-4 的分析結果顯示，當顯著水準為 0.05 時，使用信賴區間法或 p 值法（雙尾檢定）指出收縮壓與年齡有顯著的相關，且年齡每增加一歲，收縮壓會增加 0.6298 個單位。

簡單線性迴歸分析除了應用在檢定依變數與自變數之間關係之外，也可以應用在預測，因為兩者之間的關係明確的定義成線性關係，當迴歸係數被估計出來時，就可以建立兩者之間的關係，結果就可以用來預

表 7-4 收縮壓與年齡的簡單線性迴歸結果（$R^2 = 0.1767$）

係數 coefficient	估計值 estimation	標準差 std. err.	t 檢定統計量 t-statistic	p 值[II] p-value	參數的 95% 信賴區間 95% C.I. for estimations	
					下界 lower	上界 upper
（截距項）	93.7881	0.2640	355.3	< 1e-04 ***	93.2708	94.3054
年齡	0.6298	0.0054	166.5	< 1e-04 ***	0.6192	0.6404

收縮壓 = 93.79 + 0.63 年齡

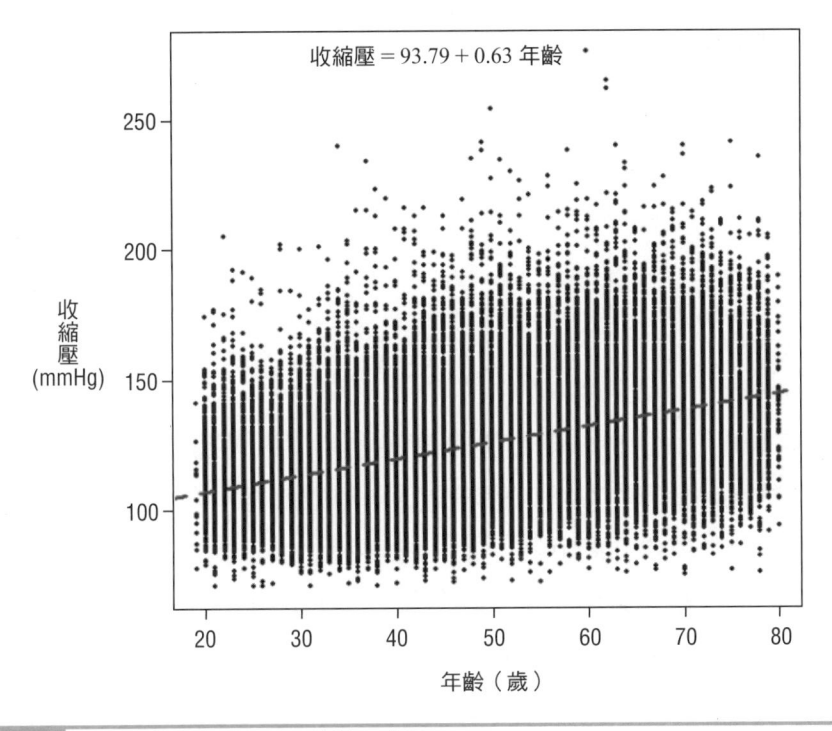

圖 7-5 收縮壓與年齡的簡單線性迴歸圖

測每個年齡的收縮壓平均數，例如已知一個人的年齡為 25 歲時，可預測這個人的收縮壓「平均」測量值為

$$109.53 = 93.7881 + 0.6298 \times 25 \text{。}$$

當簡單線性迴歸的分析顯示虛無假設 $H_0: \beta_1 = 0$ 在統計上顯著成立的話，即表示依變數的平均數不會隨著自變數改變。若自變數是多元類別數值時，例如年齡組別，$\beta_1 = 0$ 表示每個年齡「組」的依變數（例如收縮壓）資料平均數會是相等的，和組別無關。這種檢定每組平均數皆相同的問題也是變異數分析要解決的問題。實際上，在這種情況下，簡單線性迴歸模型的分析和變異數分析是相同的。

不同於皮爾生相關係數衡量線性關係的做法，簡單線性迴歸模式直接假設線性關係的模式成立，再檢定迴歸係數 β_1 是否為 0，但是依變數與自變數之間可能不是線性關係，因此統計上發展出不同方法以判斷線性模型是否合適。在簡單線性迴歸模型中最常被使用來判斷模型是否合適的方法是使用「**決定係數**（coefficient of determination, R^2）」，又稱 **R**

平方值,其定義如下:

$$R^2 = \frac{\sum_{i}^{n}(\hat{Y}_i - \bar{Y})^2}{\sum_{i}^{n}(Y_i - \bar{Y})^2}$$

其中

$$\hat{Y}_i = \hat{\beta}_0 + \hat{\beta}_1 X_i \text{。}$$

R^2 是用來衡量「估計的依變數值的總變動量」佔「觀測的依變數值的總變動量」的比例情形,又可以解釋為「自變數解釋了多少比例的依變數的變異」,此數值會介於 0~1 之間,愈靠近 1 表示此模型愈適合。在收縮壓與年齡的模型結果中,決定係數僅為 0.1767,表示雖然迴歸係數相當顯著,但在散佈圖中卻無法明顯的看出線性關係,因此線性迴歸模型用來解釋兩者之間的關係不是相當的好。表 7-5 為收縮壓(依變數)和舒張壓(自變數)的簡單線性迴歸結果,顯著水準為 0.05 時,雙尾檢定結果顯示有顯著的關係,但決定係數為 0.552。

我們可以明顯地從圖 7-6 的散佈圖中發現收縮壓和舒張壓兩者確有較明顯的線性關係,此外,從表 7-2 較高的皮爾生相關係數也可了解收縮壓和舒張壓確實有較高度的線性相關。在使用簡單線性迴歸模型時要特別注意模型是否合適的問題,若是迴歸模型錯了,後續的分析結論都變成不可靠。

表 7-5 收縮壓與舒張壓的簡單線性迴歸結果($R^2 = 0.552$)

係數 coefficient	估計值 estimation	標準差 std. err.	t 檢定統計量 t-statistic	p 值[11] p-value	參數的 95% 信賴區間 95% C.I. for estimations	
					下界 lower	上界 upper
(截距項)	22.5819	0.3649	61.88	< 1e-04 ***	22.8667	23.2971
舒張壓	1.2892	0.0046	279.07	< 1e-04 ***	1.2801	1.2982

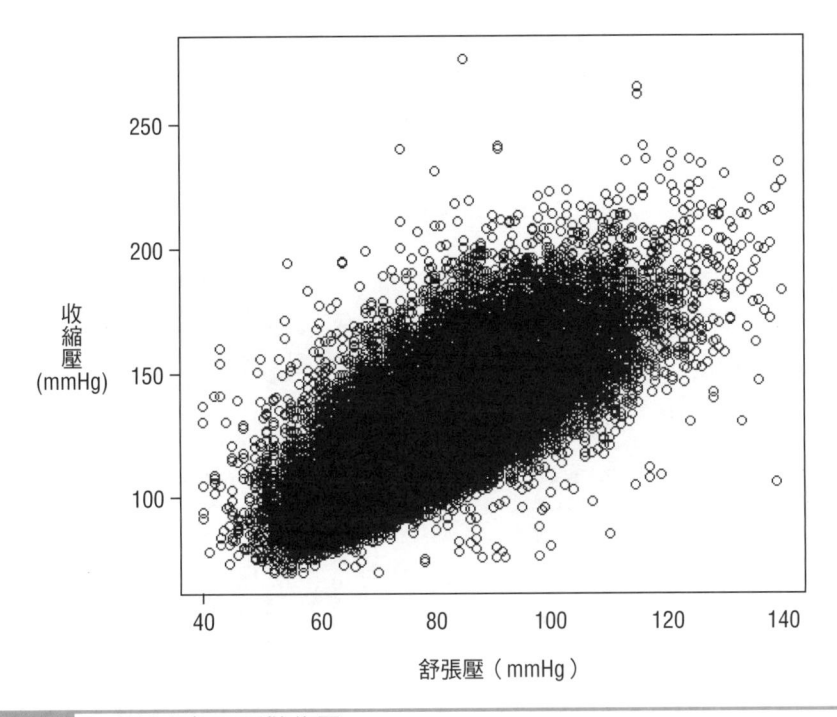

圖 7-6 收壓縮與舒張壓散佈圖

關鍵字

皮爾生相關係數　　　　　　　　簡單線性迴歸
斯皮爾曼等級相關係數　　　　　　決定係數 R 平方值

參考資料

1. 陳美娟；楊志良（2008）大學生睡眠品質及其相關因素之研究－以中部某私立大學為例，學校衛生；53 期，P35 - 55。
2. Marcello Pagano, Kimberlee Gauvreau (2000). *Principle of Biostatistics,* 2nd Edition, Cengage Learning.
3. Beth Dawson, Robert G. Trapp (2004). *Basic & Clinical Biostatistics,* 4/E, McGraw Hill Professional.

作業

1. 試利用心血管疾病資料（CVD ALL）分析沒有心血管疾病成人之腰圍與收縮壓的關係。（顯著水準設定為 0.05）

   (1) 請問腰圍與收縮壓的皮爾生相關係數為何？兩者是否存在顯著的線性關係？

   (2) 請問腰圍與收縮壓的斯皮爾曼等級相關係數為何？兩者是否存在顯著的等級相關？

   (3) 試利用簡單線性迴歸模型建立腰圍預測收縮壓之模型：

   　I. 請問此模型為何？

   　II. 腰圍是否與收縮壓有顯著相關？此模型腰圍解釋了收縮壓變異的多少百分比？

   　III. 若有一人腰圍為 100 公分，請預測此人平均而言收壓縮為何？

Chapter 8

相關和邏輯斯迴歸分析

「　　2005 年三月新英格蘭雜誌上發表了一篇為期三年（開始於 2000 年），多中心隨機雙盲及對照控制的 APPOVe（Adenomatous Polyp Prevention on VIOXX）臨床試驗，共收錄 2,586 位患者分別服用 Vioxx 25 mg 及安慰劑（placebo）。此試驗顯示，有大腸直腸腺瘤病史的患者服用 Vioxx 18 個月療程的治療與使用安慰劑相較，有增加心臟病及中風等危險性，其實驗組（服用 Vioxx 18 個月的那組）相對於照組（使用安慰劑的那組）的相對風險（relative risk, *RR*）是 1.92。…」

　　以上節錄自關於非類固醇抗發炎藥及心血管事件相關性的研究報告（周正修，周稚傑，羅慶徽，2007）。報告指出已下市消炎藥 Vioxx 會增加大腸直腸腺瘤病人心臟病及中風等的風險。主要結論是：服用 Vioxx 的病人得到心臟病及中風等的風險是未服用藥的人的 1.92 倍，亦可解讀在大腸直腸腺瘤病人如服用 Vioxx 會和是否獲得心臟病及中風等有關。兩者是否有相關可以從第六章介紹的兩個類別變項的獨立性檢定的結果中得到結論，但檢定方法無法估計確切的相關大小。

　　生物醫學的研究，除了想要了解不同族群之間的差異（或使用不同治療方法）是否和疾病的發生有關聯性外，經常也會想更進一步地了解族群或治療的差異對疾病的發生有多大的影響（效應，effect）？前面一章我們已經介紹了幾種衡量兩個連續變數相關大小的方法，本章我們則介紹幾種衡量兩個類別變數相關大小的方法。本章首先介紹兩個常用的風險衡量指標：**相對風險**（relative risk, *RR*）和**勝算比**（odds ratio,

OR），最後則介紹簡單邏輯斯迴歸模型（Simple Logistic Regression model），解釋如何應用模型來探討**二元**（binary）**變項**（例如疾病發生與否的變項）與風險因子（例如，不同治療的類別型資料變項或連續資料型態的年齡變項等）之間的關係。

風險比：相對風險與勝算比

針對疾病或事件發生的研究，我們常用罹病（事件發生）的機率來表示**風險**（risk）。如表 8-1 中兩個族群，一個族群暴露在風險中致病機率為 p_1，另一不暴露的族群風險為 p_2，欲比較暴露和不暴露兩個族群的差異時，最簡單的方法即是使用兩個風險的比例（p_1/p_2 或 p_2/p_1），這個比率值稱為**相對風險**（relative risk, *RR*）。*RR* 值大於 1（即 ln *RR* > 0）表示曝露產生疾病的風險比不曝露較大，小於 1 (ln *RR* < 0) 則相反，等於 1 (ln *RR* = 0) 表示暴露與否和疾病的發生不相關。

若蒐集到的資料匯整成表 8-2 的次數統計表時，有無暴露風險兩組人的風險估計值分別為 $a/(a+b)$ 與 $c/(c+d)$，因此，相對風險估計值為：

$$\widehat{RR} = \frac{a/(a+b)}{c/(c+d)} \text{。}$$

當樣本夠大時，相對風險對數值 $\ln(\widehat{RR})$ 的抽樣分配會近似於常態分配，其變異數估計值為：

$$\widehat{\sigma^2_{RR}} = \frac{1}{a} - \frac{1}{a+b} + \frac{1}{c} - \frac{1}{c+d} \text{,}$$

表 8-1 族群事件發生機率

風險因子	事件 有	事件 無
有	p_1	$1-p_1$
無	p_2	$1-p_2$

表 8-2 次數分布

風險因子	事件 有	事件 無
有	a	b
無	c	d

因此相對風險對數值 $\ln(RR)$ 的 $100(1-\alpha)\%$ 信賴區間為

$$\ln(\widehat{RR}) \pm z_\alpha \hat{\sigma}_{RR}$$

（或相對風險 RR 的信賴區間為 $\widehat{RR} \times \exp(\pm z_\alpha \hat{\sigma}_{RR})$）。

在統計假設檢定中，兩組人風險沒有差異或風險因子與事件是不相關的虛無假設為 $H_0: RR = 1$（或 $H_0: \ln(RR) = 0$）。當虛無假設為真時，可以利用檢定統計量

$$z = \frac{\ln(\widehat{RR})}{\hat{\sigma}_{RR}}$$

及標準常態分配 Z 表求得雙尾檢定的 p 值 ($p = 2 \times P(Z > |z|)$)。

表 8-3 心血管疾病資料中，男女得心血管疾病的風險分別為：

$$\text{Risk}_\text{男} = \frac{2399}{24051} = 0.0997$$

$$\text{Risk}_\text{女} = \frac{3612}{40438} = 0.0893$$

表 8-3 心血管疾病與性別的列聯表

性別	心血管疾病 有	心血管疾病 無	合計
男	2399	21652	24051
女	3612	36826	40438
合計	6011	58478	64489

相對風險為：

$$\widehat{RR}_{男/女} = \frac{0.0997}{0.0893} = 1.1167$$

相對風險的 95% 信賴區間為：

$$1.1167 \times e^{\pm 1.96 \times \sqrt{\frac{1}{2399} - \frac{1}{24051} + \frac{1}{3612} - \frac{1}{40438}}} = (1.0632, 1.1729)$$

信賴區間不包含 1，顯著水準設定為 0.05 時，檢定結果拒絕虛無假設，性別與心血管疾病有顯著相關，估計男性得到心血管疾病機率為女性的 1.1167 倍。

檢定統計量為：

$$z = \frac{\ln(1.1167)}{\sqrt{\frac{1}{2399} - \frac{1}{24051} + \frac{1}{3612} - \frac{1}{40438}}} = 4.4069$$

雙尾檢定 p 值為＜0.0001，顯著水準設定為 0.05 時，拒絕虛無假設，男性得到心血管疾病為女性的 1.1167 倍；p 值法的檢定結果和信賴區間法是一樣的。

相對風險的估計和檢定仰賴 2×2 列聯表資料的使用，為了能計算風險 p_1 和 p_2 的估計，我們的研究必須設計去觀察暴露與不暴露的人中分別有多少人致病？這種研究方法又稱為**前瞻式世代研究方法**。

另一個常用來衡量風險的指標為勝算（odds），勝算定義為發生事件機率與不發生事件機率的比值。以表 8-1 為例，兩組人的勝算分別為 $p_1/(1-p_1)$ 及 $p_2/(1-p_2)$，此二比例的比值稱為**勝算比**（odds ratio, OR）

$$OR = \frac{p_1/(1-p_1)}{p_2/(1-p_2)}$$

OR 值大於 1（即 $\ln OR > 0$）表示暴露產生疾病的風險比不暴露較大，小於 $1(\ln OR < 0)$ 則相反，等於 $1(\ln OR = 0)$ 表示暴露與否和疾病的發生不相關。以表 8-2 來看，兩組人勝算的估計值分別為 a/b、c/d，勝算比估計

值為：

$$\widehat{OR} = \frac{a/b}{c/d} = \frac{ad}{bc}。$$

當樣本夠大時，$\ln(\widehat{OR})$ 的抽樣分配也會近似於常態分配，且其變異數估計為

$$\widehat{\sigma_{OR}^2} = \frac{1}{a} + \frac{1}{b} + \frac{1}{c} + \frac{1}{d};$$

因此，可以求得 $\ln(OR)$ 的 $100(1-\alpha)\%$ 信賴區間為

$$\ln(\widehat{OR}) \pm z_\alpha \times \hat{\sigma}_{OR}$$

（或 OR 的 $100(1-\alpha)\%$ 信賴區間為 $\widehat{OR} \times \exp(\pm z_\alpha \hat{\sigma}_{OR})$）。

假設檢定分析中，虛無假設通常設定為兩組人勝算是沒有差異的，即勝算比為 $H_0: OR = 1$（或 $\ln(OR) = 0$），此時可用檢定統計量

$$z = \frac{\ln(\widehat{OR})}{\hat{\sigma}_{OR}}$$

及標準常態分配，利用信賴區間法或 p 值法判斷兩組人疾病風險上是否有差異（或疾病及暴露變項是否相關）。

表 8-1 心血管疾病資料中，男女兩組人的心血管疾病勝算分別為：

$$\widehat{Odds}_{男} = \frac{2399}{21652} = 0.1108$$

$$\widehat{Odds}_{女} = \frac{3612}{36826} = 0.0981$$

男女的勝算比估計值為：

$$\widehat{OR}_{男／女} = \frac{0.1108}{0.0981} = 1.1296$$

勝算比的 95% 信賴區間為：

$$1.1296 \times e^{\pm 1.96 \times \sqrt{\frac{1}{2399} + \frac{1}{21652} + \frac{1}{3612} + \frac{1}{36826}}} = (1.0700, 1.1927)$$

信賴區間不包含 1，因此檢定結果拒絕虛無假設；性別與心血管疾病有顯著相關，且男性得心血管疾病的勝算為女性的 1.1296 倍。

使用 p 值法時，檢定統計量為：

$$z = \frac{\ln(1.1296)}{\sqrt{\frac{1}{2399} + \frac{1}{21652} + \frac{1}{3612} + \frac{1}{36826}}} = 4.4013$$

雙尾檢定 p 值為＜0.0001，顯著水準設定為 0.05 時，拒絕虛無假設，結論為性別與心血管疾病有顯著相關，男生的勝算為女生的 1.1296 倍，男生的風險會比女性高。

同樣地，勝算比的估計和檢定仰賴 2×2 列聯表資料的使用，為了能計算勝算 $p_1/(1-p_1)$ 及 $p_2/(1-p_2)$ 的估計，我們的研究必須使用前瞻式世代研究方法設計去觀察並蒐集資料才能分析。惟，我們分析的指標經常是勝算比並非勝算，而應用貝氏定理後勝算比又可寫成：

$$OR = \frac{q_1/(1-q_1)}{q_2/(1-q_2)} ,$$

式中的 $q_1(q_2)$ 是病人（非病人）中暴露於風險的比率。應用這個公式去估計勝算比時，我們的研究也可以設計成去觀察病人與非病人中分別有多少人暴露於風險中？這種研究方法又稱為*回顧式研究方法*。因此，無論是前瞻式世代研究的設計或回顧式的研究設計，這些設計所蒐集的 2×2 列聯表資料都可以用來分析勝算比。

實際資料分析時經常會發現相對風險與勝算比的估計值很相似，因為疾病事件發生的機率很小時，表 8-3 中的 a 與 c 值會甚小於 b 和 d，使得 $a+b$ 和 $c+d$ 可近似為 b 和 d，以致於相對風險與勝算比估計值很相近，會得到相似的結果。只是勝算比較常被使用，原因之一為勝算比的分析也可以使用回顧式的研究設計所蒐集的 2×2 列聯表資料，而這種蒐集資料的研究設計經常較容易執行。

簡單邏輯斯迴歸模型

類別變項的分析方式也可以應用迴歸模型來分析，我們可以把要研究的事件變數（Y，例如心血管疾病是否發生，0：未發生，1：發生）當成依變數，風險因子（X，例如性別，0：女性，1：男性）為自變數，只是此時依變數是一個二元（binary）型態的類別資料，不適合使用簡單線性迴歸模型來將兩者的關係建立起來。不適合的原因很單純，因為簡單線性迴歸模型中依變數資料是連續型的資料，但類別型的依變數其值僅為 0 或 1。為了解決這個問題，通常的做法是在給定風險變數 X 為 x 的前提下，首先考量事件發生的勝算

$$\frac{P(Y=1|X=x)}{1-P(Y=1|X=x)},$$

並假設勝算的對數和風險變數值成線性關係：

$$\ln(\frac{P(Y=1|X=x)}{1-P(Y=1|X=x)})=\beta_0+\beta_1 x,$$

這就是**簡單邏輯斯迴歸模型**（simple logistic regression）。以性別為自變數為例，簡單邏輯斯迴歸模型成立下，男性（$X=1$）和女性（$X=0$）發生心血管疾病的勝算分別為 $e^{\beta_0+\beta_1}$、e^{β_0}，兩者的勝算比為 e^{β_1}。因此簡單邏輯斯迴歸模型中的係數 β_1 即為「男性相對於女性」在發生心血管疾病上勝算比的「對數值」。$\beta_1>0\,(<0)$ 時，表示男性在發生心血管疾病方面有較高（低）的風險，$\beta_1=0$ 表示性別不是心血管疾病發生的風險因子。簡單迴歸係數邏輯斯迴歸模型中的係數 β_0 及 β_1 可以藉由估計方法（一般使用最大概似估計法）求得。檢定自變數與依變數不相關的虛無假設為 $H_0: \beta_1=0$。

R-web

點選分析方法 → 迴歸模式 → 簡單邏輯斯迴歸分析 → 步驟一（資料匯入）：使用者個人資料檔 → 步驟二（參數設定）：選擇依變數為心血管疾病與自變數為性別 → 開始分析。

表 8-4 為簡單邏輯斯迴歸分析的結果，性別的迴歸係數與前面計算的勝算比對數值相等，但信賴區間不同，主要是因為兩者使用計算方式不同，當樣本夠大時二者便會趨近於相同。在顯著水準設定為 0.05 時，信賴區間法（信賴區間不包含虛無假設值）和 p 值法（$p < 0.05$）都顯示拒絕虛無假設，結論均為：性別與心血管疾病的發生在統計上有顯著的相關，男性發生心血管疾病的勝算是女性的 1.1296（$= e^{0.1219}$）倍。

簡單邏輯斯迴歸模型中的自變數可以為類別型變數，也可以是連續型變數。當是連續型變數時，係數 β_1 代表的意義為當自變數值增加「一個單位」時，勝算比的對數值增加 β_1，或勝算比增加 e^{β_1} 倍。以心血管資料為例，若自變數 X 為年齡時，得到表 8-5 結果，顯示年齡與心血管疾病的發生有顯著的正相關，每增加一歲，心血管疾病發生的勝算即增加 1.0741 倍。

一個問題經常有數種分析方法可以解決，例如列聯表分析（卡方檢定）可以解決的問題通常也可以用簡單或更複雜的邏輯斯迴歸分析解

表 8-4 簡單邏輯斯迴歸分析：以性別為自變數

係數 coefficient	估計值 estimation	標準差 std. err.	華德 檢定統計量 Wald-statistic	p 值[II] p-value	參數的 95% 信賴區間 95% C.I. for estimations	
					下界 lower	上界 upper
截距項	−2.3219	0.0174	17734.3627	< 1e-04 ***	−2.3563	−2.2879
性別	0.1219	0.0277	19.3717	< 1e-04 ***	0.0675	0.1761

II：顯著性代碼：'***': <0.001, '**': <0.01, '*': <0.05, '#': <0.1

表 8-5 簡單邏輯斯迴歸分析：以年齡為自變數

係數 coefficient	估計值 estimation	標準差 std. err.	華德 檢定統計量 Wald-statistic	p 值[II] p-value	參數的 95% 信賴區間 95% C.I. for estimations	
					下界 lower	上界 upper
截距項	−6.0128	0.0637	8913.4411	< 1e-04 ***	−6.1383	−5.8886
年齡	0.0715	0.0011	4345.4784	< 1e-04 ***	0.0693	0.0736

II：顯著性代碼：'***': <0.001, '**': <0.01, '*': <0.05, '#': <0.1

決。只是當拒絕虛無假設時，列聯表的卡方檢定無法明確說明風險與疾病發生相關的程度如何，但是邏輯斯迴歸分析可以回答這個問題。此外，邏輯斯迴歸模型也可以處理連續型的自變數，列聯表分析則無法；而且當列聯表的資料中有些格子發生的次數較少產生資料不平衡現象時，邏輯斯迴歸分析的檢定力通常比列聯表分析的檢定力要高。只是邏輯斯迴歸分析要特別注意迴歸模型的假設是否正確，不正確的模型假設會導致分析結果的錯誤。

進階閱讀 ▶▶▶

Cochran-Mantel-Haenszel 檢定

表 8-6 是關於兩種不同腎結石手術方式（開刀方式與經皮腎臟造瘻取石術）成功率的研究結果，接受兩種處理方式的病人各有 350 人，整體而言，開刀方式與經皮腎臟造瘻取石術的成功率分別為 78%（273/350）、83%（289/350），顯然經皮腎臟造瘻取石術的風險相對較低。但是如果我們將病人依他們結石直徑的大小分成兩組（層）做「**分層分析（stratified analysis）**」，則發現結石直徑小於 2 公分這組人當中，開刀方式的風險相對較低；同樣地，結石直徑大於等於 2 公分的人當中，開刀方式的風險相對也較低。分層分析的結果指出開刀方式有較佳的結果，但是卻與非分層的整體分析結果不一樣，這就是所謂的**辛普森悖論（Simpson's Paradox）**。

產生辛普森悖論的主要原因是因為醫生處置的方式經常會依結石大小來決定，結石較大傾向於用開刀方式取出，較小者傾向於用經皮腎臟

表 8-6 辛普森悖論：腎結石手術方式的成功率

結石種類	開刀	經皮腎臟造瘻取石術
小結石（＜2 公分）	93%（81/87）	87%（234/270）
大結石（≥2 公分）	73%（192/263）	69%（55/80）
全部	78%（273/350）	83%（289/350）

造瘻取石術。而不論處置為何，結石直徑小於 2 公分的人處置成功的比率也較高，因此探討影響處置成功的因素時也必須將結石大小的因素納入考量，分析時須執行分層分析。我們稱結石大小的因素是干擾分析結論的因素，是干擾因素（因子）。

在生物醫學上疾病與危險因子之間的關係通常存著複雜的機制，大部分都有許多的因素同時影響疾病的發生。假如我們今天探討研究一個未知的因子（移除腎結石的處置方法）是否會影響疾病的發生（成功移除結石），但又已知存有影響疾病的危險因子（結石大小）時，我們通常會做分層分析。若是分層分析的結果（例如，疾病—因子間的勝算比）顯示和非分層的整體分析結果相同，則我們會選擇非分層的整體分析結果報告，此時這個已知的危險因子就是**非干擾因子**（non-confounding factor）。若是分層分析的結果顯示和非分層的整體分析結果不相同，但不同層的結果仍然相同，則危險因子就是**干擾因子**（confounding factor）。若是不同層的結果也不相同，則這個危險因子就稱為是我們要研究的因子的**效應調整因子**（effect modifier）。

如何決定一個危險因子是干擾因子還是效應調整因子呢？我們以心血管疾病資料的分析為例討論。前面的資料分析結果已顯示男性心血管疾病的發生會比女性顯著較高，但是吸菸的行為同時也可影響心血管疾病的發生，是危險因子。表 8-7 及 表 8-8 中分別對無吸菸習慣與有吸菸習慣的人做分層分析。二層的勝算比分別為 1.1097、1.2672，無論在哪一層男性心血管疾病發展的勝算都比女性高，但是兩個勝算比和整體分析（表 8-1）的勝算比 1.126 略有不同。為了確認吸菸行為是否為干擾因子，我們通常會利用**同質性檢定**（homogeneity test）先做分析，

表 8-7 無吸菸族群的 2×2 列聯表

無吸菸		性別		合計
		女	男	
心血管疾病	無	32915	8714	41629
	有	3220	946	4166
合計		36135	9660	45795

表 8-8 吸菸族群的 2×2 列聯表

吸菸		性別 女	性別 男	合計
心血管疾病	無	3255	12599	15854
	有	284	1393	1677
合計		3539	13992	17531

檢定不同層的勝算比是否相同？確認性別與心血管疾病的關係大小是否不受吸菸狀態的影響，即在不同干擾因子吸菸狀態下性別與心向管疾病的關係是**同質性的**（homogeneous）。同質性檢定的虛無假設為 H_0: $OR_1 = OR_2 = \cdots = OR_k$，$k$ 是分析的層數，最常用的檢定方法為 **Breslow-Day 檢定方法**，檢定統計量的抽樣分配在虛無假設成立時會近似於自由度為 $k-1$ 的卡方分配。同質性的檢定結果若是確認吸菸行為是干擾因子的話，不同層的勝算比應為相同，我們接著可以再利用 Cochran-Mantel-Haenszel 檢定分析這個勝算比是否為顯著，並估計**共同的勝算比**（common odds ratio）。若檢定結果不是同質性的話，則風險因子就是效應調整因子，分析結果應該分層個別報告。

當干擾因素存在時，我們如何估計風險暴露和疾病發生間的共同勝算比呢？我們假設有 k 層，有 k 個 2×2 的列聯表，共同的勝算比估計可表示成：

$$\widehat{OR} = \sum_{i=1}^{k} \frac{a_i d_i}{T_i} / \sum_{i=1}^{k} \frac{b_i c_i}{T_i}$$

a_i、b_i、c_i、d_i 為第 i 個列聯表所對應的個數，$T_i = a_i + b_i + c_i + d_i$（如表 8-9）。此共同勝算比又稱為**調整過的勝算比**（adjusted odds ratio）。

Cochran-Mantel-Haenszel 檢定則用以檢定虛無假設 H_0: $OR_1 = OR_2 = \cdots = OR_k = 1$ 是否成立？即檢定共同勝算比是否為 1？Cochran-Mantel-Haenszel 檢定統計量為：

$$\chi^2 = (\sum_{i=1}^{k} (a_i - \frac{r_{1i} c_{1i}}{T_i})^2 / \sum_{i=1}^{k} \sigma_i^2$$

表 8-9　第 i 個列聯表

風險因子	事件 有	事件 無	合計
有	a_i	b_i	r_{1i}
無	c_i	d_i	r_{2i}
合計	c_{1i}	c_{2i}	T_i

其中

$$\sigma_i^2 = r_{1i}r_{2i}c_{1i}c_{2i}/(T_i^2(T_i-1))。$$

當虛無假設為真時，檢定統計量近似於自由度為 1 的卡方分配。

R-web

點選分析方法 ➔ 相關暨列聯表分析 ➔ Cochran-Mantel-Haenszel 檢定 ➔ 步驟一（資料匯入）：使用者個人資料檔 ➔ 步驟二（參數設定）：選擇列變數（心血管疾病）、行變數（性別）、分層變數（抽菸習慣）➔ 開始分析（進階選項勾選顯示列聯表，以顯示每個分層的列聯表）。

得到 Breslow-Day 檢定 p 值為 0.09。若顯著水準為 0.05 時，無法拒絕虛無假設，因此推論沒有足夠證據拒絕兩組人的勝算比相等。共同勝算比估計為 1.1491，95% 信賴區間為（1.0759，1.2272），p 值為近於 0，因此當顯著水準設定為 0.05 時，拒絕虛無假設，表示性別與心血管疾病有顯著相關，且（不論吸菸與否）男女的共同勝算比為 1.1491。

最後要注意，應用這些檢定方法時每層資料需要夠大的樣本才能符合檢定統計量近似卡方法分配的要求，若分層之後有一些層組內的觀察個數較少而產生資料不平衡的現象時，則這些方法不適合使用。此時，可以多變量的邏輯斯迴歸分析（第十章）做為替代方法。

關鍵字

相對風險
勝算比
邏輯斯迴歸
辛普森悖論
分層分析

同質性檢定
Cochran-Mantel-Haenszel 檢定
Breslow-Day 檢定
共同的勝算比

參考資料

1. 周正修；周稚傑；羅慶徽。非類固醇抗發炎藥劑及心臟血管事件的相關性。基層醫學 2007；22:147-52
2. Marcello Pagano, Kimberlee Gauvreau (2000). *Principle of Biostatistics*, 2nd Edition, Cengage Learning.
3. Beth Dawson, Robert G. Trapp (2004). *Basic & Clinical Biostatistics*, 4/E, McGraw Hill Professional.
4. Steven A. Julious and Mark A. Mullee (1994). *Confounding and Simpson's paradox*. BMJ 309 (6967): 1480–1481.

作業

1. 下表為一探討心血管疾病與飲酒關係之研究，請問飲酒得心血管疾病與不飲酒得心血管疾病的相對風險為何？當顯著水準設定為 0.05 時，試利用檢定方法探討飲酒習慣是否與心血疾病的風險有關，其 p 值為何？兩者是否有顯著的相關？

飲酒習慣	心血管疾病 有	心血管疾病 無	合計
有	12	188	200
無	16	784	800
合計	28	972	1000

2. 承上題，請問飲酒習慣得到心血管疾病相對於沒有飲酒習慣的勝算比為何？勝算比的 95% 信賴區間為何？當顯著水準為 0.05 時，心血管疾病是否與飲酒有顯著的相關？

3. 試利用肺癌資料分析回答以下問題：

   (1) 利用簡單邏輯斯迴歸分析復發情形與性別的關係，請問男女復發的勝算比各為何？95% 信賴區間為何？若顯著水準為 0.05，復發與性別是否有顯著的關係？

   (2) 利用簡單邏輯斯迴歸分析復發情形與年齡的關係，若顯著水準為 0.05，復發與年齡是否有顯著的關係？

Chapter 9

卜瓦松迴歸模型

在醫學、公共衛生及流行病學研究領域中，除了常用邏輯斯迴歸及線性迴歸模型外，**卜瓦松迴歸模型**（Poisson regression model）也常應用在各類**計數型態資料**（count data）的模型建立上，例如估計疾病死亡率或發生率、細菌或病毒的菌落數及了解與其他相關危險因子之間的關係等，然而這些模型都是**廣義線性模型**（generalized linear models）的特例。本文章介紹如何使用卜瓦松迴歸模型來建立危險因子與疾病發生率的關係。

Whyte（1987）等人於 1983 年 1 月至 1986 年 6 月在澳大利亞蒐集每三個月死於愛滋病人數的資料，資料如表 9-1。

研究目的想探討因愛滋病死亡人數是否逐年增加，相較於母體為整個澳洲而言，死於愛滋病人數為罕見事件，我們以卜瓦松迴歸模型來分析這樣的計數資料。因此第 i 週期愛滋病死亡人數 Y_i ($i = 1, \cdots, 14$) 的機率分配是卜瓦松分配，其發生機率為：

$$P(Y_i = y_i) = \frac{\mu_i^{y_i} \exp(-\mu_i)}{y_i!}, \ y_i = 0, 1, 2, \cdots$$

表 9-1 澳大利亞觀測於 1983 年 1 月至 1986 年 6 月每三個月死於愛滋病人數

死亡人數	0	1	2	3	1	4	9	18	23	31	20	25	37	45
週期（每三個月）	1	2	3	4	5	6	7	8	9	10	11	12	13	14

其中時間週期內的平均發生次數為參數 $\mu_i > 0$。現在我們加入風險因子 x_i（例如週期）探討其影響平均發生次數之間的關係，由於死於愛滋病人數隨著週期呈現「指數」遞增的現象（圖 9-1），因此平均發生次數的參數 μ_i 在對數轉換後經常用線性函數來描述與風險因子之間的關係：

$$\log(\mu_i) = \beta_0 + \beta_1 x_i$$

這就是卜瓦松迴歸模型。和簡單線性迴歸模型及邏輯斯迴歸模型相似，卜瓦松迴歸模型中的風險因子 x_i 可以是連續型的變項，也可以是類別型的變項。假設 $x = 1$ 表示暴露於風險，$x = 0$ 表示不暴露，卜瓦松迴歸模型顯示暴露相對於基準（非暴露）的**發生率比值**（incidence rate ratio, *IRR*）為

$$\mu(x = 1)/\mu(x = 0) = \exp(\beta_1)。$$

因此，檢定暴露是否有風險的虛無假設可以寫成 $H_0: \beta_1 = 0$。

愛滋病死亡人數的案例資料是每三個月死亡人數的資料，觀察週期的時間長度是相同的，但很多應用問題中觀察週期的時間長度不一定相同。根據卜瓦松分配的特性平均發生次數與時間成正比，如果觀察死亡人數的週期的時間長度不同，則模型應該調整為：

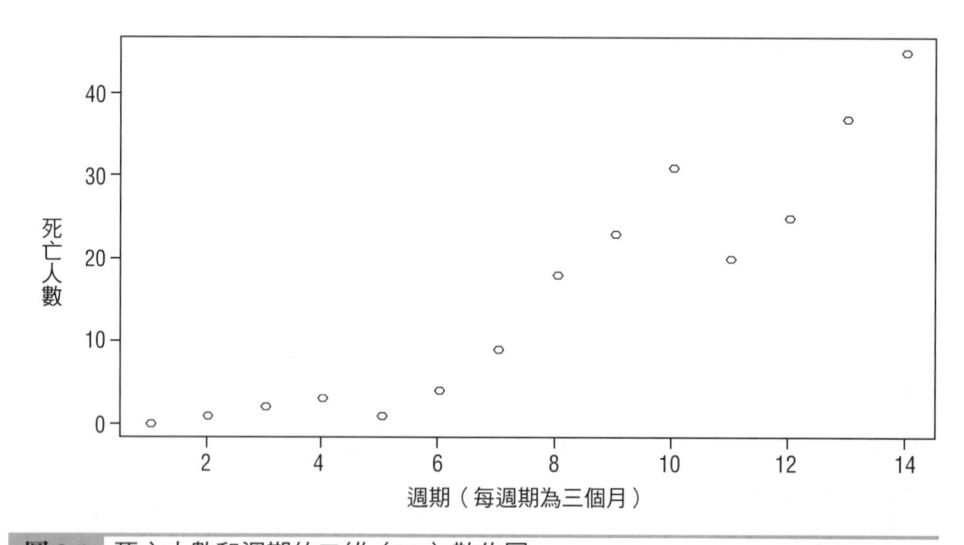

圖 9-1 死亡人數和週期的二維（2D）散佈圖

$$\log(\frac{\mu_i}{t_i}) = \beta_0 + \beta_1 x_i$$

所以卜瓦松迴歸模型如下：

$$\log(\mu_i) = \log(t_i) + \beta_0 + \beta_1 x_i$$

通常我們稱 $\log(t_i)$ 為**平移調整項**（offset），當每筆資料的觀測時間不同時，且我們想探討的是每筆資料觀測時間內平均發生次數時，必須使用平移調整項 $\log(t_i)$ 來做調整。愛滋病死亡人數的案例因觀測週期相同，可以不用使用平移調整項。調整項的使用與否僅會造成截距項估計的改變，不會影響斜率項參數的估計。由圖 9.2 可看出發生次數與週期皆取對數轉換後會呈線性關係，所以我們考慮用以下的簡單卜瓦松迴歸模型來探討愛滋病死亡人數與週期的關係：

$$\log(\mu_i) = \beta_0 + \beta_1 \log(x_i)$$

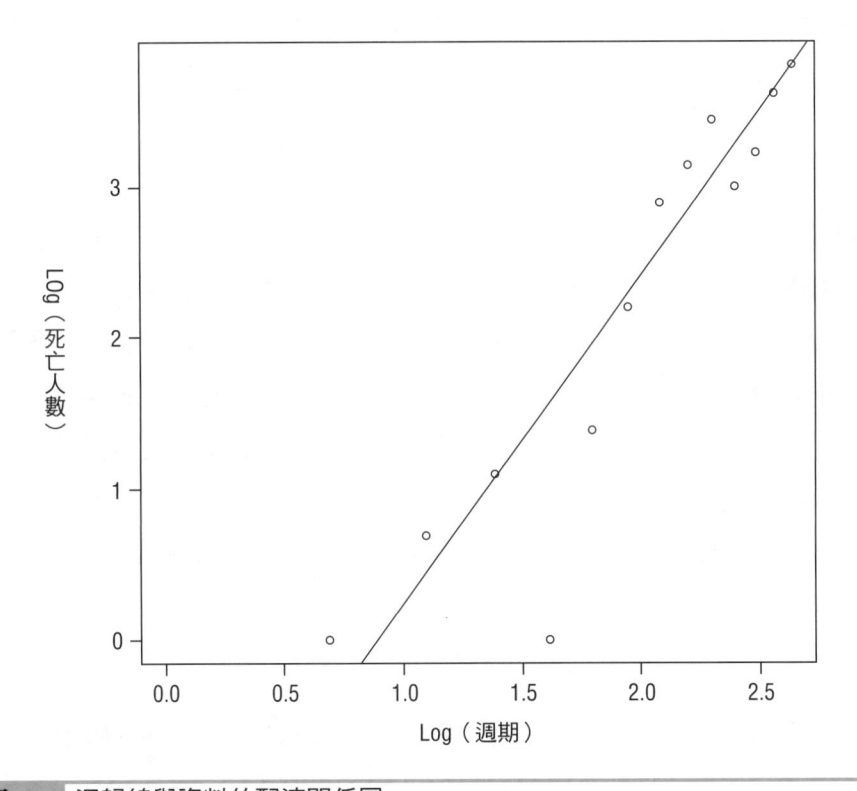

圖 9-2 迴歸線與資料的配適關係圖

表 9-2 簡單卜瓦松迴歸模型結果

	估計值	標準誤	p 值
截距（β_0）	−1.9442	0.5116	0.00015
時間（β_1）	2.1748	0.2150	<0.0001

表 9.2 為愛滋病死亡人數與時間的簡單卜瓦松迴歸模型結果，截距及斜率項檢定皆是顯著，圖 9.2 中的迴歸線也顯示與資料配適的關係。模型中斜率係數代表的意義為當自變數對數值增加一單位時，平均死亡人數的對數值增加 β_1 個單位，或平均死亡人數增加為 e^{β_1} 倍。以此例顯示時間與愛滋病死亡人數有顯著相關，每增加一個 log（週期），愛滋病死亡人數增加為 8.80 倍。

R-web

分析方法 → 使用自然對數（ln）連結函數的廣義線性模式 → 資料匯入 → 設定參數：點選使用卜瓦松分配假設的對數線性模式分析，選擇資料型態及要進行分析的變數 → 進階選項（設定設定補償值（offset）） → 開始分析 → 分析結果。

下個案例是 1968-1971 年間針對丹麥四個城市（Fredericial, Horsens, Koldng, Vejle）罹患肺癌的資料，研究目的是想探討不同的年齡層是否會影響肺癌的發生率。研究中調查四個城市在六個年齡層的新發肺癌案例，資料包含每個城市中各年齡層的居民人數，通常我們稱此為各年齡**分群中涉險（risk exposure）**人數（有時候用觀察的**人-年（person-year）**表示，人-年代表的意義和時間長度的意義相同，人-年越大卜瓦松的平均發生次數越大，要做調整），資料整理後共 24 筆如表 9-3 所列。

利用卜瓦松迴歸模型可建立年齡與肺癌發生率的關係如下：

$$\log(\frac{\mu_i}{L_i}) = \beta_0 + \beta_1 x_i$$

$$\beta_1 x_i = \beta_{1,1} I_{[55-59]i} + \beta_{1,2} I_{[60-64]i} + \beta_{1,3} I_{[65-69]i} + \beta_{1,4} I_{[70-74]i} + \beta_{1,5} I_{[75+]i}$$

模型中 L_i 為第 i 個資料中觀察的人-年資料，若第 i 筆的年齡層在 55-59

表 9-3 丹麥四個城市於 1968-1971 年間的肺癌發生率

城市	年齡層	居民數	案例數
Fredericia	40-54	3059	11
Horsens	40-54	2879	13
Kolding	40-54	3142	4
Vejle	40-54	2520	5
Fredericia	55-59	800	11
Horsens	55-59	1083	6
Kolding	55-59	1050	8
Vejle	55-59	878	7
Fredericia	60-64	710	11
Horsens	60-64	923	15
Kolding	60-64	895	7
Vejle	60-64	839	10
Fredericia	65-69	581	10
Horsens	65-69	834	10
Kolding	65-69	702	11
Vejle	65-69	631	14
Fredericia	70-74	509	11
Horsens	70-74	634	12
Kolding	70-74	535	9
Vejle	70-74	539	8
Fredericia	≧75	605	10
Horsens	≧75	782	2
Kolding	≧75	659	12
Vejle	≧75	619	7

歲範圍，$I_{[55-59]i}$ 值取為 1，否則為 0（$I_{[55-59]i}$ 是**指標變數**（indicator variable））。此卜瓦松迴歸模型係以 40-54 歲年齡層為**基準**（baseline）。

表 9.4 為丹麥肺癌資料肺癌發生率與年齡的簡單卜瓦松迴歸模型結果，當顯著水準為 0.05 時，雙尾檢定結果顯示肺癌發生率與年齡有顯著的相關。

表 9-4 肺癌發生率與年齡的簡單卜瓦松迴歸結果

參數	估計值	標準誤	z-值	95% 信賴區間	p 值
截距（β_0）	−5.8623	0.1741	33.6761	(−7.6103, −6.9257)	<0.0001
年齡 55-59（$\beta_{1,1}$）	1.0823	0.2481	4.363	(0.5930, 1.5704)	<0.0001
年齡 60-64（$\beta_{1,2}$）	1.5017	0.2314	6.489	(1.0507, 1.9618)	<0.0001
年齡 65-70（$\beta_{1,3}$）	1.7503	0.2292	7.637	(1.3044, 2.2066)	<0.0001
年齡 71-74（$\beta_{1,4}$）	1.8472	0.2352	7.855	(1.3877, 2.3136)	<0.0001
年齡 75+（$\beta_{1,5}$）	1.4083	0.2501	5.630	(0.9143, 1.9000)	<0.0001

卜瓦松迴歸模型表示為：

$$\frac{\mu_i}{L_i} = \exp\{\beta_0 + \beta_{1,1} I_{[55-59]i} + \beta_{1,2} I_{[60-64]i} + \beta_{1,3} I_{[65-69]i} + \beta_{1,4} I_{[70-74]i} + \beta_{1,5} I_{[75+]i}\}$$

基準 40-54 歲年齡層的每人-年（每人每年）肺癌發生率估計為

$$\exp(\beta_0) = \exp(-7.2485) = 0.0007，$$

而第 i 個年齡層每人-年肺癌發生率估計為

$$\exp(\beta_0 + \beta_{1,i})，$$

所以 55-59、60-64、65-69、70-74 和 75 歲以上各年齡層的**每人-年發生率**（incidence rate per person-year）估計分別為 0.0021、0.0032、0.0041、0.0045 和 0.0029。

其他年齡層相較於基準（40-54 歲）年齡層的肺癌發生率比值 IRR 為：

$$\frac{\exp(\beta_0 + \beta_{1,i}(1))}{\exp(\beta_0 + \beta_{1,i}(0))} = \exp(\beta_{1,i})$$

所以 55-59、60-64、65-69、70-74 和 75 歲以上各年齡層相較於基準 40-54 歲年齡層的**每人-年發生率比值**（incidence rate ratio per person-year）估計分別為 2.9515、4.4893、5.7563、6.3420 和 4.0890，由表中可知年齡層

對於肺癌的發生率皆有顯著影響,而且除了 75 歲以上年齡層外,相對發生率比值有隨著年齡增加而遞增的傾向。

R-web

分析方法→使用自然對數(ln)連結函數的廣義線性模式→資料匯入→設定參數:點選使用卜瓦松迴歸,選擇資料型態及要進行分析的變數→進階選項(設定設定補償值(offset))→開始分析→分析結果。

進階閱讀 ▶▶▶

負二項式迴歸模型

雖然計數資料經常使用卜瓦松迴歸模型分析,不過由於卜瓦松分配的一個重要特性是「平均數與變異數相同」。在實務上有些計數資料的案例顯示資料有過度分散的現象以致於變異數大於平均數導致使用卜瓦松分配做迴歸分析的基礎並不妥當。繼續使用卜瓦松迴歸模型分析這類型資料的後果是:分析結果會嚴重低估檢定統計量的標準差,造成型 I 錯誤機率增加。

解決這類的問題,建議用負二項式分配替代卜瓦松分配,採用**負二項式迴歸模型**(negative-binomial regression model)即可。負二項式分配的機率函數為:

$$P(Y = y) = (\frac{r}{r+\lambda})^r \frac{\Gamma(r+y)}{\Gamma(y+1)\Gamma(r)} (\frac{\lambda}{r+\lambda})^y$$

其中 Γ 為 gamma 函數;在負二項式分配中平均數 λ 代表為平均發生的次數,不過變異數為:

$$Var(Y) = \lambda(1 + \frac{\lambda}{r})$$

變異數便會隨著平均數改變而變動,負二項式分配的模型更有彈性。通

常 $a = 1/r$ 稱為**離散參數**（dispersion parameter），r 很大時參數 $a \approx 0$，則平均數幾乎等於變異數，負二項式分配即近似於卜瓦松分配；當 $a > 0$，則表示變異數大於平均數，即資料有**過度離散**（over-dispersion）情形；反之，當 $a < 0$，則表示變異數小於平均數，即資料有**低度離散**（under-dispersion）情形。因此可以說卜瓦松分配是負二項式分配的特例。**負二項式迴歸模型**（negative-binomial regression model）假設第 i 層的計數資料的機率分配為負二項式分配，其平均數滿足：

$$\log(\lambda_i) = \beta_0 + \beta_1 x_i$$

模型參數的推論

迴歸模型中參數 β_i, $i = 0, 1$ 的估計通常以使用最大概似估計法為主，而檢定的虛無假設通常為 $H_0: \beta_1 = 0$，即檢定自變數是否為風險變數；檢定方法通常以 Wald 統計檢定法或**概似比檢定法**（likelihood ratio test）為之，使用雙尾檢定。

關鍵字

卜瓦松迴歸模型
平移調整項
人-年
每人-年發生率
每人-年發生率比值

參考資料

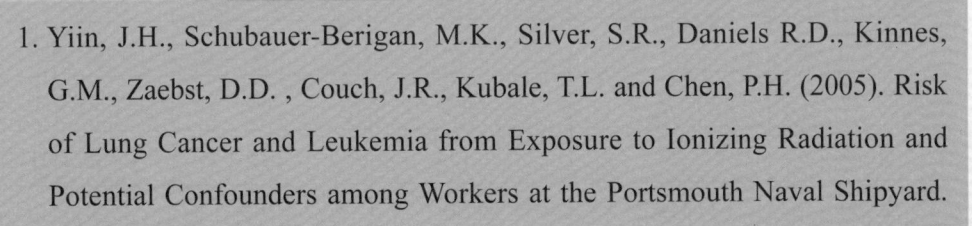

1. Yiin, J.H., Schubauer-Berigan, M.K., Silver, S.R., Daniels R.D., Kinnes, G.M., Zaebst, D.D. , Couch, J.R., Kubale, T.L. and Chen, P.H. (2005). Risk of Lung Cancer and Leukemia from Exposure to Ionizing Radiation and Potential Confounders among Workers at the Portsmouth Naval Shipyard. *Radiation Research*: June 2005, Vol. 163, No. 6, pp. 603-613.

2. Cameron AC, Trivedi PK (1998). *Regression Analysis of Count Data*. Cambridge University Press, Cambridge.

3. Dobson, A. J. (1990). *An introduction to generalized linear models*. Chapman and Hall, London and New York.

4. Whyte, B., J. Gold, A. Dobson, and D. Cooper (1987). Epidemiology of acquired immunodeficiency syndrome in Australia. *The Medical Journal of Australia* 146, 65–69.

5. E.B. Andersen (1977), Multiplicative Poisson models with unequal cell rates, *Scandinavian Journal of Statistics,* 4:153-158.

資料檔

1. Whyte, B., J. Gold, A. Dobson, and D. Cooper (1987). Epidemiology of acquired immunodeficiency syndrome in Australia. *The Medical Journal of Australia,* 146, 65–69.

2. E.B. Andersen (1977), Multiplicative Poisson models with unequal cell rates, *Scandinavian Journal of Statistics,* 4:153-158.

作業

為評估退役軍人是否曾在作戰區域服役與得癌症之間是否有關,澳洲國家衛生研究院於 1992 年發表一份關於退伍軍人長期追蹤的資料,資料如下:

年齡	作戰區 罹癌人數	作戰區 人-年	非作戰區 罹癌人數	非作戰區 人-年
24 以下	6	60,840	18	208,487
25-29	21	157,175	60	303,832
30-34	54	176,134	122	325,421
35-39	118	186,514	191	312,242
40-40	97	135,475	108	165,597
45-49	58	42,620	74	54,396
50-54	56	25,001	88	40,716
55-59	54	13,710	120	33,801
60-64	34	6,163	141	26,618
65-69	9	1,575	108	17,404
70 以上	2	273	99	14,146
合計	509	805,480	1,129	1,502,660

1. 以年齡層中位數為橫軸,即(24, 27, 32, 37, 42, 47, 52, 57, 62, 67, 70),每人-年癌症發生率為縱軸,將上表資料點在座標上並以不同線分別表示作戰區與非作戰區退役軍人的癌症發生率。

2. 請以卜瓦松迴歸模型分別分析在作戰區與非作戰區退役軍人,年齡與罹癌率是否有相關,在此以年齡為解釋變數並假設年齡為連續變數,以年齡層中位數為值(如上題),試問在顯著水準 $\alpha = 0.05$ 之下,年齡與罹癌率關係為何?請陳述兩者關係及解釋模型中係數的意義。

3. 請解釋上題分析是否需要平移調整項,其調整目的為何?

4. 請討論在第 2. 題中的模型是否適合？是否需要考慮針對年齡解釋變數取對數轉換或二次曲線的迴歸模型？試問在顯著水準 $\alpha = 0.05$ 之下，重新配適模型後，年齡與罹癌率關係為何？請陳述兩者關係及解釋模型中係數的意義。

5. 請討論在卜瓦松迴歸模型中，作戰區與非作戰區退役軍人其年齡與罹癌率的關係分別為何？

Chapter

10

多變項迴歸分析

在很多醫學或流行病學的研究中，我們經常被詢問：停經後的婦女使用荷爾蒙治療會不會容易得到乳癌？會不會降低冠狀動脈性心臟病？在台灣不同職業的勞工，他們肺癌的發生率是否有不一樣？每年發生率各為多少？有心血管疾病的病人他們的年齡是否會影響收縮壓？如何影響？要回答這些問題，我們經常都必須使用迴歸分析方法。但要使用那種迴歸分析，我們必須先問我們有什麼樣的資料？資料是如何蒐集來的？譬如，有些資料是嚴格的臨床實驗研究的結果，有些則是**世代研究**（cohort study）、**橫斷性研究**（cross-sectional study）或**病例對照研究**（case-control study）等研究方法觀察得來的（通稱為**觀察性研究**（observational study）方法，見第十五章的說明）。雖然這些研究方法在相當程度上都可以蒐集到我們要分析的資料（依變數或自變數），只是資料品質或可靠程度或完整性大不相同（當然還有其他差異）；顯然臨床實驗研究的資料品質相對最好，產生偏誤的機會最小，橫斷性研究的資料品質相對較弱。品質好的資料所做出來的分析結論自然在科學的價值上比較高。另外，我們研究的主題（依變數）資料有些是像第七章中討論的連續型（或稱數值型）資料，有些是像第八章中討論的二元類別型資料，有些則是像第九章中討論的計數資料。不同的資料形態導致分析的迴歸模型及方法都有相當大的差異。例如，若是研究的主題資料（依變數）是連續型的資料，則我們一般在分析自變數（如年齡）和依變數（如收縮壓）之間的關係時我們會使用線性迴歸模型，主題資料是

147

二元類別型的資料時我們就用邏輯斯迴歸模型，若是計數資料時我們就用卜瓦松迴歸模型。若主題資料是二元類別型資料，用卜瓦松迴歸模型去分析就會發生嚴重的錯誤。不同迴歸模型的迴歸係數也各有不同的解釋和代表的意義，分析時要特別注意。

我們在第七～九章中已經介紹了如何利用不同的迴歸模型探討一個自變數和一個依變數之間的關係，如何利用迴歸模型做預測，等等。但是在醫學資料的分析中，我們很少會遇到僅用一個自變數分析的情形。重要的原因之一是經常有許多風險因子（自變數）會同時影響要研究的依變數，單一自變數的分析結論經常有**干擾**（confounding）的情形產生。例如，荷爾蒙治療和冠狀動脈性心臟病相關性的研究裡，假設資料分析的結論是「荷爾蒙的治療會降低冠狀動脈性心臟病的發生率，結論在統計上是顯著的」，但我們又發現所研究的資料中接受荷爾蒙治療的婦女剛好多數是年齡較輕的人，會不會冠狀動脈性心臟病發生率降低的原因是因為使用者年齡較低的關係，而不是因為使用荷爾蒙的原因？統計上解決這種干擾的處理，原則上有二種：從研究方法上處理或從資料分析上下手。要從研究方法的設計上解決的話，我們在蒐集資料時，觀察到一位接受荷爾蒙治療的婦女（可稱為案例）就找一位年齡（干擾變數）相仿沒接受賀爾蒙治療的婦女（可稱為對照）同步追蹤觀察冠狀動脈性心臟病發生的情形（這種設計稱為是以年齡**配對**（matching）的設計），接著用檢定方法（例如 McNemar 檢定）處理分析。假如要從分析方法下手的話則通常要使用多變項迴歸分析方法，將**干擾變數**放進迴歸模型中和主要的風險變數同步分析，這種作法稱為**控制干擾因子的作法**（control of confounding），這是本章討論的重點。

三種迴歸模型

前面章節中我們討論資料分析時如何應用三種迴歸模型。簡單線性迴歸模型應用於常態分配資料 y（例如收縮壓）的分析；常態分配有二個重要的參數，期望值 μ 及變異數 σ^2。第七章中應用線性迴歸模型的方法中「假設」收縮壓的期望值 μ 會受年齡自變數 x_1 的影響；它們的關係假設滿足

$$\mu = \beta_0 + \beta_1 x_1 \text{。}$$

簡單邏輯斯迴歸模型應用於二項式分配資料 y（例如，有無罹患心血管疾病，等二元形態的資料）的分析；二項式分配中的重要參數 μ（也是期望值），代表心血管疾病的發生機率。第八章中應用簡單邏輯斯迴歸模型的方法中「假設」心血管疾病的勝算 $\mu/(1-\mu)$ 會受性別自變數 x_1 的影響；它們的關係假設是：

$$\log\{\mu/(1-\mu)\} = \beta_0 + \beta_1 x_1$$

簡單卜瓦松迴歸模型則是應用於計數型態資料 y（例如，每年罹患肺癌的人數等）的分析；卜瓦松分配中的唯一參數就是期望值 θ，代表每年罹患肺癌的平均人數。第九章中應用簡單卜瓦松迴歸模型的方法中，「假設」每年肺癌的發生率會受年齡自變數 x_1 的影響，以 μ 表示；它們的關係假設是：

$$\log \mu = \beta_0 + \beta_1 x_1$$

因此，年齡 x_1 的人觀察 n 個「人-年」的話，罹患肺癌的人數 y 有卜瓦松分配，其期望值為

$$\theta = n\mu = n \exp(\beta_0 + \beta_1 x_1) = \exp(\beta_0 + \beta_1 x_1 + \log n) \text{。}$$

以上這些迴歸模型都經常在醫學相關的研究中被使用，它們之所以被稱為簡單迴歸模型的原因是因為模型中只有一個自變數。β_0 及 β_1 通稱為迴歸係數，雖然它們在不同的迴歸模型下分別代表不同的意義，但是我們分析的重點經常圍繞在探討（檢定）$\beta_1 = 0$ 是否成立？因為若是成立的話，表示任何的 x_1 值都不會影響 μ（即 x_1 不會影響收縮壓，或心血管疾病的發生，或肺癌的發生）。此外，雖然不同「依變數」y 的資料形態會影響不同迴歸模型的應用選擇，但是在任何迴歸模型中「自變數」x_1 的資料形態則是不拘的，可以是連續型的資料形態也可以是類別型的資料形態。

二個自變數以上的迴歸模型

我們在本章討論的多變項迴歸模型要求迴歸模型中至少有二個以上的自變數，為方便討論我們假設模型中有二個自變數 x_1 及 x_2。最簡單的多變項迴歸模型假設：

$$f(\mu) = \beta_0 + \beta_1 x_1 + \beta_2 x_2 \text{。}$$

$f(\mu)$ 被稱為**連結函數**（link function），在線性迴歸模型下 $f(\mu) = \mu$，在邏輯斯迴歸模型下 $f(\mu) = \log\{\mu/(1-\mu)\}$，在卜瓦松迴歸模型下 $f(\mu) = \log \mu$。連結函數是用來連結「平均數 μ」和自變數的函數使它們之間的關係成「線性」。我們這樣的寫法單純是為了節省討論的篇幅，避免重覆敘述類似的結論。自變數 x_1 及 x_2 的資料形態是不拘的，可以是連續型的資料形態也可以是類別型的資料形態。

在迴歸分析的應用裡，我們可以視問題的屬性將自變數 x_1 及 x_2 當成研究中共同的主要因子變數，或僅將自變數 x_1 當成主要因子變數，而自變數 x_2 當成前面所說的干擾變數。這種的作法之所以有效是因為：在探討抽菸（x_1）對心血管疾病的發生機率是否有相關的研究中，若邏輯斯迴歸模型的分析中同步放入「年齡」這個可能的干擾變數當作第二個自變數 x_2 的話，則我們可以說「在任何的年齡層下」，抽菸者罹患心血管疾病的勝算估計是非抽菸者的 e^{β_1} 倍；或說抽菸者罹患心血管疾病相對非抽菸者罹患心血管疾病的勝算比是 e^{β_1}。這種勝算比又稱是**調整（年齡）後的勝算比**（age-adjusted odds ratio）。若是邏輯斯迴歸模型中只有一個自變數 x_1 沒有放入干擾變數 的話，估計所得的勝算比稱為**未調整**（unadjusted）或**粗糙的**（crude）**勝算比**。若是調整過及未調整的勝算比差別不大的話，則顯示變數 x_2 不是干擾變數。在流行病學或醫學的研究裡，性別及年齡經常被看成是干擾變數，需要被用來調整其他研究主要因子的效應。以上「干擾變數」及如何運用迴歸模型作「調整」的作法在線性迴歸及卜瓦松迴歸分析中也有相同的運用，我們就不再贅述。

以下我們針對第八章心血管研究的資料分析抽菸量對罹患心血管疾病的影響。首先我們使用 R-web（www.r-web.com.tw）資料處理中資料分組模組的功能將數值變數「年齡」轉換成類別變數（50 歲以下為第 0

組，以上為第 1 組），將抽菸量也分成二組（1 包菸以下為第 0 組，以上為第 1 組）。接著我們使用 R-web 中廣義線性模式中邏輯特連結函數的模組（和邏輯斯迴歸分析模組功能相同，但此模組在「專家使用者」介面中，且比邏輯斯迴歸分析模組具有更多的進階功能選項）分析。

將研究資料檔上傳到 www.r-web.com.tw 後，以點選方式選用路徑：「➔分析方法➔廣義線性模式➔邏輯特連結函數➔步驟一（資料匯入）：使用個人資料檔➔步驟二（參數設定）：選擇依變數：心血管疾病；自變數：抽菸量➔開始分析」，得下列分析結果。

表 10-1 中的結果顯示：抽菸量 1 包以上的人在罹患心血管疾病的勝算和抽菸量 1 包以下的人勝算相比較，粗估為 $e^{0.231}$ 倍（未調整的勝算比）；信賴區間為 $e^{0.231 \pm 1.96 \times 0.076}$，統計檢定的結論是抽菸量是顯著的風險因子（$p$ 值為 0.00254）。下面我們用年齡來調整勝算比的估計，同時檢視年齡是否為干擾因子。

以點選方式選用路徑：「➔分析方法➔廣義線性模式➔邏輯特連結函數➔步驟一（資料匯入）：使用個人資料檔➔步驟二（參數設定）：選擇依變數：心血管疾病；自變數：抽菸量，年齡➔開始分析」，得到表 10-2 的分析結果。

表 10-2 中的結果顯示：年齡及抽菸量都是心血管疾病的風險因子；它們的勝算比對數分別為 1.732 及 0.138（勝算比信賴區間分別為 $e^{01.732 \pm 1.96 \times 0.031}$ 及 $e^{0.138 \pm 1.96 \times 0.0069}$），對應的 p 值分別為 <0.0001 及

表 10-1 抽菸對心血管疾病的影響

係數 coefficient	估計值 estimation	標準差 std. err.	t 檢定統計量 t-statistic	p 值[II] p-value
截距項	−2.2873315	0.0140894	−162.3443	<2e-16 ***
抽菸量	0.2306469	0.0764061	3.0187	0.00254 **

II：顯著性代碼：'***': <0.001, '**': <0.01, '*': <0.05, '#': <0.1

備註：邏輯斯迴歸分析模組在 R-web 的「初階使用者」介面，而廣義線性模式（邏輯特連結函數）是在 R-web 的「專家使用者介面」，兩者階可用於分析 logistic regression 模型之模組，但後者具有較多進階選項，以供分析使用。

表 10-2 調整年齡後抽菸量對心血管疾病的影響

係數 coefficient	估計值 estimation	標準差 std. err.	t 檢定統計量 t-statistic	p 值[II] p-value
截距項	−3.2059414	0.026073	−122.96	<2e-16 ***
年齡	1.7316398	0.0311022	55.6758	<2e-16 ***
抽菸量	0.1379097	0.0690198	1.9981179	0.0489

[II]：顯著性代碼：'***': <0.001, '**': <0.01, '*': <0.05, '#': <0.1

0.0489，統計上的檢定是顯著不為 0。調整年齡後的勝算比為 $e^{0.138}$ 和未調整的勝算比 $e^{0.231}$ 相較，顯示有相當的落差；在高或低年齡層中，高抽菸量的人相對於低抽菸量的人在心血管疾病發生的勝算比沒有原先估計的高；由調整前的 $e^{0.231}$ 降低為調整後的 $e^{0.138}$。但比較高年齡高抽菸量及低年齡層低抽菸量的人，相對勝算比則擴大為 $e^{1.732+0.138}=e^{1.870}$。年齡是重要的（風險）干擾因子。

線性迴歸模型及卜瓦松迴歸模型也有類似以上的分析和討論，我們可以使用 R-web 廣義線性模式中對等連結函數（即線性迴歸模型）及自然對數連結函數（即卜瓦松迴歸模型）的模組來計算。

多變項迴歸模型中的交互作用

前面已說明了如何應用多變項的迴歸模型去處理干擾因子的方法。迴歸模型的結果顯示不論在何種年齡層下，抽菸對心血管疾病的效應是固定，不會隨著年齡層的不同而有差異。但是這種作法有時和臨床的觀察會有相當程度的落差。也就是說，臨床研究經常發現 x_1 因子對疾病發生的效應會隨著 x_2（例如年齡）值的變化而變化。這時候我們就說因子 x_2 的值會**修改**（modify）x_1 因子影響疾病發生的效應。處理這種情形，使用前面的迴歸模型就顯得不適當。較簡單又經常被使用的迴歸模型是：

$$f(\mu)=\beta_0+\beta_1 x_1+\beta_2 x_2+\beta_3 x_3,$$

其中 x_3 定義為 $x_3=x_1\times x_2$，β_3 稱為因子 x_1 及 x_2 交互作用的係數。這種

模型使用的理由很簡單，以邏輯斯迴歸模型

$$f(\mu) = \log\{\mu/(1-\mu)\}$$

及抽菸對心血管疾病的研究為例：在給定任何 x_2 的情況下，$x_1 = 1$（抽菸量 1 包以上）的勝算是 $e^{\beta_0 + \beta_1 + \beta_2 x_2 + \beta_3 x_2}$，$x_1 = 0$（抽菸量 1 包以下）的勝算是 $e^{\beta_0 + \beta_2 x_2}$，$x_1 = 1$ 相對於 $x_1 = 0$ 的勝算比是

$$e^{\beta_0 + \beta_1 + \beta_2 x_2 + \beta_3 x_2} / e^{\beta_0 + \beta_2 x_2} = e^{\beta_1 + \beta_3 x_2},$$

受 x_2 的值影響。因此，使用這種迴歸模型，我們在分析上可以反應 x_2「修改 x_1 效應」的實務現象。

以下我們用前面同樣的例子探討是否存在抽菸及年齡的**交互作用**？以點選方式選用路徑：「→分析方法→廣義線性模式→邏輯特連結函數→步驟一（資料匯入）：使用個人資料檔→步驟二（參數設定）：選擇依變數：心血管疾病；自變數：抽菸量，年齡；進階選項設定：交互作用項：抽菸量×年齡→開始分析」，得到表 10-3 的分析結果。

表 10-3 的結果顯示：年齡及抽菸量都是心血管疾病的風險因子；他們的勝算比對數估計分別為 1.746 及 0.443，交互作用的勝算比對數為 −0.433；他們檢定統計量的 p 值都小於 0.05，表示統計上顯著的不為零。分析指出，低年齡層中高抽菸量的人相對於低抽菸量的人在心血管疾病發生的勝算比為 $e^{0.443}$；而在高年齡層中的勝算比則為

$$e^{0.443 - 0.433} = e^{0.010} \text{。}$$

顯示心血管疾病發生的勝算在個別的年齡層內相比較（勝算比）有不同的結果。若不同年齡層的人互相比較的話，表 10-3 結果顯示：高年齡高抽菸量的人相對於低年齡層低抽菸量的人而言，相對勝算比為

$$e^{1.746 + 0.443 - 0.433} = e^{1.756} \text{。}$$

表 10-3 年齡和抽菸量交互作用對心血管疾病的影響

係數 coefficient	估計值 estimation	標準差 std. err.	t 檢定統計量 t-statistic	p 值[II] p-value
截距項	−3.2161479	0.0264831	−121.4415	<2e-16 ***
年齡	1.7462776	0.031686	55.112	<2e-16 ***
抽菸量	0.4425181	0.1356783	3.2615	0.00111 **
年齡*抽菸量	−0.4329225	0.1658689	−2.61	0.00905 **

II：顯著性代碼：'***': <0.001, '**': <0.01, '*': <0.05, '#': <0.1

分層分析

以上我們用邏輯斯迴歸模型為例，介紹了簡單迴歸分析和多變項迴歸分析方法的應用和比較。由分析結果來看，表 10-3 的結論是相對可靠的，因為分析中所討論的勝算比對數在統計上都是顯著的。自變數 x_2 為干擾因子或有交互作用現象的前提是 x_2 必須對疾病的發生而言是風險因子（即對應的迴歸係數顯著的不為零），但影響疾病發生的風險因子絕不會只有一個。多變項迴歸分析的模型可以使用一個以上的干擾因子或交互作用，分析二個因子的交互作（如：抽菸量×年齡）也可以擴大分析三個因子的交互作用（如：抽菸量×年齡×性別），等等。只是後面這種作法在醫學的研究中較少出現，原因之一是三個因子的交互作用的解釋相當複雜，通常替代的方法是使用**分層分析**。以心血管疾病的研究為例，可將分析的資料分成男女二層，然後使用表 10-3 的邏輯斯迴歸模型個別分析層內資料並下結論。這種作法的好處是分析模型中不必考慮複雜的交互作用，但缺點是層內資料會變少檢定力會變低，風險因子有可能得不到顯著的分析結果。因此，若是某一層的資料明顯的不足時，分層分析可能就不適合。

以下我們用性別分層，使用 R-web 資料處理的資料篩選功能將資料分成男女二層，分別有 24,051 及 40,438 筆資料。分層處理，以點選方式選用路徑：「→分析方法→廣義線性模式→邏輯特連結函數→步驟一（資料匯入）：使用個人資料檔→步驟二（參數設定）：選擇依變數：心血管疾病；自變數：抽菸量，年齡；進階選項設定：交互作用項：抽

菸量×年齡→開始分析」，得到表 10-4 和表 10-5 的分析結果。

分層分析顯示有趣的分析結果；針對女性而言，抽菸量無法顯示是風險因子，因為表 10-4 中抽菸量及年齡×抽菸量的勝算比對數分別為 0.724 及 -0.550，但由於分層後女性抽菸的樣本人數在資料中只有 94 人，因此標準差估計較大，導致許多統計檢定均呈不顯著結果（p 值各為 0.120 及 0.401）。女性勝算比對數的值和表 10-3 中的值差異較大。

針對男性而言，表 10-5 的結果顯示：年齡及抽菸量都是心血管疾病的風險因子；他們的勝算比對數估計分別為 1.732 及 0.401，交互作用的勝算比對數為 -0.404；他們檢定統計量的 p 值都小於 0.05，表示統計上顯著的不為零。分析指出，低年齡層中高抽菸量的人相對於低抽菸量的人在心血管疾病發生的勝算比為 $e^{0.401} = 1.4933$；而在高年齡層中的勝算比則為：

$$e^{0.401-0.404} = e^{-0.003} = 0.997。$$

表 10-4 年齡和抽菸量交互作用對心血管疾病的影響（女性）

依變數	係數 coefficient	估計值 estimation	標準差 std. err.	t 檢定統計量 t-statistic	p 值[II] p-value
心血管疾病	截距項	-3.226	0.0325	9869.5993	< 1e-04
	年齡	1.7524	0.0394	1981.6483	< 1e-04
	抽菸量	0.7246	0.4663	2.4145	0.1202
	年齡*抽菸量	-0.5503	0.6558	0.704	0.4014

II：顯著性代碼：'***': <0.001, '**': <0.01, '*': <0.05, '#': <0.1

表 10-5 年齡和抽菸量交互作用對心血管疾病的影響（男性）

依變數	係數 coefficient	估計值 estimation	標準差 std. err.	t 檢定統計量 t-statistic	p 值[II] p-value
心血管疾病	截距項	-3.1962	0.0458	4877.7761	< 1e-04
	年齡	1.7323	0.0536	1044.5987	< 1e-04
	抽菸量	0.4012	0.1462	7.5256	0.0061
	年齡*抽菸量	-0.4041	0.1771	5.2101	0.0225

II：顯著性代碼：'***': <0.001, '**': <0.01, '*': <0.05, '#': <0.1

若針對不同年齡層的人互相比較的話，結果顯示：高年齡高抽菸量的人相對於低年齡層低抽菸量的人而言，相對勝算比為：

$$e^{1.732 + 0.401 - 0.404} = e^{1.729} = 5.635，$$

男性勝算比對數的值和表 10-3 中的值較無差異。

進階閱讀 ▶▶▶

非干擾性質的風險因子

　　干擾因子的考量起因於簡單的分析邏輯，假設我們使用統計方法去探討風險因子 x_1 對疾病結果 y 的影響效應時，我們必須確認影響效應是因為暴露於這個研究的風險因子而不是因為暴露於其他沒考慮的風險因子。因此，應用迴歸模型探討因子 x_1 對疾病結果 y 的影響效應時，假如存有第三個變數 x_2 也是疾病結果 y 的風險因子時，我們通常都會面臨是否要將 x_2 放入迴歸模型共同分析的困難抉擇。若是放 x_2 進入迴歸模型的前後，發現 x_1 對疾病結果 y 的影響效應的估計有明顯的差異，則我們稱變數 x_2 是 x_1 及 y 的干擾因子。否則，我們稱變數 x_2 是**非干擾性質的風險因子**（non-confounding risk factor）。若存在干擾因子，我們分析 $x_1 - y$ 關聯時必須用干擾因子作調整，否則分析會產生錯誤的結論。

　　很多人以為風險因子 x_2 是否為干擾因子和因子 $x_1 - x_2$ 間是否存在有關聯（非獨立）有莫大的關係。例如，在醫學的臨床實驗中，若是 $x_1 = 1$ 或 0 分別代表治療組或控制組，由於隨機分派治療組或控制組的作法使得任何風險因子 x_2 和 x_1 顯得獨立無關；因為 $x_1 - x_2$ 間獨立互不存在影響，很多人就認定風險因子 x_2 是非干擾性質的風險因子。事實上，這種論點有部分是正確的，有部分不是正確的。理論證明，若是風險因子 x_2 和 x_1 獨立無關的話，且使用的迴歸模型是線性迴歸模型，則 x_2 是非干擾性質的風險因子；若是使用的迴歸模型是**邏輯斯迴歸模型**，則 x_2 仍有可能是干擾的風險因子。

　　下面是一個研究抽菸 x_1 對肺炎 y 影響的案例，年齡 x_2 是肺炎 y 的風

險因子（勝算比為 7.86），年齡－抽菸 ($x_1 - x_2$) 的勝算比為 1，顯示 x_1 和 x_2 不存在關聯。邏輯斯迴歸模型中只使用抽菸 x_1 分析對肺炎 y 的影響效應時發現 $x_1 - y$ 勝算比為 7/3，但若同時使用 x_1 和 x_2 分析對肺炎 y 的影響效應時則發現 $x_1 - y$ 勝算比提高為 9/3。這個例子指出，在邏輯斯迴歸分析中即使 x_1 和 x_2 不存在關聯（獨立），x_2 仍然有可能是干擾因子。但是，理論也證明，在邏輯斯迴歸分析中若分別在 $y = 0$（非肺炎的族群）及 $y = 1$（肺炎的族群）下 x_1 和 x_2 都不存在關聯（條件獨立）時，則 x_2 一定是非干擾性質的風險因子。

高齡	吸菸	非吸菸
肺炎	90	75
非肺炎	10	25
	高齡	低齡
吸菸	100	100
非吸菸	100	100

低齡	吸菸	非吸菸
肺炎	50	25
非肺炎	50	75
	高齡	低齡
肺炎	140	100
非肺炎	60	100

認定了 x_2 是一個非干擾性質的風險因子後，x_2 是否應該放在分析的迴歸模型和 x_1 一同研究？通常的答案是應該放，因為這樣做會使得迴歸模型的「**合適性**（goodness of fit）」更好，畢竟 x_2 是一個風險因子。但是，若我們研究的主要重點是在探討 x_1 對 y 影響的效應時（例如醫學的臨床實驗），檢定效應是否存在？或效應的估計有多少？就是我們要分析回答的問題，模型是否合適不是最重要。此時，我們必須問的應該是：放 x_2 在分析的迴歸模型裡是否會加強檢定方法的檢定力？或降低估計方法的誤差？

以下我們分二種迴歸模型來討論不同的代表性做法。

線性迴歸模型的情況

假設下面的二種線性迴歸模型，且 x_2 是一個非干擾性質的風險因子：

模型一，$\mu = E(y) = \beta_0^* + \beta_1^* x_1$，$\text{var}(y) = \sigma_1^2$；
模型二，$\mu = E(y) = \beta_0 + \beta_1 x_1 + \beta_2 x_2$，$\text{var}(y) = \sigma_{12}^2$。

y 的期望值是 $E(y)$，變異數是 $\text{var}(y)$。傳統上，我們用最小平方法（y 為常態分配時即為最大概似估計法）估計 β_1^* 及 β_1，估計量記為 $\widehat{\beta}_1^*$ 及 $\widehat{\beta}_1$。由於模型二是「正確」的模型，

$$E(\widehat{\beta}_1^*) = \beta_1 + \beta_2 E(\Sigma(x_{1i} - \bar{x}_1) x_{2i}) / (\Sigma(x_{1i} - \bar{x}_1)^2)$$

又因為 x_2 是一個非干擾性質的風險因子 ($\beta_2 \neq 0$)，所以 x_2 和 x_1 必然是無任何的相關。惟，β_1^* 及 β_1 估計同樣的參數，但是他們的變異數不相同：

$$\frac{\text{Var}\,\widehat{\beta}_1^*}{\text{Var}\,\widehat{\beta}_1} = \frac{(1 - \rho_{x_1, x_2}^2)}{(1 - \rho_{y, x_2 | x_1}^2)} \;;\; \rho_{y, x_2 | x_1}^2 = \frac{\rho_{x_2, y} - \rho_{x_1, x_2} \rho_{x_1, y}}{\sqrt{1 - \rho_{x_1, x_2}^2} \sqrt{1 - \rho_{x_1, y}^2}}$$

是在給定 x_1 下 x_2 和 y 的**部分相關係數**（partial correlation），ρ_{x_1, x_2} 是 x_1 和 x_2 的 Pearson 相關係數。因為 x_2 和 x_1 無任何的關聯，所以 $\rho_{x_1, x_2} = 0$，導致

$$\frac{\text{Var}\,\widehat{\beta}_1^*}{\text{Var}\,\widehat{\beta}_1} = \frac{1}{(1 - \rho_{y, x_2 | x_1}^2)} \geq 1$$

這可以解釋為何使用模型二會比較有利的原因（估計 $\beta_1(=\beta_1^*)$ 的誤差較小，檢定 $\beta_1(=\beta_1^*) = 0$ 的檢定力較高）。

結論：若 x_2 是非干擾性質的因子（$\beta_2 \neq 0$），探討 $x_1 - y$ 關聯的研究時使用模型二較好。

註：反過來，$\rho_{y, x_2 | x_1} = 0$（等同於 $\beta_2 = 0$）滿足時

$$\frac{\text{Var}\,\widehat{\beta}_1^*}{\text{Var}\,\widehat{\beta}_1} = (1 - \rho_{x_1, x_2}^2) \leq 1$$

表示，若是有 x_1 的模型中加入沒有解釋能力的因子時（$\beta_2 = 0$ 表示 x_2 不是影響 y 的風險因子），可能會導致 x_1 效應 $\beta_1(=\beta_1^*)$ 的估計誤差增大或檢定 $\beta_1(=\beta_1^*) = 0$ 的檢定力下降。但若是 x_2 和 (x_1, y) 互相

獨立的話，則 $\rho_{x_1, x_2} = 0$ 和 $\rho_{y, x_2|x_1} = 0$ 可同時滿足，導致

$$\frac{Var\,\widehat{\beta}_1^*}{Var\,\widehat{\beta}_1} = 1$$

因此 $x_1 - y$ 關聯的研究中使用模型一或二並無不同。

邏輯斯迴歸模型的情況下

我們討論下面的二種邏輯斯迴歸模型；模型二是「正確」的模型：

模型一，$\log\{\mu/(1-\mu)\} = \beta_0^* + \beta_1^* x_1$，

模型二，$\log\{\mu/(1-\mu)\} = \beta_0 + \beta_1 x_1 + \beta_2 x_2$。

理論上我們可證明，在邏輯斯迴歸模型的情況下，假如 x_2 是非干擾性質的因子，則下面的條件之一會滿足或同步會滿足：(1) 給定 y 時，x_1 和 x_2 獨立無關；(2) 給定 x_1 時，y 和 x_2 獨立無關（等同於 $\beta_2 = 0$）。通常我們用最大概似估計法估計 β_1^* 及 β_1，估計量記為 $\widehat{\beta}_1^*$ 及 $\widehat{\beta}_1$。理論結果指出，若是僅有條件 (1) 滿足的話，則

$$\frac{Var\,\widehat{\beta}_1^*}{Var\,\widehat{\beta}_1} < 1$$

會成立，顯示模型二的作法會增加對 $\beta_1^*(=\beta_1)$ 估計的誤差，並且降低檢定 $\beta_1^* = 0(=\beta_1)$ 的檢定力。這個結果和線性迴歸的結果相反。

結論：x_2 是非干擾性質的風險因子的話，在邏輯斯迴歸模型的情況下使用模型一較好。

註：若是僅有條件 (2) 滿足的話 ($\beta_2 = 0$)，則

$$\frac{Var\,\widehat{\beta}_1^*}{Var\,\widehat{\beta}_1} < 1$$

也會成立，即放入無效應的非干擾性質因子在邏輯斯迴歸分析中，對 $\beta_1^*(=\beta_1)$ 的估計誤差會增加，並且降低檢定 $\beta_1^* = 0(=\beta_1)$ 的檢定力。

請特別注意，條件 (1) 和線性迴歸模型假設的：「x_1 和 x_2 獨立無關」的條件是不同的。最後，(1) 和 (2) 同步滿足的話，則條件等同於「x_2 和 (x_1, y) 互相獨立」的條件，此時可證明

$$\frac{Var \widehat{\beta}_1^*}{Var \widehat{\beta}_1} = 1$$

即放或不放 x_2 在邏輯斯迴歸模型中均不會改變 $\beta_1^*(=\beta_1)$ 估計的誤差。

前面針對 x_1-y 關聯的研究，討論是否要放非干擾性質的風險因子 x_2 進入迴歸模型中共同分析的優缺點。Neuhause 等人則特別額外考量 x_1 和 x_2 是否相關的情形，強調在臨床實驗研究（x_1 和 x_2 獨立無關）時，x_1-y 關聯迴歸（廣義線性迴歸）分析中放入非干擾性質的風險因子 x_2 作分析可以提高檢定力以及降低估計誤差；另外，在世代研究時（x_1 和 x_2 相關），非干擾性質的風險因子 x_2 不應放入迴歸模型中分析。

在其他的研究方法中是否使用模型一或二較有利？結論是和取得分析資料的抽樣方法有關：例如，邏輯斯迴歸模型的情況下，若是資料是病例-對照研究的資料，x_1 和 x_2 獨立無關，且疾病盛行率高（＞20%）時，則使用模型二有較高的檢定力，但疾病盛行率很低僅有些許百分比時，則使用模型一經常有較高的檢定力。

關鍵字

干擾變數
連結函數
調整後的勝算比

粗糙的勝算比
交互作用
分層分析

參考資料

1. McCullagh, Peter and Nelder, John. (1989). *Generalized Linear Models, Second Edition.* Boca Raton: Chapman and Hall/CRC.

2. Henrik Madsen and Poul Thyregod. (2011). *Introduction to General and Generalized Linear Models.* Chapman & Hall/CRC.

3. Dobson, AJ and Barnett, AG. (2008). *Introduction to Generalized Linear Models* (3rd ed). Boca Raton, FL: Chapman and Hall/CRC.

4. Hardin, James and Hilbe, Joseph. (2007). *Generalized Linear Models and Extensions* (2nd ed). College Station: Stata Press.

5. Robinson, LD and Jewell, NP. (1991). Some Surprising Results about Covariate Adjustment in Logistic Regression Model. *International Statistical Review,* 59, 227-240.

6. Neuhause, MJ. (1998). Estimation Efficiency with Omitted Covariates in Generalized Linear Models. *J American Statistical Association,* 93, 1124-1129.

7. Pirinen, M, Donnelly, P and Spencer, CCA. (2012). Including Known Covariates can Reduce Power to Detect Genetic Effects in Case-Control Studies. *Nature Genetics,* 44, 848-851.

資料檔

本章節分析資料檔，請參照 http://www.r-web.com.tw/publish 的資料檔選單，資料檔名為 CVD_All

作業

CVD_All 資料中包含 66,489 人的臨床檢驗數據、家族、行為數據及是否罹患 CVD 的數據。

1. 請將「壓差＝收縮壓減舒張壓」當成依變數，年齡當成自變數，做線性迴歸分析，並檢定年齡是否為壓差的風險因子？

2. 接續第 1 題，將性別當成做線性迴歸分析的干擾因子，分析年齡是否為風險因子？性別是否真的是干擾因子？針對壓差這個應變數，年齡和性別是否存有交互作用？

3. CVD_All 資料中有追蹤時間的紀錄，請使用這個資料及卜瓦松模型估計 CVD 的每年發生率為何？

4. 請檢定壓差是否為 CVD 發生的風險因子？年齡（或性別）是否為干擾因子？年齡（或性別）和壓差是否存在交互作用？

5. 接續第 4 個問題，針對性別做分層分析，並比較 3 和 4 的結論？

Chapter 11

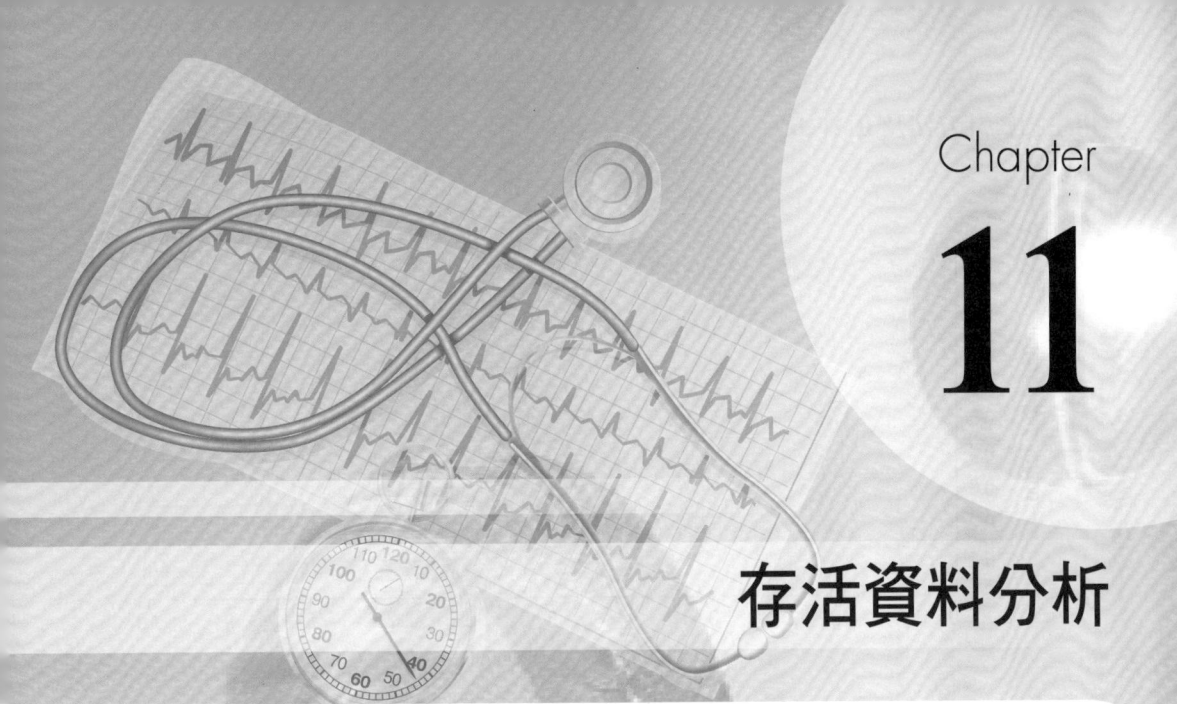

存活資料分析

下面是台灣和信醫院於 2014 年針對肺癌臨床治療成果的一部分報告：

「……肺癌的治療原則，是在治療前依據正子掃描與電腦斷層分辨是否為早期病人，早期肺癌（第一與第二期）以手術為主，再依手術後的病理結果加上化學治療或放射治療；晚期肺癌則以化學治療及放射治療為主（肺癌病人依原始腫瘤的特性、區域性的淋巴結侵犯，以及是否有遠端轉移等因素可分類為第零期到第四期）。

1990-2009 年間首次在 X 醫院確定診斷為肺癌者共 2,681 人，其中男性 1,541 人（57.5%），女性 1,140 人（42.5%），年齡中位數 63 歲（全距 17-92 歲）。期別分布以第三期及第四期為多數，佔 77%。各期別五年及十年存活率如表 11-1 和圖 11-1；第一及第二期五年存活機會分別為 70% 及 44%。晚期病人存活機會一般少於 10%，因此早期診斷與更有效的治療是將來研究的重點。

表 11-1 和信治癌中心醫院 1990-2009 年肺癌病人 AJCC 期別分布表及五年存活率

期別	0	I	II	III	IV	不詳	全部
各期別人數	2	282	92	732	1,324	249	2,681
百分比	0.1%	10.5%	3.4%	27.3%	49.4%	9.3%	—
五年存活率	—	69.5%	44.2%	13.8%	5.4%	—	15.7%

資料來源：和信醫院

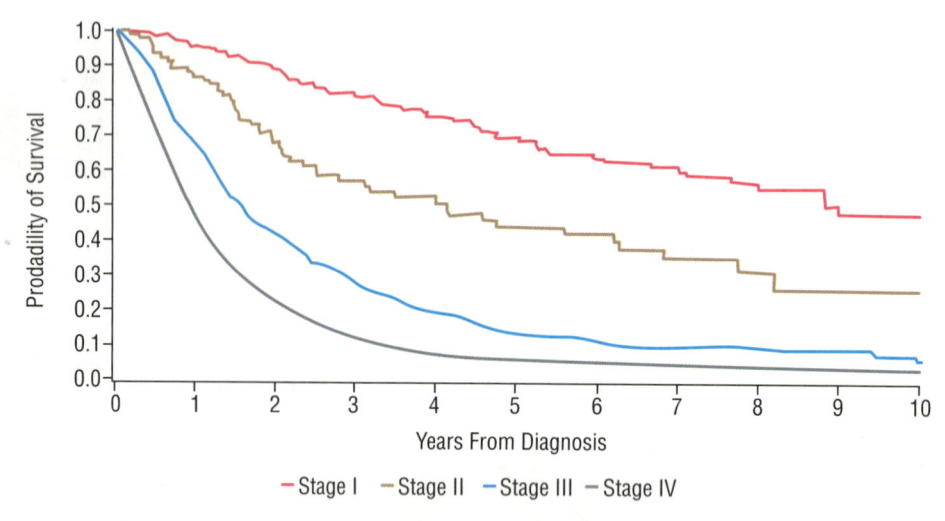

圖表：和信治癌中心醫院 1990-2009 年肺癌病人按期分布存活曲線圖（縱軸 Prodadility of Survival 0.0–1.0，橫軸 Years From Diagnosis 0–10，四條曲線 Stage I、Stage II、Stage III、Stage IV）

資料來源：和信醫院

圖 11-1 和信治癌中心醫院 1990-2009 年肺癌病人按期分布存活曲線圖

若與美國流行病監督及最終結果（Surveillance Epidemiology and End Results, SEER）公布之 2001-2007 年男性、女性肺癌五年存活率 13.5%、18.0% 相比較，和信醫院同時期五年存活率分別為 13.7%、18.1%⋯⋯」。

以上報告的關鍵字是「存活率」。醫生除了經常預測病人一年或五年等的存活率外，也經常預測病人存活的中位數。以圖 11-1 的存活曲線來看，第四期肺癌病人的存活中位數約為 1 年，第二期肺癌病人的存活中位數約為 4.5 年。另外，存活率會隨著性別、年齡、治療方法、基因、吸菸狀況或個人健康等因素的差異而有不同。本章的重點除了研究如何估計存活率外，也研究如何分析哪些因素會影響存活率的大小。

醫學研究或臨床實驗上分析病人「存活率」的方法有多種方式，例如，肺癌病人五年的存活率是研究目標的話，則我們可以觀察病人是否在五年內過逝，並且應用前面介紹的**邏輯斯迴歸**（logistics regression）方法分析就可以了；又假如你想研究肺癌病人死亡的**發生率／人-年**（incidence rate per person - year），則我們可以設計一個五年的研究，觀察病人在每年內死亡的個數，然後應用前面介紹的**卜瓦松迴歸**（Poisson regression）方法分析。但是，邏輯斯迴歸的研究在病人「失去追蹤觀察（loss to follow-up）」的情形發生時無法處理（因為你不知道失去追蹤觀察的人是否能存活五年？）。此外，你僅知道五年的存活率，不知道

二或三年的存活率？至於卜瓦松迴歸的分析方法，雖然也可以應用到存活資料的分析，但基本上使用時的假設條件較多；例如，卜瓦松迴歸方法使用的前提要求在每一個研究的時間區間內死亡率是固定，「死亡人數」滿足 Poisson 機率分配！本章的存活資料分析中不需要做任何機率分配的假設。

存活資料的特殊性

存活分析顧名思義是研究有關於存活時間的方法，這裡「時間」的定義有特殊性。例如，大腸癌病人由診斷到因病死亡的時間、或因大腸癌死亡的時間、經放射性治療後到因大腸癌死亡的時間等，均有不相同的時間計算定義。計算「診斷到大腸癌」的時間到「因病死亡」的時間之間的時間距離稱為**存活時間**。計算存活時間首先必須明確地定義時間的單位，研究起始時間及研究終結時間；而每一個研究病人的起始及終結時間可能很不相同也不必相同。研究起始和終結時間之間的時間距離就是**觀察時間**。「觀察時間」這個變數在 R-web 中稱為**時間變數**。我們的觀察時間是否就是我們要研究的存活時間？答案是不必然。因為研究時間的限制，我們經常在無法觀測到所有研究病人的存活時間前，研究就必須結束，或者研究期間病人失聯無法持續追蹤觀察等。所以，觀察到的時間有時會小於真正的存活時間。這種特殊的存活資料的性質（不完整性），使得我們無法應用前面的統計方法分析資料。

我們在本章要介紹的存活分析方法除了使用時間變數的資料外，也必須使用存活事件變數的資料。**事件變數**是用來表示觀察時間是否為存活時間的指標（又稱為設限指標）變數；若「是」的話，事件變數值定義為「1」，表示觀察時間資料是完整的存活資料；若「不是」的話，則定義為「0」，表示觀察到的時間資料是不完整的**設限資料**。通常事件變數值為「1」時，又稱為一個事件，「0」時稱為**設限**（censored）。例如，於大腸癌症病人的研究中，某病人於 2001 年 2 月初進入大腸癌症研究，研究於 2006 年 7 月初結束時此病人仍然存活，則此人的時間變數值即為 65 個月，事件變數值為 0（censored）。若此人不幸於 2003 年 7 月初死亡，則此人的時間變數值為 29 個月，事件變數值為 1。

以上所稱「事件」的研究不必然是有關死亡存活事件的研究，例如，癌症第一期惡化到第二期的發生也可以稱事件，因此存活時間的研究也可以通稱為**事件時間**（event time）的研究，在許多領域上有很廣泛的應用；例如，有些研究人員將存活分析的技術應用在公司破產的研究，把破產定義為研究的事件。

以下資料是第一章中所談的有關肺癌研究的資料，其中所列的「存活狀態」變數就是事件變數。

位置	性別	年齡	化療	放療	存活狀態 (vital status)	首次惡化	惡化時間	吸煙情形	病理分期 N_stage	病理分期 T_stage	存活時間（月）
DFCI	Female	55	No	No	Alive	No	NA	Smoked in the past	N0	T2 or T3	110
DFCI	Female	41	No	No	Alive	Yes	2	Smoked in the past	N0	T2 or T3	98
DFCI	Male	47	Yes	No	Alive	No	NA	Smoked in the past	N0	T2 or T3	110
DFCI	Male	73	NA	NA	Alive	NA	NA	Never smoked	N0	T2 or T3	66
DFCI	Female	63	NA	NA	Dead	Yes	17	Currently smoking	N1	T2 or T3	29
DFCI	Male	72	NA	NA	Dead	Yes	5	Never smoked	N0	T2 or T3	7
DFCI	Female	57	NA	NA	Alive	NA	NA	Currently smoking	N0	T1	53
DFCI	Female	55	NA	NA	Alive	NA	NA	NA	N0	T1	63
DFCI	Male	64	NA	NA	Alive	NA	NA	Smoked in the past	N0	T2 or T3	23

● Kaplan-Meier 估計法

存活分析的研究中最重要的分析方法之一就是 **Kaplan-Meier 估計法**，又稱為「product-limit」估計法，是用來估計存活曲線的方法。假設肺癌病人的存活時間以 T 表示，則我們經常以 $S(t) = P(T > t)$ 表示病人 t 年的存活（機）率；例如，$S(5)$ 是五年的存活率，代表病人能存活至少五年的機率。又假設 $F(t) = P(T \leq t)$，這是我們前章定義的機率分配函數，則可知 $S(t) + F(t) = 1$ 或 $S(t) = 1 - F(t)$。因此，若我們所有觀察時間都是存活時間，沒有資料是設限不完整的話（即觀察資料非為存活資料），則我們依前章作法可用經驗分配函數 $F_n(t)$ 估計 $F(t)$ 或用 $1 - F_n(t)$ 估計存活率 $S(t)$。但存活資料最重要的特徵是資料會有設限的可能，因

此，$F_n(t)$ 無法計算，必須有新方法處理。

若是有人在分析時為了克服無法計算 $F_n(t)$ 的問題，將「不完整」的設限資料丟棄，僅用完整的觀察到的存活資料分析，這種作法可以嗎？答案是不適當的；這樣的分析處理經常會造成存活率低估的現象，以致於產生分析結論的偏差。假設我們的臨床實驗研究在結束前有 n 個滿足研究條件的個體「陸續」進入，參加存活研究的實驗。在整個過程中我們蒐集觀察這些個體所有相關的資料以供後續分析；資料就像前述肺癌研究的資料相似。其中最重要的有二種資料，一是時間變數的資料，二是事件變數的資料。前者記錄實驗針對個體的觀察時間，後者記錄觀察到的時間是否就是真實的存活時間。觀察時間的資料可能是設限的資料，也可能是存活的資料，資料不一定全部不相同；資料可能以天為單位或以月為單位，以月為單位的資料觀察時間發生相同的機會較多。假設資料中有 $m(<n)$ 個不相同的存活（非設限）資料由小排到大，記錄為 $t_0 = 0 < t_1 < t_1 < \cdots < t_m < t_{m+1} = \infty$，Kaplan-Meier 估計存活曲線 $S(t)$ 的方法如下：

給定任何 $t \in [t_0, t_1)$，估計量定義為 $\widehat{S}_{KM}(t) = 1$；

給定任何 $t \in [t_1, t_2)$，估計量定義為 $\widehat{S}_{KM}(t) = 1 \times \dfrac{n_1 - d_1}{n_1}$；

給定任何 $t \in [t_2, t_3)$，估計量定義為

$$\widehat{S}_{KM}(t) = 1 \times \frac{n_1 - d_1}{n_1} \times \frac{n_2 - d_2}{n_2} ;$$

......

給定任何 $t \in [t_i, t_{i+1})$，估計量定義為

$$\widehat{S}_{KM}(t) = \prod_{l=1}^{i} \left\{ \frac{n_l - d_l}{n_l} \right\} ;$$

其中 n_1 是在 t_1 時間點前仍然存留在實驗研究的個體總數目，若是 t_1 前有 c_0 個體資料是設限在表示已離開研究，因此，$n_1 = n - c_0$。d_1 則是 t_1 時點

上死亡的個體總數目（不包括設限資料）。以此類推，n_i 是在 t_i 時間點前仍然被認定存留在實驗研究（cohort）觀察（排除 t_i 時點前死掉或離開的個體）的個體總數目，d_i 則是 t_i 時點上死亡的個體總數目。若是 $[t_{i-1}, t_i]$ 間有 c_{i-1} 個體資料是設限的，則

$$n_i = n_{i-1} - d_{i-1} - c_{i-1}$$

從以上的定義或圖 11-1 來看，Kaplan-Meier 的估計是一條遞減的階梯狀折線，折點只發生在非設限的存活資料點上。t_m 是非設限資料中的最大值，t_m 之後若也是沒有任何設限資料的話，則 $\hat{S}_{KM}(t) = 0$，$t \geq t_m$。即存活曲線在 t_m 之後均為零。t_m 之後若有設限資料的話，存活曲線在 t_m 之後不為零。這種結論告訴我們：討論 t_m 之後的存活率是沒有意義。例如，若是肺癌病人存活的研究結果顯示，資料中觀察到的最大存活時間是四年八個月，則問五年存活率是沒有意義的。解決的辦法就是將研究時間延長，直到觀察到的最大存活時間超過五年。

R-web

以下是在肺癌病人存活研究的資料檔（lung_cancer_study）上傳到 www.r-web.com.tw 後，以點選方式選用路徑：「→分析方法→存活分析→Kaplan-Meier 存活函數估計→步驟一（資料匯入）：使用個人資料檔→步驟二（參數設定）：選擇變數：時間變數：SURVIVAL_MONTHS；事件變數：vital status→進階選項：選擇分組變數：gender；選擇繪製圖型：存活函數圖→開始分析」後所繪出的存活曲線圖（圖 11-2）；單位是月，男性表示 *gender* = 1，女性表示 *gender* = 0。

圖 11-2 顯示女性的存活率比男性稍高，女性存活時間的中位數約在 48 個月，男性中位數約在 43 個月。經由進階選項的選擇 R-web 可以計算出所有時間點的存活率，包括四分位數等。

誤差：計算 Kaplan-Meier 的估計誤差可使用 **Greenwood** 公式；給定任何 $t \in [t_i, t_{i+1}]$，$\hat{S}_{KM}(t)$ 的誤差為 $\hat{V}(t)^{1/2}$，即 $\hat{S}_{KM}(t) \pm 1.96\,\hat{V}(t)^{1/2}$ 是未知的存活率 $S(t)$ 的 95% 信賴區間，其中

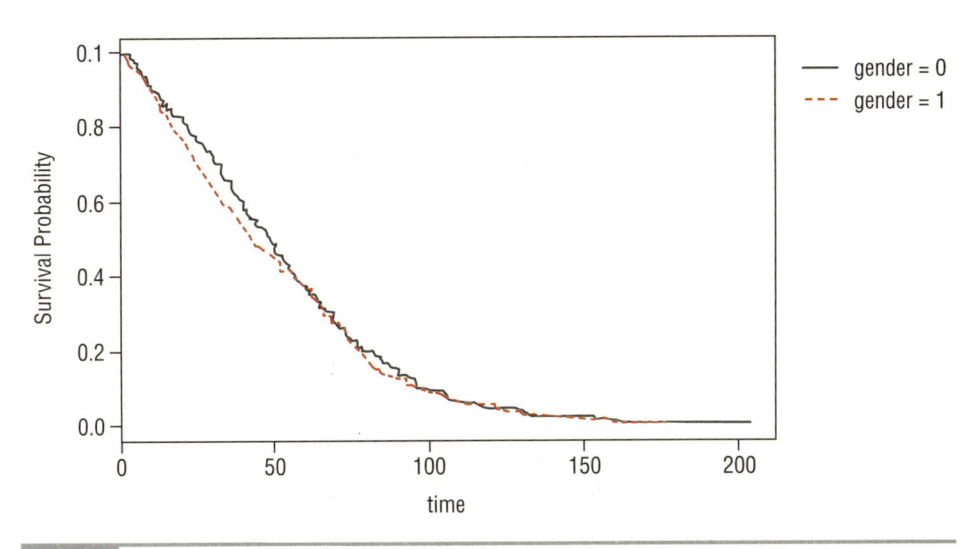

圖 11-2 男性和女性肺癌病人的存活曲線

$$\widehat{V}(t) = \widehat{S}^2_{KM}(t) \sum_{l=1}^{i} \frac{d_l}{n_l(n_l - d_l)} \text{ ,}$$

$\widehat{V}(t)^{1/2}$ 又稱為應用 log 轉換後計算的誤差（細節不述）。

R-web

　　進階選項中也有應用 log-log 轉換後計算的誤差，後面這種作法有時結果較好。以下是點選方式選用路徑：「→分析方法→存活分析→Kaplan-Meier 存活函數估計→步驟一（資料匯入）：使用個人資料檔→步驟二（參數設定）：選擇變數：時間變數：SURVIVAL_MONTHS；事件變數：vital status→進階選項：選擇信賴區間方法：log-log；繪製圖型：選擇繪製圖型：存活函數圖→開始分析」後所繪出的存活曲線圖（圖 11-3）；二條虛線是應用 log-log 轉換信賴區間上下點建構出來的曲線。

　　由 Greenwood 誤差估計的公式來看，誤差的大小除了會受到參加臨床實驗的個體數目 n 影響外，也會受到設限資料的多寡影響。不完整設限資料的個數越多的話，n_l 越小，導致 $\widehat{V}(t)$ 越大。因此，若是設限資料的個數多的話，我們應該關切臨床實驗的執行是否有問題？是否治療的方法無效，以致於許多人提早結束臨床實驗的參與（產生不完整的觀察資料），尋求其他的治療？

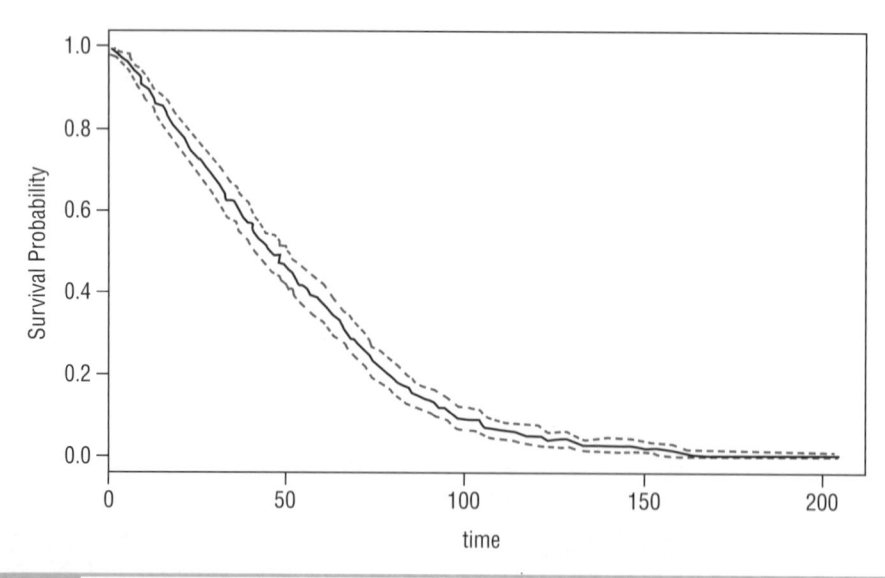

圖 11-3　存活曲線估計及其 95% 信賴帶（confidence band）

檢定不同條件下的存活曲線是否有差別？

通常在臨床實驗研究中，研究人員會在不同的條件下計算 Kaplan-Meier 存活曲線的估計，然後問一個重要的問題：這些存活曲線是否相同？例如，在肺癌病人的研究中，我們會問接受化療的肺癌病人和接受放療的肺癌病人他們的存活時間是否不相同？或男性和女性肺癌病人的存活時間是否不相同？假如男女性的存活時間是相同的話，則我們可以說性別不是影響肺癌病人存活時間的因子。以圖 11-2 的結果為例，男性和女性肺癌病人的存活時間似乎有些不同。女性肺癌病人的存活率有可能比男性肺癌病人的存活率較高嗎？要回答這個問題，首先我們必須先確認圖 11-2 中的存活曲線都是「估計」的曲線，不是真實的曲線；估計的曲線和真實的曲線之間存有因樣本而產生的誤差。因此，在圖形上看到的差異有可能是真實的差異也有可能是估計誤差造成的差異。以下我們討論圖 11-2 中存活曲線的差異在統計上來說有沒有意義？差異是否在統計上顯著？

R-web

首先將肺癌病人存活研究的資料檔上傳到 www.r-web.com.tw 後，

以點選方式選用路徑:「→分析方法→存活分析→存活函數比較→步驟一(資料匯入):使用個人資料檔→步驟二(參數設定):選擇變數:時間變數:SURVIVAL_MONTHS;事件變數:Vital Status;分組變數:GENDER→進階選項:比較方法:Log-Rank 檢定,Wilcoxon 檢定,Peto-Wilcoxon 檢定;選擇繪製圖型:存活函數圖→開始分析」,得到表 11-2 的分析結果。

表 11-2 中 p 值的計算是自由度為 1 的「卡方」變數大於檢定統計量的機率;若是比較 k 條存活曲線是否相同時,我們則改用自由度為 $k-1$ 的「卡方」計算 p 值。三種檢定分析的結果是一致的,結論是:男性和女性肺癌病人存活時間的差異在統計上來說是不顯著的,因為它們的 p 值都大於 0.05。我們這裡使用的三種重要的統計檢定方法都是 Wilcoxon 檢定方法在有設限資料情況下發展出來的新方法,因此可以說都是無母數方法。**Log-Rank 檢定法**是存活分析中最常被引用的方法;當二條 log-存活函數的比值是常數時(又稱為「proportional hazards」,比率風險,風險的比值和時間無關),Log-Rank 的檢定力最高。**Gehan-Wilcoxon 檢定法**和 **Peto-Wilcoxon 檢定法**的結果較相似,當二條存活函數的表現有差異,但差異僅發生在早期時,則這二種檢定方法的檢定力較高,因此使用時也比較容易取得「有顯著差異」的結論。

表 11-2 存活函數比較

虛無假設:各存活函數間無顯著差異			
檢定方法 method	檢定統計量 statistics	自由度 d.f.	p 值 p-value
Log-Rank 檢定	0.5256	1	0.4685
Gehan-Wilcoxon 檢定	1.1902	1	0.2753
Peto-Wilcoxon 檢定	1.1902	1	0.2753

Cox 迴歸方法

存活分析的方法中，最重要的是研究存活時間的影響因子；性別會影響肺癌病人存活時間的長短？治療方法（化療或放療）會影響肺癌病人存活時間的長短？假如答案是「會」的話，下一步要問的題目是如何影響？這些都是這一節要討論的問題。

前面幾節中，我們建議針對重要的因子在不同因子條件下可以計算不同的 Kaplan-Meier 存活估計，然後使用檢定方法比較這些存活曲線是否相同？若是不相同的話，則表示這個因子是會影響存活時間的因子。但是，這些方法尚無法回答我們因子是如何影響存活時間？此外，在比較多條（$k > 4$）存活曲線是否相同時，檢定方法的檢定力都有不足的現象發生，無法檢定出存活曲線的差異，也因此無法檢定出真正的影響因子。這節中，我們介紹 Cox 迴歸方法來解決這些問題。Cox 迴歸模型又稱為 **Cox 比率風險模型**，或 Proportional Hazards 模型。

Cox 迴歸的分析中使用了一個重要的觀念叫做「**風險比（hazard ratio，簡寫為 HR）**」。假設 $S_0(t)$ 是女性肺癌病人存活時間的曲線，$S_1(t)$ 是男性肺癌病人存活時間的曲線，Cox 迴歸的模型假設 $S_1(t) = S_0^\lambda(t)$，而 λ 就是肺癌病人中男性相對於女性的風險比。風險比 λ 值大於 1 的話，表示男性在任何時間點上的存活率都比女性低；反之，λ 值小於 1 的話，表示男性在任何時間點上的存活率都比女性高。λ 值等於 1 的話，表示男性在任何時間點上的存活率都和女性一樣。「風險比」的意義和 Logistic 迴歸中的「勝算比」意義相似但不相同。一般，我們都用 β 來表示 $\log\lambda$，即 $\lambda = e^\beta$，或用 $\log HR(x) = \beta \times x$，$x = gender$ 來表示不同 $gender$ 相對於女性的 log-風險比。$gender = 1$ 時，

$$\log HR(x = 1) = \beta$$

表示男性相對於女性的 log-風險比為 β 或風險比為 e^β；$gender = 0$ 時，

$$\log HR(x = 0) = 0$$

即是說女性相對於女性的 log-風險比為 0 或是說風險比為 $e^0 = 1$。以上的風險比是以女性存活為比較**基線**（baseline，定義為 $X = 0$）而定義的，

我們稱 $X=0$ 為基線條件。因此，假如我們有風險因子 X（如年齡）要研究，表達年幼病人相對於年長病人的風險比 β 時，我們可定義 $X=0$（baseline）表示年長病人，$X=1$ 表示年幼病人，並用 $\log HR(x)=\beta x$ 表示 $X=x$ 條件下的 log-風險比。和迴歸模型的定義一樣，假若我們有二個因子 x_1 和 x_2 要分析，我們可以使用 Cox 迴歸模型

$$\log HR(x_1, x_2) = \beta_1 x_1 + \beta_2 x_2$$

$x_1 = x_2 = 0$ 是基線條件；迴歸模型告訴我們：相對於滿足基線條件的病人而言，滿足 x_1, x_2 條件病人的風險比為 $e^{\beta_1 x_1 + \beta_2 x_2}$。若用 $S(t|x_1, x_2)$ 表示滿足條件 x_1, x_2 病人的存活曲線的話，並簡寫

$$S(t|x_1=0, x_2=0) = S_0(t)，$$

則 Cox 迴歸模型告訴我們以下的關係：

$$S(t|x_1, x_2) = S_0(t)^{e^{\beta_1 x_1 + \beta_2 x_2}}；$$

亦即「滿足 x_1, x_2 條件病人的存活函數是基線條件病人存活函數的「$e^{\beta_1 x_1 + \beta_2 x_2}$」次方。以此類推，假若 x_1 是類別因子，$x_1=0$ 表是類別 A，$x_1=1$ 表是類別 B，則迴歸模型告訴我們

$$S(t|1, x_2) = S(t|0, x_2)^{e^{\beta_1}}$$

可解釋成：在任何的 x_2（例如年齡）條件下，類別 A（例如接受化療）病人相對於類別 B（不接受化療）病人的風險比為 e^{β_1}；我們可稱 e^{β_1} 為因子 x_1 的風險比。又假若 x_2 是連續型因子，如「年齡減平均年齡」，基線條件 $x_2=0$ 表示是平均年齡的條件時，則迴歸模型告訴我們

$$S(t|x_1, x_2+1) = S(t|x_1, x_2)^{e^{\beta_2}}；$$

可解釋成：在任何的 x_1 條件下，增加一個單位（例如月，若 x_2 是年齡的話）的 x_2 的相對風險比為 e^{β_2}；我們稱 e^{β_2} 為因子 x_2 的風險比。

Cox 迴歸方法可以估計迴歸係數 β_1（或 β_2），風險比 e^{β_1}（e^{β_2}）以及 x_1, x_2 條件下的存活函數 $S(t|x_1, x_2)$，也可檢定 β_1（或 β_2）是否為零？若是的話，表示 x_1（或 x_2）不影響風險比，也不是影響存活大小的因子。

另外，β_1（或 β_2）大於零的話，我們稱 x_1（或 x_2）是影響存活大小的**風險因子**，小於零的話則稱為是**保護因子**。我們也可以處理較複雜的迴歸模型

$$\log HR(x_1, x_2) = \beta_1 x_1 + \beta_2 x_2 + \beta_{12} x_1 x_2$$

其中，β_{12} 是 x_1, x_2 **交互作用**的係數；$x_1 = 0$ 時，迴歸模型變成 $\log HR(0, x_2) = \beta_2 x_2$，$x_1 = 1$ 時，迴歸模型為

$$\log HR(1, x_2) = \beta_1 + (\beta_2 + \beta_{12}) x_2$$

因為 β_{12} 的存在，使得 x_2 的風險比會隨著 x_1 值的變化而變化，這就是交互作用的本質。

R-web

下面將肺癌病人存活研究的資料檔上傳到 www.r-web.com.tw 後，以點選方式選用路徑：「→分析方法→存活分析→Cox 比率風險模型→步驟一（資料匯入）：使用個人資料檔→步驟二（參數設定）：選擇變數：時間變數：SURVIVAL_MONTHS；事件變數：Vital Status；共變數：GENDER，AGE， CHEMO，RT，SMOKING，→進階選項：選擇信賴區間計算方法：log-log 轉換，繪製存活函數圖（共變數值＝平均數）依給定變數分組繪圖（須為類別變數）：RT→開始分析」，得到表 11-3 Cox 迴歸分析結果。

分析中的共變因子取 GENDER、AGE、CHEMO、RT、SMOKING，其中 CHEMO 表示化療，RT 表示放療。表 11-3 的 Cox 迴歸分析中的基線條件是 GENDER＝Female，AGE＝平均年齡，CHEMO＝無，RT＝無，SMOKING＝有， 結果顯示：除了 CHEMO 及 GENDER 因子統計上不顯著外，其餘因子都顯著。此外，係數估計值顯示 RT（yes）及 AGE 是風險因素外，其餘顯著的因子都是保護的因子。圖 11-4 的結果則顯示：在**共變因子調整**（covariate-adjusted）後，未接受放療病人的存活率比接受放療病人的存活率高。共變因子調整後接受（或未接受）放療病人的存活曲線是指在 Cox 比率風險模型下計算的存活曲線，計算時除了

表 11-3 Cox 迴歸分析

變數名稱 variable	係數估計值 coef. esti.	標準差 std. err.	z 檢定統計量 p statistic	p 值 p-value	估計值的指數（風險比例） Exp（coef.） (Hazard Ratio)	Exp（coef.）的 95% 信賴區間 下界 lower	Exp（coef.）的 95% 信賴區間 上界 upper
AGE	0.0229	0.0056	4.0589	<1e-04	1.0231	1.0119	1.0345
GENDER (Male)	0.2096	0.118	1.7758	0.0758	1.2332	0.9785	1.5541
CHEMO (Yes)	−0.0139	0.1589	−0.0874	0.9303	0.9862	0.7223	1.3465
RT (Yes)	0.3903	0.1725	2.2625	0.0237	1.4774	1.0536	2.0718
SMOKING (Never smoked)	−0.5702	0.2522	−2.2611	0.0238	0.5654	0.3449	0.9269
SMOKING (Smoked in the past)	−0.5766	0.2028	−2.8427	0.0045	0.5618	0.3775	0.8361

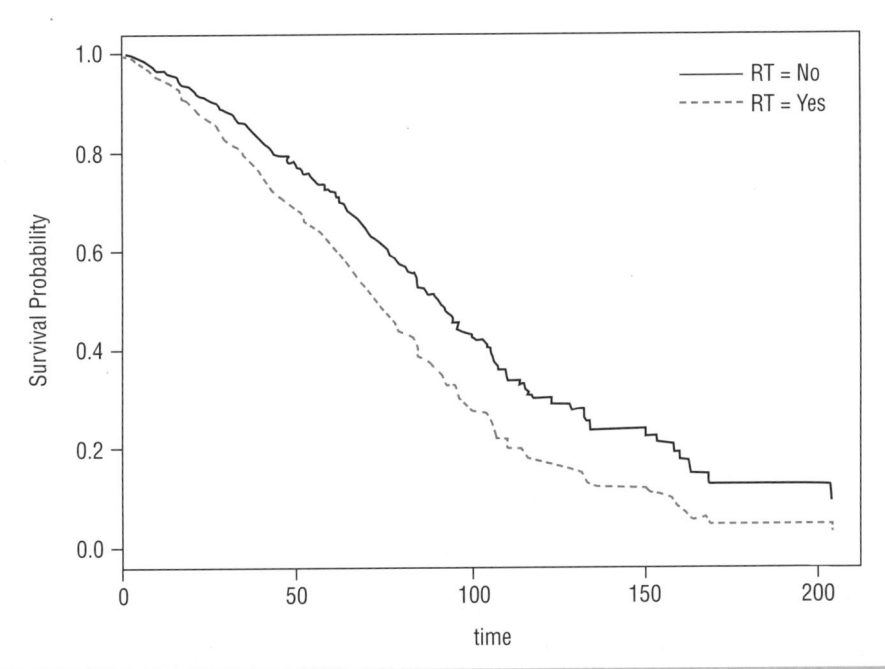

圖 11-4 控制共變因子後，接受放療（RT＝Yes）及未接受放療（RT＝No）病人的存活曲線

RT 取 1 或 0 分別代表接受放療或未接受放療外，其餘共變因子的值皆取「平均數」。表示是在調整 RT 以外的共變因子於平均數的水準情況下，所計算出來的存活曲線。調整的水準不一定要取平均數，也可以取中位數或其他研究人員認為合適的數，只要有代表性或有意義即可。給定任何要調整的共變因水準，**R-web** 都可以提供存活曲線的計算，使用者可選擇使用。

進階閱讀 ▶▶▶

風險比

我們若要較深入探討存活分析基礎的話，應該更深入的認識甚麼是風險比。在正式的討論風險比之前我們必須先定義**風險率函數**（hazard rate function）：

$$h(t) = P(t < T \leq t + \Delta t | t < T)/\Delta t$$

Δt 是我們在存活研究中所使用的時間單位。因此，$\Delta t = 1$ 時，在 t 時的風險率就是代表已經存活 t 時的病人，在下一個時間點「死亡」的機率；風險率可能會隨著時間而改變，是時間的函數。對連續型的時間資料而言，我們經常考量極小的 $\Delta t \to 0$，這種情況下，$h(t)$ 可以改寫成 $h(t) = f(t)/S(t)$，$f(t)$ 是對應於 $S(t)$ 的機率密度函數。我們也可以改寫存活函數 $S(t)$ 為風險率的函數：

$$S(t) = e^{-\int_0^t h(z)dz}$$

因此可以看出，風險率越小存活機會越大。

風險比是二個風險率函數的比率，因此也是時間的函數。定義在 x_1, x_2 條件下的風險率函數寫成 $h(t|x_1, x_2)$，則因子條件 x_1, x_2 的話，病人相對於基線病人 $x_1 = 0, x_2 = 0$ 的風險比定義為

$$HR(t|x_1, x_2) = h(t|x_1, x_2) \div h(t|x_1 = 0, x_2 = 0) \text{。}$$

Cox 的比率風險模型假設

$$\log HR(t|x_1, x_2) = \beta_1 x_1 + \beta_2 x_2 \text{；}$$

因此雖然個別的風險率是時間的函數，但 Cox 模型假設風險比僅受因子影響，不受時間影響，這也是我們為何稱 Cox 模型為比率風險模型的原由。因為

$$S_0(t) = S(t|x_1 = 0, x_2 = 0) = e^{-\int_0^t h(z|x_1=0, x_2=0)dz},$$

所以我們可得以下的關係式：

$$S(t|x_1, x_2) = e^{-\int_0^t h(z|x_1, x_2)dz} = \left\{ e^{-\int_0^t h(z|x_1=0, x_2=0)dz} \right\}^{e^{\beta_1 x_1 + \beta_2 x_2}} = S_0(t)^{e^{\beta_1 x_1 + \beta_2 x_2}}$$

這個關係式告訴我們風險比係數是如何影響不同因子條件下存活曲線的計算。

如何檢驗比率風險模型是否合適？

由上面的關係式得知：比率風險模型假設因子條件 x_1, x_2 下的存活函數 $S(t|x_1, x_2)$ 和基線條件 $(x_1 = 0, x_2 = 0)$ 下的存活函數 $S_0(t)$ 必須滿足：

$$\log\{-\log S(t|x_1, x_2)\} - \log\{-\log S_0(t)\} = \beta_1 x_1 + \beta_2 x_2$$

因此我們可以在基線條件和因子條件 x_1, x_2 下分別用 Kaplan-Meier 方法計算存活率 $\widehat{S}_{KM}(t_i|x_1, x_2)$ 及 $\widehat{S}_{0, KM}(t_i)$；$t_1 < t_2 < \cdots < t_m$ 是資料中所有觀察到的由小排到大的存活（非設限）資料。若 Cox 比率風險模型是正確的話，則任何的因子條件 x_1, x_2 下：

$$(t_i, \log\{-\log \widehat{S}_{KM}(t_i|x_1, x_2)\} - \log\{-\log \widehat{S}_{0, KM}(t_i)\})\text{，}$$

其中 $i = 1, ..., m$，的二維散佈圖應該像一條水平線。因此檢視以上的二

維散佈圖，皮爾生相關係數是否為零，或檢定簡單線性迴歸的係數是否為零等方法，經常被用來檢驗比率風險模型是否合適。另外，比較複雜的檢測方法是應用 Schoenfeld 殘差和時間或 log（時間）等去畫散佈圖做適合度的檢測，這種方法就連因子 x_1, x_2 是連續型的資料也可以應用。

分層比率風險模型

基線條件（$x_1 = 0, x_2 = 0$）下的風險率函數通常寫成 $h_0(t) = h(t|x_1 = 0, x_2 = 0)$，而在一般因子條件 x_1, x_2 下且比率風險模型基本上假設是正確的話，則風險率函數 $h(t|x_1, x_2)$ 滿足

$$h(t|x_1, x_2) = h_0(t) e^{\beta_1 x_1 + \beta_2 x_2} \text{。}$$

若是針對 x_1 比率風險模型是正確，但針對 x_2 比率風險模型不正確，則 $h(t|x_1, x_2)$ 經常可以用

$$h(t|x_1, x_2) = h_0(t) e^{\beta_1 x_1 + \beta_2(t) x_2}$$

來表達，在此顯示：x_1 的風險比是固定常數，x_2 的風險比是隨時間變化而改變。$h(t|x_1, x_2)$ 又可以寫成

$$h(t|x_1, x_2) = h_0(t) e^{\beta_2(t) x_2} e^{\beta_1 x_1} = h_0(t|x_2) e^{\beta_1 x_1} \text{。}$$

因此，在固定的 x_1 分層變數下，x_1 滿足比率風險模型，但在不同的 x_2 分層變數下，基線風險率函數 $h_0(t|x_2)$ 不相同，其自身針對 x_2 也不滿足比率風險模型的條件。這種模型稱為分層比率風險模型。

分層比率風險模型的分析中，各種分層基線風險率函數需要分別估計，這種處理和比率風險模型的分析中僅須估計一種基線風險率函數的情形大不相同。資料少的時候估計分層基線風險率函數較不準，但針對風險比 β_1 的估計和檢定則不受影響。因此，分析時分層變數若是為連續變數的話，要先將變數改成種類少的類別變數且每類中的資料相似，之後再分析。R-web 提供分層比率風險模型的分析計算。

R-web

下面將肺癌病人存活研究的資料檔上傳到 www.r-web.com.tw 後，以點選方式選用路徑：「→分析方法→存活分析→Cox 比率風險模型→步驟一（資料匯入）：使用個人資料檔→步驟二（參數設定）：選擇變數：時間變數：SURVIVAL_MONTHS；事件變數：Vital Status；共變數：AGE，CHEMO，RT 進階選項：分層變數：GENDER，選擇信賴區間計算方法：log-log 轉換，繪製存活函數圖（共變數值＝平均數）開始分析」，得到表 11-4 分層比率風險模型的分析結果。

由圖 11-5 的結果來看，在具相同的共變因子的情境下，女性病人前五年的存活率和男性病人約略相同；之後，男性的存活情形較好，男女的風險率函數也似乎滿足比率風險模型的條件。這個結果當然必須用適當的統計方法來檢定，但初步的分析顯示，男女性別的風險比於前五年可能是等於 1，後五年則可能變成小於 1，風險比是隨時間變化（time-dependent hazard ratio）的。

表 11-4 以性別分層的 Cox 模型分析

變數名稱 variable	係數估計值 coef. esti.	標準差 std. err.	z 檢定統計量 z statistic	p 值 p-value	估計值的指數（風險比例）Exp（coef.）（Hazard Ratio）	Exp（coef.）的 95% 信賴區間 下界 lower	上界 upper
AGE	0.0242	0.0058	4.189	<1e-04	1.0245	1.0129	1.0361
CHEMO (Yes)	−0.002	0.1592	−0.0127	0.9899	0.998	0.7305	1.3634
RT (Yes)	0.3821	0.1726	2.2136	0.0269	1.4654	1.0448	2.0554
SMOKING (Never smoked)	−0.559	0.2533	−2.2069	0.0273	0.5718	0.348	0.9394
SMOKING (Smoked in the past)	−0.5552	0.204	−2.7212	0.0065	0.574	0.3848	0.8562

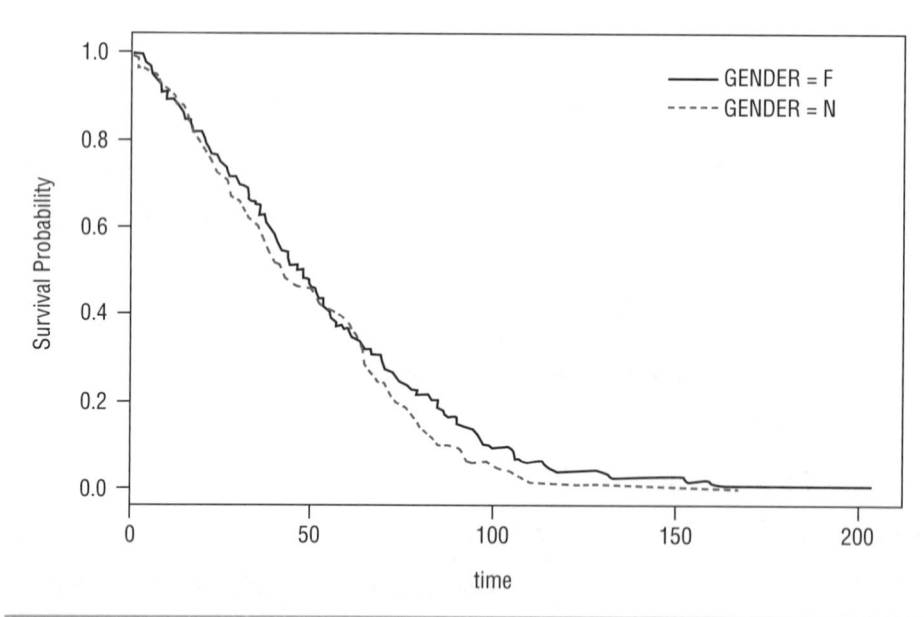

圖 11-5　以性別分層且調整共變因子後的存活曲線

隨時間變化的共變數

　　存活資料的分析中，共變數經常不會隨時間的變化而改變，每一個病人的共變數數值都是固定值且都在進入研究時就確定。但是，我們也經常發現有時有些共變數的數值會隨時間的變化而改變。例如在一個**世代研究（cohort study）**中，肝癌病人存活的資料是否使用「A 藥」的共變數，某病人進入研究的前一個月開始用藥，因此研究記錄為「用藥」，但是進入研究一個月之後到研究結束之前僅有一半時間用藥；另外有一位病人進入研究前都未用藥，因此研究記錄為「未用藥」，但是進入研究一個月之後到研究結束時也僅有一半時間不用藥。因為大部分的存活研究都是世代研究，不是嚴格的臨床實驗研究，因此無法要求病人維持同樣的用藥規範；這個例子中若是第一位病人的共變數值為「用藥」，或第二位病人的共變數值為「未用藥」，都不是最合適的作法。我們建議使用**隨時間變化（time-dependent）**的共變數 $x(t)$，在每時間點上記錄用藥情形，同樣應用 Cox 模型的分析方法來分析**隨時間變化的共變數**效應。

　　使用隨時間變化的共變數來作存活預測經常會比使用研究開始時記

錄的共變數有效，但隨時間記錄共變數數值的工程浩大，尤其是資料量大的世代研究時更是難處理。在這種情形下，生物統計及流病學家建議使用**嵌入型病例對照的研究法**（nested case-control study，即病例對照研究嵌入世代研究之中）來分析變數的效應。

介紹嵌入型病例對照的研究法之前，我們必須先介紹 Cox 模型分析時必要計算的涉險集合 $\Re(t_i)$：假設 $t_1 < t_2 < \cdots < t_m$ 是資料中所有觀察到的由小排到大的存活（非設限）資料，t_i 時間點前扣除掉已死掉或已失聯無法持續觀察的病人，其餘尚停留在觀察的病人我們稱為**涉險中**（at risk），這些涉險中的病人所構成的集合定義為涉險集合 $\Re(t_i)$。Cox 模型分析 β_1 及 β_2 時使用**部分概似**（partial likelihood）函數

$$l(\beta_1, \beta_2) = \prod_{i=1}^{m} \frac{e^{\beta_1 x_{1i} + \beta_2 x_{2i}}}{\sum_{j \in \Re(t_i)} e^{\beta_1 x_{1j} + \beta_2 x_{2j}}}$$

作估計（最大概似估計法），檢定（概似比檢定法）及計算估計誤差的基礎；x_{1i} 和 x_{2i} 均是對應於病人的共變數數值。在大的世代研究中涉險集合通常很大，計算**部分概似函數**時每個涉險病人的共變數數值都要記錄，記錄隨時間變化的共變數更是費時，*嵌入型病例對照的研究法*建議可以使用小一點的涉險集合 $\Re^*(t_i)$ 即可：針對每一個 t_i，$\Re^*(t_i)$ 的集合僅包括從 $\Re(t_i)$ 中隨機選出的 $n_c + 1$ 病人，其中必須含在 t_i 時間點上死亡的一個病人（case）及 n_c 個涉險但在 t_i 時間點上仍未死亡的病人（controls）。注意，**降量的涉險集合**（reduced size risk set）$\Re^*(t_i)$ 必須隨機選取不受共變數影響，同時同一個病人允許出現在一個以上的「降量涉險集合」中。分析指出使用涉險集合 $\Re(t_i)$ 計算部分概似函數後估計 β_1 及 β_2 所產生的估計誤差較使用降量涉險集合 $\Re^*(t_i)$ 者要小，但他們的誤差比值約為

$$\sqrt{1 + \frac{1}{n_c}} \ 。$$

因此，選取 $n_c = 5$ 時通常就會使誤差比接近 1；顯示使用嵌入型病例對照的研究法可以減低大量的工作又不降低分析的品質。只是，降量涉險集合是隨機選取，每人選取的結果可能不同，所以每人獨立分析的結果可能數字有些許差異。

使用隨時間變化的共變數另有一種重要的應用。以圖 11-5 的存活曲線為例，我們討論發現這二條存活曲線在研究時間的前五年和五年後的風險比值不同。為建立合理的風險模型以供分析，我們可以定義一個新的隨時間變化的共變數，$I_t(5\ \text{年}) = 0$，若 $t \leq 5$ 年；$I_t(5\ \text{年}) = 1$，若 $t > 5$ 年，則風險比模型

$$\log HR(t|x_1, x_2) = \beta_1 x_1 + \beta_2 x_2 + \gamma I_t(5\ \text{年}) x_2 = \beta_1 x_1 + (\beta_2 + \gamma I_t(5\ \text{年})) x_2$$

這是一種包含會隨時間變化之共變數的 Cox 模型，也是一種包含會隨時間變化之風險比的 Cox 模型；x_2 的風險比在研究期程的前五年為 β_2，五年以後的風險比變成 $\beta_2 + \gamma$。這種交互作用的模型顯示所對應的存活曲線有可能會交叉。另外，使用這種模型檢定 γ 是否等於零，也可以用來檢定 x_2 是否滿足比率風險的條件。

設限

存活資料產生**設限**（censoring）或資料不完整的原因很多種，有時和觀察的事件定義有關。以肺癌病人研究存活的時間為例，有時我們想研究診斷肺癌到死亡這段存活時間的行為，有時我們則想研究診斷肺癌到因肺癌死亡這段存活時間的行為。以前者為例，觀察到死亡的時間通常就是觀察到完整的存活資料。若是以後者來看，觀察到死亡的時間而且知道死亡的主因是肺癌的話，則就是觀察到完整的存活資料；若是死亡的主因是胰臟癌的話，則觀察資料就是設限資料。由於年紀大的病人容易死亡，存活時間一般較短，而且死亡主因不是肺癌的情形相當普遍，導致肺癌死亡的研究裡，存活時間較短的病人容易發生設限的現象。這種現象會使得存活曲線有被高估的可能，而這種設限經常被稱為**具資訊性的設限**（informative censoring）。具資訊性的設限表示病人存活資料的設限和存活資料本身有關。若是病人存活資料的設限和存活資

料本身無關，我們稱這種設限為**隨機設限**（random censoring）。存活資料的分析中必須假設隨機設限的條件是滿足的，否則分析會產生偏差。因此，肺癌死亡的研究要小心處理，我們建議使用分層分析，將年齡分層使得層內存活資料的設限和存活資料本身無關。假如分層的變數（或任何會產生資訊性設限的因子）已在分析的模型中成為共變數，而且推論的方法如同 Cox 模型的分析一樣，假設共變數非隨機，只有時間變數是隨機，稱為是**條件式的推論法**（conditional inference），則我們可以相當放心分析的結論，具資訊性的設限結果不會影響分析的正確性。

● Cox 迴歸模型 vs. 卜瓦松迴歸模型

在世代研究中**卜瓦松迴歸模型**的分析方法也經常被用來分析存活資料。在一個肺癌病人存活時間的五年研究中，有 1,000 個病人在不同時間點進入研究，假設在共變數值為 x_1, x_2 的情況下每年每人的死亡**發生率**（incidence rate）為 $\lambda(x_1, x_2)$。另外，同時算入設限及存活的資料後，滿足 x_1, x_2 條件的人在研究期間共被觀察了 $n(x_1, x_2)$ 人-年，發現有 y 個肺癌病人死亡。卜瓦松分配的假設下，y 滿足卜瓦松分配的條件但平均數為

$$\mu(x_1, x_2) = n(x_1, x_2) \times \lambda(x_1, x_2) \text{。}$$

若卜瓦松迴歸模型假設

$$\log \lambda(x_1, x_2) = \beta_0 + \beta_1 x_1 + \beta_2 x_2$$

則

$$\log \mu(x_1, x_2) = \beta_0 + \beta_1 x_1 + \beta_2 x_2 + \log n(x_1, x_2)$$

或

$$\mu(x_1, x_2) = n(x_1, x_2) \exp\{\beta_0 + \beta_1 x_1 + \beta_2 x_2\} \text{；}$$

$\log n(x_1, x_2)$ 被稱為是卜瓦松迴歸模型分析中的一個「**補償**（offset）」（見第九章卜瓦松迴歸的討論），也可看成是另一個共變數，係數值已知為 1，不需要再估計。卜瓦松迴歸模型的假設：

$$\lambda(x_1, x_2) = \beta_0 \exp\{\beta_1 x_1 + \beta_2 x_2\}，$$

其中 e^{β_0} 為基線下的死亡率，e^{β_1} 稱為在控制共變數 x_2 下，$x_1 = 1$ 族群相對於 $x_1 = 0$ 族群的死亡發生率比；或簡稱為 x_1 的**發生率比**（incidence rate ratio, IRR）為 e^{β_1}。e^{β_1} 在 Cox 迴歸模型中稱為 x_1 的風險比，二者間有許多相似之處，但 Cox 迴歸模型的基線風險率是未知的風險率函數，不是常數。此外，y 是計數變數，其機率分配特別要求為卜瓦松分配（卜瓦松分配的特徵之一是期望值及變異數要求相同，存活資料不一定滿足這個條件）；相對的，Cox 迴歸模型分析中資料的機率分配可以為任意分配，沒有限制。最後，上面卜瓦松迴歸模型中對應於共變數的發生率比雖然假設必須是固定常數，但我們也可以比照 Cox 迴歸模型中的做法，用「時間」定義一個合適的共變數，然後利用交互作用的方法去產生一個「能隨時間變化的發生率比」，這種作法會使卜瓦松迴歸模型的應用更有彈性。

Log-rank 檢定 vs. Generalized Wilcoxon 檢定

我們在前面介紹比較兩個或兩個以上存活函數的檢定方法，包括仰賴應用Cox 迴歸模型分析的方法（model-based）及不必使用迴歸模型的 Log-rank，Gehan-Wilcoxon，Peto-Wilcoxon 檢定方法（model-free）。基本上，後面這些不必仰賴迴歸模型分析的方法原理和前面介紹的 **Cochran-Mantel-Haenszel** 檢定方法原理類似，也可以稱為加權 Cochran-Mantel-Haenszel 檢定方法。我們以男性（Gender = 1）和女性（Gender = 0）肺癌病人存活時間的差異比較為例解釋原理。$t_1 < t_2 < \cdots < t_m$ 是資料中所有觀察到的由小排到大的存活（非設限）資料，涉險集合 $\Re(t_i)$ 中有 n_i 個肺癌病人是在 t_i 時間點前仍然被認定存留在實驗研究（cohort）觀察的個體總數目，d_i 則是 t_i 時間點上死亡的個體總數目。n_i 個「涉險」人中屬於女性（男性）的人數有 n_{0i}（n_{1i}）人，t_i 時點上死亡的女性（男性）個體總數目為 d_{0i}（d_{1i}）人。定義

$$v_{1i} = n_{1i}n_{0i}d_i(n_i - d_i)/n_i^2(n_i - 1) \qquad 及 \qquad e_{1i} = n_{1i}d_i/n_i$$

則加權 Cochran-Mantel-Haenszel 檢定統計量定義為：

$$T = [\sum_{i=1}^{m} w_i(d_{1i} - e_{1i})]^2 / \sum_{i=1}^{m} w_i^2 v_{1i},$$

w_i 是檢定時我們挑的權數，$w_i = 1$ 時，T 檢定稱為 log-rank 檢定，$w_i = n_i$ 時，T 檢定稱為 Gehan-Wilcoxon（或稱 Gehan-Breslow）檢定，$w_i = \hat{S}(t_i)$，（$\hat{S}(t_i)$ 和 Kaplan-Meier 估計 $\hat{S}_{KM}(t_i)$ 相似，$\hat{S}_{KM}(t_i)$ 公式中 $(n_i - d_i)/n_i$ 換成 $(n_i - d_i + 1)/(n_i + 1)$ 即可）時 T 檢定稱為 Peto-Wilcoxon（或稱 Peto-Peto-Prentice）檢定。理論上，

$$\sum_{i=1}^{m} d_{1i} \quad \text{及} \quad \sum_{i=1}^{m} e_{1i}$$

此兩值同時「大」，且男性和女性中發生設限資料的模式（censoring pattern）類似的條件成立時，則在存活函數無差異的情況下（虛無假設），T 統計量的樣本分配函數為自由度 1 的卡方分配，因此 p 值的計算是

$$p \text{ 值} = P(\chi^2(1) \geq T),$$

可以用來決定存活函數是否有差異。

在實務的應用上，我們應該選用什麼方法檢定存活函數的差異？從不同權數的選用來分析，Generalized Wilcoxon 的方法在觀察存活的前期使用較重的權數值，存活後期的權數值相對較輕；log-rank 檢定則是存活後期的權數值「相對」的比較大。因此，若是存活函數的差異有可能是發生在存活前期的話，我們通常會使用 Gehan-Wilcoxon 或 Peto-Wilcoxon 檢定方法；但 Gehan-Wilcoxon 檢定方法的權數受設限資料的影響較深，所以當男性和女性設限資料的模式有明顯的不同時，這種檢定的檢定力或型 I 誤差都會受到相當程度的影響，相較之下，Peto-Wilcoxon 檢定方法受設限資料模式差異的影響較小。

在檢定存活函數的差異時，log-rank 檢定是最常被使用的方法，特別是當存活函數的差異有可能是發在存活的後期時，log-rank 的檢定力相對

較大。理論可以證明，當男性和女性的風險比是常數和時間無關時（即滿足比率風險模型的條件），則 log-rank 檢定法的檢定力最高。存活函數差異的檢定也有調整干擾因子的作法。以男性和女性肺癌病人存活時間的差異在調整年齡後的比較為例，假設第 k 年齡層有如前定義的 $d_{1i}^{(k)}$，$e_{1i}^{(k)}$ 及 $v_{1i}^{(k)}$，則調整干擾因子的作法可使用**分層 log-rank 檢定統計量**

$$T = [\sum_k \sum_i (d_{1i}^{(k)} - e_{1i}^{(k)})]^2 / \sum_k \sum_i v_{1i}^{(k)}$$

並用自由度 1 的卡方分配計算 p 值。

關鍵字

時間變數	風險因子
存活時間	保護因子
設限	交互作用
Kaplan-Meier 估計	分層比率風險模型
Greenwood 公式	隨時間變化的共變數
信賴帶	部分概似函數
Log-Rank 檢定	嵌入型病例對照的研究法
Gehan-Wilcoxon 檢定	隨機設限
Peto-Wilcoxon 檢定	卜瓦松迴歸
Cox 比率風險模型	Cochran- Mantel-Haenszel 檢定
風險比	分層 log-rank 檢定

參考資料

1. Mantel, Nathan (1966). "Evaluation of survival data and two new rank order statistics arising in its consideration." *Cancer Chemotherapy Reports* **50** (3): 163–70.

2. Peto, Richard and Peto, Julian (1972). "Asymptotically Efficient Rank Invariant Test Procedures". *Journal of the Royal Statistical Society, Series A* (Blackwell Publishing) **135** (2): 185–207.

3. Harrington, David (2005). "Linear Rank Tests in Survival Analysis". *Encyclopedia of Biostatistics*. Wiley Interscience.

4. Schoenfeld, D (1981). "The asymptotic properties of nonparametric tests for comparing survival distributions". *Biometrika* **68**: 316–319.

5. Berty, H. P.: Shi, H.: Lyons-Weiler, J. (2010)."Determining the statistical significance of survivorship prediction models". *J Eval Clin Pract* **16** (1): 155–165.

6. Breslow, N. E. (1975). "Analysis of Survival Data under the Proportional Hazards Model". *International Statistical Review / Revue Internationale de Statistique* **43** (1): 45–57.

7. Cox, David R (1972). "Regression Models and Life-Tables". *Journal of the Royal Statistical Society, Series B* **34**(2): 187–220.

8. Reid, N. (1994). "A Conversation with Sir David Cox". *Statistical Science* **9** (3): 439–455..

9. Cox, D. R. (1997). "Some remarks on the analysis of survival data". The First Seattle Symposium of Biostatistics: Survival Analysis.

10. Efron, Bradley (1974). "The Efficiency of Cox's Likelihood Function for Censored Data". *Journal of the American Statistical Association* **72** (359): 557–565.

11. Andersen, P.: Gill, R. (1982). "Cox's regression model for counting processes, a large sample study.". *Annals of Statistics* **10** (4): 1100–1120.

12. Martinussen & Scheike (2006) *Dynamic Regression Models for Survival Data* (Springer).

13. Bender, R., Augustin, T. and Blettner, M. (2006). *Generating survival times to simulate Cox proportional hazards models,* Statistics in Medicine 2005; 24:1713–1723.

14. Nan Laird and Donald Olivier (1981). "Covariance Analysis of Censored Survival Data Using Log-Linear Analysis Techniques". *Journal of the American Statistical Association* **76** (374): 231–240.

15. P. McCullagh and J. A. Nelder (2000). "Chapter 13: Models for Survival Data". *Generalized Linear Models* (Second ed.). Boca Raton, Florida: Chapman & Hall/CRC.

資料檔名

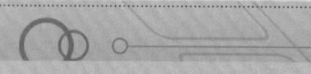

本章節分析資料檔，請參照 http://www.r-web.com.tw/publish 的資料檔選單，資料檔名為 lung_cancer_study

作業

使用 lung_cancer_study 資料檔回答下列問題：

1. 計算肺癌病人中接受化療（CHEMO＝1）的存活曲線的 Kaplan-Meier 估計及圖。

2. 接第 1 題，使用 Log-log 轉換及 log 轉換分別計算存活曲線估計中每點的 95% 信賴區間，並比較差異？

3. 接第 1 題，計算存活曲線的中位數及 $\frac{1}{4}$ 及 $\frac{3}{4}$ 分位數？

4. 接第 1～3 題，計算肺癌病人中接受放療（RT＝1）的存活表現，並檢定「僅」接受放療和僅接受化療病人間存活的差異。

5. 將復發（relapse）到死亡時間當成「存活時間」，使用 Cox 模型：
   I. 做單一變數的分析，探討年齡（「年齡減年齡中位數」當做年齡變數），性別、抽菸、化療、T-stage 是否為風險因子？風險比各為多少？95% 信賴區間？
   II. 使用上述因子作多變量分析，並做出結論。
   III. 以性別做分層分析並給出結論。

Chapter 12

檢定力及樣本數

在第一章已討論到蒐集母體資料有其困難性，通常會利用蒐集部分的母體資料以推論母體的性質，由於**資料樣本數**（sample size）關係到調查所需要的時間與成本，多少樣本數才能提供足夠的證據以推論母體特徵是在研究調查執行前需要先擬定的策略，以節省研究資源。在新藥的臨床試驗研究中，樣本數就非常重要，會影響到研究蒐集資料的時間，適當的樣本數可以減少蒐集的時間，並加速新藥上市時間，以便盡早造福病人，但是樣本數太少可能無法提供足夠證據以證明該藥的效果，有可能造成病人的傷害，因此樣本數的計算在研究調查執行前扮演一個很重要的角色。在台灣，**新藥臨床試驗**（investigational new drug, IND）申請的審查也會針對臨床試驗的樣本數估算有所規範，以下為財團法人藥品查驗中心對臨床試驗樣本數估算的審查重點說明：

「試驗針對不同的研究目標，將有不同的樣本數考量。一般而言，第一期臨床試驗並不要求樣本數的估計，惟計畫書應說明最多會收納多少受試者，且須符合國內法規需求（例如：藥動試驗須至少 12 人）。第二期試驗如為早期探索性臨床試驗，除了治療具生命威脅性（例如癌症）之適應症外，通常無需從事樣本數的估計。惟第二期試驗如果主要目的在瞭解劑量反應關係及決定最低有效劑量，則宜從事樣本數的估計。主要考量為是否提供足夠檢定力檢測劑量與反應是否正相關（斜率 >0）。而第三期療效確認性臨床試驗，則須針對試驗樣本數的決定有所辯明。法規統計審查的考量包括：是否根據主要療效指標參數值來估

算;所使用的參數值是否具有文獻根據;用於估算的統計假說,是否根據試驗目的與臨床假說訂定;統計假說所檢測的療效大小,是否為可達到的且具臨床意義;用於估計之統計方法是否適當;及是否有足夠檢定力來偵測所宣稱的療效等。」(http://www2.cde.org.tw/FAQ/IND/Pages/%E7%B5%B1%E8%A8%88.aspx)

以上說明顯示樣本數估算較多發生在第三期療效確認性臨床試驗,其中提到的「療效指標」可以是治療前後的血壓差或變化的百分比、治療成功與否、存活時間、問卷量表的分數等等,但是必須事先明確定義,因此會有不同型態的資料在調查結束後需要分析,而在前面幾章已經介紹到不同的資料型態會有不同的統計分析方法,這也是為什麼審查重點會強調「估計之統計方法是否適當」,由此可見樣本數計算會依統計方法不同有所差異,這一章將介紹基本的樣本數計算概念以及常見的樣本數計算方法。另外,審查重點中的「療效指標參數」、「**療效大小（effect size）**」、「**檢定力**」是計算樣本數的重要依據,還有一個沒有明確寫出來的顯著水準,其實是隱含在統計假說檢定裡,這些影響因素不僅侷限於臨床試驗,可以推廣到所有的研究調查中。通常會在研究中看到如下的陳述:

統計的方法是使用 Small Stata 8.0 統計軟體,對於連續變項是以「平均數±標準差」來表示,並以**學生氏 *t* 試驗**(student's t-test)作統計分析。對於不連續變項則以**卡方檢定**(chi-square test)來分析。如果 *p* 值小於 0.05 則視為統計上有明顯的差異。根據我們之前未發表的研究,我們預期深度麻醉組術後噁心嘔吐的發生率為 66%,而適度麻醉組預期可以減少一半的術後噁心嘔吐。若設定第一型錯誤（α error）為 5%,統計**檢定力**（power）為 80% 的條件下,每組樣本數只要 28 就足以符合統計學的要求。(摘錄自輔仁醫學期刊第 12 卷第 1 期曾祥建等人著作增加 Sevoflurane 麻醉的深度並未增加婦科手術患者術後噁心嘔吐的發生率)。

其中療效指標為噁心嘔吐的發生率,雖然沒有文獻參考值但是作者選擇過去研究經驗設定參數值為 66%,並且以「預期可以減少一半的術後」為所宣稱的療效,另外設定檢定力為 80% 且顯著水準為 0.05,由這

些設定計算出所需的樣本數為 28。

檢定力與樣本數

在介紹**樣本數**計算前，首先讓大家了解樣本數在假設檢定中的角色。已知假設檢定是在虛無假設和對立假設中做決策，因此可能會造成型一或型二錯誤，當無心血管疾病的人收縮壓平均數為 122（虛無假設）、標準差為 20，如欲蒐集資料以了解有心血疾病者是否會有較高的收縮壓，且預期平均數會是 142（對立假設）且標準差已知為 20，可知道隨機抽樣的樣本數（n）分別為 1、5、10 的虛無假設與對立假設為真時的樣本平均數的機率分配如圖 12-1，當顯著水準設定為 0.05 時（淺灰色區塊面積），可以計算出右尾檢定臨界值分別為 154.90、136.71、132.40（圖中垂直線部分），進而得到此檢定的型二錯誤機率（深灰色區塊面積）分別為 0.74、0.28、0.06。在圖 12-1 的上圖顯示當樣本數等於 1 時，如果要降低型二錯誤時，必須將檢定臨界值往左移，會導致型一錯誤增加不再維持原始的顯著水準，反之亦然，因此可以發現在假設檢定中沒辦法同時控制型一與型二錯誤。在統計學上會固定顯著水準即容許的型一錯誤，以了解型二錯誤的變化，在圖 12-1 中顯示在相同顯著水準 0.05 之下，隨著樣本數的增加使得分配更集中（變異數變小），雖然會造成臨界值愈靠近虛無假設，但是型二錯誤率仍會變小。此外，型二錯誤也會受對立假設的影響，如果對立假設離虛無假設愈遠，表示兩個假設愈容易辨別以做決策，型二錯誤就會隨著下降，即圖 12-1 中的對立假設分配往右偏移使得深灰色面積變小，檢定力會隨著上升，此關係如圖 12-2，而且可以發現樣本數愈大者整體的檢定力會比樣本數小的大，但是隨著樣本數的增加，檢定力的改善會愈來愈少，樣本數為 10 和 20 的檢定力曲線就相當接近，因此在決定樣本數的時候，不會無限制的追求提高檢定力，同時要考量蒐集樣本數的可行性，通常會以達到設定的檢定力水準時最小的樣本數為執行目標。

總結來說，給定顯著水準時，樣本數、對立假設與虛無假設的相對關係會同時影響檢定力，其中虛無假設和對立假設的相對關係即是審查重點中所提的具有臨床意義的療效，樣本數可藉由這樣子的關係估算出

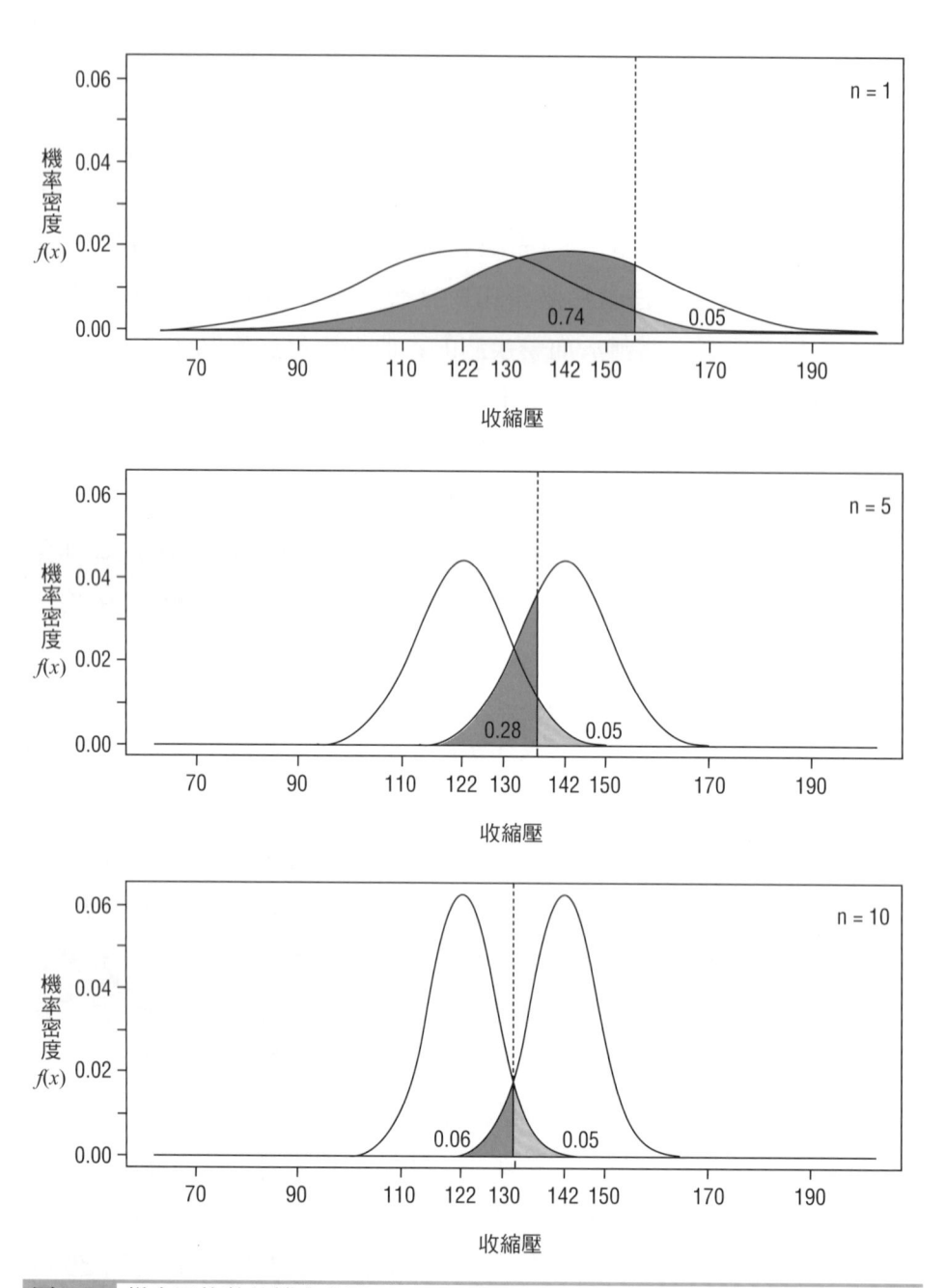

圖 12-1 樣本平均數的機率分配

來。雖然顯著水準是給定的，但是在不同的調查研究會作調整，當顯著水準變小時，使得容許的型一錯誤的變小而造成型二錯誤的上升，降低檢定力，因此如果為了維持檢定力時，必須增加樣本數的個數。通常在計算樣本數的過程中會給定顯著水準、檢定力、虛無假設與對立假設的

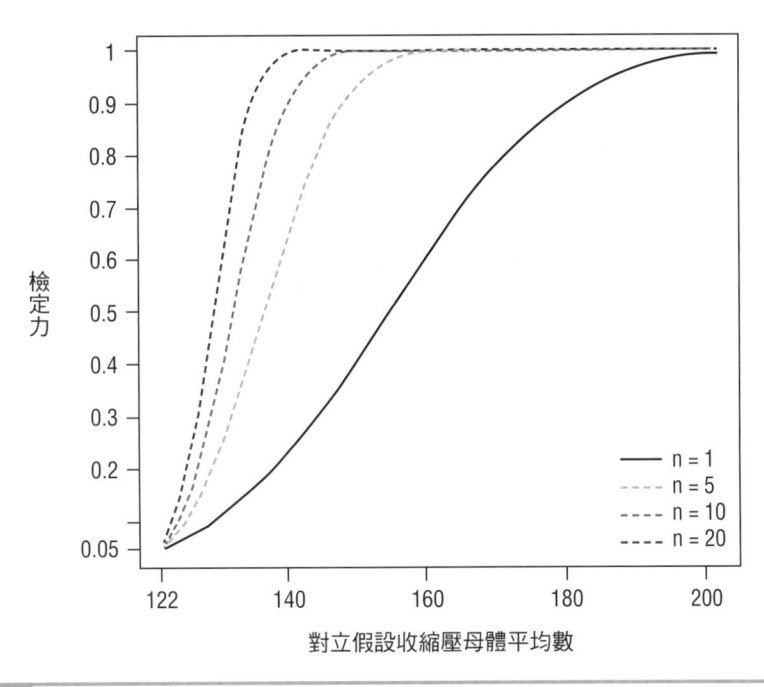

圖 12-2 檢定力曲線

關係，其中顯著水準和檢定力最廣為接受的值分別為 0.05 和 0.8，虛無假設與對立假設的相對關係就必須要有實際的意義，不可以設太大，可以從圖 12-2 中顯示如果設太大，檢定力很容易達到 1，使得這樣的研究調查沒有意義，但又不能設太小，會導致需要太多的樣本數，這也是在審查重點中會強調的可以**達到**（achieveable）且具**臨床意義**（clinical significance），前者即表示不要設定的太小使得無法達成預計的樣本數，後者則是設定太大沒有臨床意義，因此必須謹慎設定虛無假設和對立假設的內容，一般會參考類似的研究報告、先期小樣本研究結果、根據專業經驗得知具有意義的關係。

樣本平均數檢定的樣本數

首先利用已知變異數（σ^2）的單樣本平均數檢定方法介紹樣本數計算的發展步驟，延續前面收縮壓的例子，當虛無假設為真時，樣本數為 n 的樣本平均數分配為常態分配且平均數與標準差分別是 122、$20/\sqrt{n}$，若顯著水準設定為 0.05 時可以得到臨界值為

$$122 + z_{0.05} 20/\sqrt{n} = 122 + 1.65 \times 20/\sqrt{n}$$

其中 $z_{0.05}$ 為標準常態分配 0.05 分位數且可利用 R-web 計算得到 $z_{0.05} = 1.64$，若對立假設為平均數等於 142 ($H_a: \mu = 142$)，因此可以知道檢定力為

$$P(\overline{X} > 122 + 1.64 \times 20/\sqrt{n} \mid \mu = 142, \sigma = 20)$$

經由標準化可知檢定力為

$$P(\frac{\overline{X} - 142}{20/\sqrt{n}} > \frac{122 - 142}{20/\sqrt{n}} + 1.64)$$

為達到檢定力為 0.8 時，表示

$$\frac{122 - 142}{\frac{20}{\sqrt{n}}} + 1.64 = -\sqrt{n} + 1.64$$

必須小於或等於 $z_{0.8}$，由於標準常態分配是一個以 0 為對稱的分配使得 $z_{0.8} = -z_{0.2} = -0.84$，可以得知必須小於或等於 -0.84，因此樣本數 $n \geq (1.64 + 0.84)^2 = 6.15$，由於樣本數必須是整數，此時所需的樣本數最少為 7。

　　在計算過程中，可以發現影響樣本數的因素為顯著水準、檢定力以外，兩假設值的差除以標準差即 $(122 - 142)/20$ 而非兩假設的絕對差異，此數值稱為**療效大小**（effect size），又稱為效應大小。由於有時候會調整不同的顯著水準、檢定力、效應大小，此時樣本數的計算公式為：

$$n \geq \frac{(z_\alpha + z_\beta)^2}{(d/\sigma)^2},$$

其中 α 為顯著水準、$1 - \beta$ 為檢定力、d 為虛無假設和對立假設的差異。如果是雙尾檢定時，因臨界值的改變所以計算公式必須修正為：

$$n \geq \frac{(z_{\alpha/2} + z_\beta)^2}{(d/\sigma)^2},$$

前述例子的樣本數則修正為：

$$n \geq \frac{(1.96+0.84)^2}{(\frac{20}{20})^2} = 7.84。$$

所以最少必須要 8 個樣本數，必須比原來多，因為必須同時考慮雙邊的可能性，需要蒐集更多的樣本來佐證。

雙樣本檢定時，也可以利用相同的策略先求得臨界點並計算檢定力，最後再求得可以達到設定的檢定力的樣本數，但不一樣的地方在於雙樣本檢定中兩組樣本數可能不一樣，因此會先設定樣本數的比例如第一組樣本數 n_1 為第二組樣本數 n_2 的 k 倍，即 $n_1 = kn_2$，當兩組標準差已知皆為 σ 時，可以得到一組的單尾檢定樣本數為：

$$n_2 \geq \frac{(z_\alpha + z_\beta)^2(1+\frac{1}{k})}{(d/\sigma)^2}，$$

其中 d 為兩著之間的差。如欲研究有無心血管疾病兩組人的收縮壓平均數（無：μ_1；有：μ_2）是否有顯著的差異時，可以建立虛無假設為 H_0: $\mu_1 = \mu_2$ 或 H_0: $\mu_2 - \mu_1 = 0$，若已知兩組的標準差皆為 20，當顯著水準為 0.05、檢定力設定為 0.8、有心血管疾病者收縮壓平均數會大於沒有心血管疾病者 20($\mu_2 - \mu_1 = 20$)，如果兩組收到一樣多的人時（k = 1），兩組各需樣本數為：

$$n_1 = n_2 \geq \frac{(1.64+0.84)^2(1+1)}{(\frac{20}{20})^2} = 12.30，$$

各組最少需要 13 個樣本，兩組合計最少要有 26 個樣本。可以發現這個問題的樣本數計算與前面單一樣本平均數檢定很相似，但是卻需要更多的樣本，因為在前一個例子當中已知無心血管疾病的收壓縮平均數為 122，但是在雙樣本檢定時是沒有這個資訊，使得需要更多的樣本數以辨別這兩組人的平均數差是否為 20。同樣地，如果是雙尾檢定時，樣本數

計算方式必須修正為：

$$n_2 \geq \frac{(z_{\alpha/2} + z_\beta)^2 (1+\frac{1}{k})}{(d/\sigma)^2}$$

此時每一組的樣本數須更改為 16 個 ($n \geq 15.68$)。若兩組變異數已知但不相等時，則單尾檢定、雙尾檢定樣本數計算式須修改為：

$$n_2 \geq \frac{(z_\alpha + z_\beta)^2}{d^2/(\frac{\sigma_1^2}{k} + \sigma_2^2)} \ 、\ n_2 \geq \frac{(z_{\alpha/2} + z_\beta)^2}{d^2/(\frac{\sigma_1^2}{k} + \sigma_2^2)} \ 。$$

以上的介紹平均數檢定的樣本數估計方式是針對已知變異數的情形，但是有些情形會使用變異數未知的檢定方法，包含單樣本 t-檢定、成對樣本 t 檢定、雙樣本 t 檢定，而且會利用到比較複雜的計算方式但有些也沒有精確解。由於通常樣本數是大的，可以利用第二章中已提到當 t 的自由度夠大時會趨近於常態分配，因此在計算樣本數時仍可以使用前面介紹的方式計算，只是必須定義好有**療效大小**（effect size）。

● 比例檢定樣本數

最後介紹的是**比例檢定**的樣本數估計，根據在第四章的介紹，比例檢定也是一種平均數檢定，再搭配中央極限定理，使得樣本數估計可以依據前面介紹的計算方式做修改，可以得到單一樣本單尾比例檢定的樣本數為：

$$n \geq \left\{ \frac{z_\alpha \sqrt{p_0(1-p_0)} + z_\beta \sqrt{p_1(1-p_1)}}{p_1 - p_0} \right\}^2$$

其中 p_0、p_1 分別為虛無假設、對立假設為真時成功出現的機率；如欲計算雙尾檢定的樣本數僅須將 z_α 修正為 $z_{\alpha/2}$。例如人口抽樣要檢定男女是否為相同比例時，虛無假設即為男生佔一半 (H_0: $p = 0.5$)，如果虛無假設不成立時男生出現的機率為 0.6 (H_a: $p = 0.6$)，當顯著水準和檢定力分別設

定為 0.05 和 0.8 時，得知下列樣本數

$$n \geq \left\{\frac{1.64\sqrt{0.5(1-0.5)} + 0.84\sqrt{0.6(1-0.6)}}{0.6-0.5}\right\}^2 = 151.66,$$

則可以知道最少要抽樣 152 人。

在雙樣本單尾比例檢定中，若第一組樣本數 n_1 為第二組樣本數 n_2 的 k 倍時，即 $n_1 = kn_2$，可得到知道第二組的樣本數為：

$$n_2 \geq \left\{\frac{z_\alpha\sqrt{(\frac{1}{k}+1)p_1(1-p_1)} + z_\beta\sqrt{\frac{1}{k}p_1(1-p_1) + p_2(1-p_2)}}{d}\right\}^2,$$

其中 p_1、p_2 分別為第一組與第二組成功的機率且 d 為兩者的差。有一研究調查要探討有吸菸和沒有吸菸族群得心血管疾病的機率是否有顯著的差異，以了解吸菸與心血管疾病的關係，兩組人得心血管疾病的機率分別為 p_1（無）、p_2（有），又已知吸菸人口較少，資料蒐集時設定蒐集資料數沒有吸菸的人是吸菸的人的兩倍（$k = 2$），可以建立虛無假設為 H_0: $p_1 = p_2$，如果兩組有差異時 $p_1 = 0.09$ 且 $p_2 = 0.1$，當顯著水準為 0.05 且檢定力設定為 0.8 時，則樣本數

$$n_2 \geq \left\{\frac{1.64\sqrt{(\frac{1}{2}+1)0.9(1-0.09)} + 0.84\sqrt{\frac{1}{2}0.09(1-0.09) + 0.1(1-0.1)}}{0.01}\right\}^2$$

$$= 7722.73$$

得知吸菸族群需蒐集 7,723 人、沒有吸菸族群需蒐集 15,446 人，合計要蒐集 23,619 人，可以發現這樣子研究需要蒐集相當多的人數。以上兩種樣本數計算方式在雙尾檢定時須做同樣的修正，將 z_α 修正為 $z_{\alpha/2}$。

樣本數在調查研究開始前扮演一個很重要的角色，會影響到整個研

究的可行性以及資源的投入，必須謹慎小心。不只是要針對未來蒐集完資料後要分析的方法選擇樣本數計算方法，還要小心設定計算時所需要的參數，特別是專業上有意義的效果大小。

進階閱讀 ▶▶▶

● 存活分析樣本數

前一章已經介紹**存活分析**最常使用於案例對照組研究的分析方法為 **log-rank 檢定**或 **Cox 迴歸**分析，兩個方法的虛無假設為真時皆表示兩組人的存活機率分配是一樣的，但是由於 log-rank 檢定方式並沒有模型假設或稱為無母數的，以致於對立假設沒有明確的模型關係，欠缺前述的虛無假設與對立假設之間的關係，無法計算樣本數，因此在 log-rank 檢定的樣本數計算中會設定對立假設為兩組的**風險比（HR）**是常數 e^b，此設定符合 Cox 迴歸假設比例風險性質，因此這兩種檢定方法的樣本數計算方法是相同的。

當顯著水準與檢定力分別設定為 α 和 $1-\beta$ 時，可以估計雙邊檢定時所需要兩組的總事件個數

$$m \geq \frac{(z_{\alpha/2} + z_\beta)^2}{b^2 \pi (1-\pi)},$$

其中 π 為其中一組人佔全體的比例，如果預計兩組人蒐集的樣本一樣（即 $\pi = 0.5$），整體所需的事件個數最少為

$$\frac{4(z_{\alpha/2} + z_\beta)^2}{b^2},$$

但是實務上研究時間不可能無限制地追蹤到所有研究樣本都發生事件，特別是有興趣事件是死亡時，更不容易達成。因此必須針對沒有發生的事件做調整，增加樣本數使得研究期間事件發生的次數可以達到預計的樣本數 m，通常會利用研究期間發生事件的機率（假設為 d）做為調整的

基礎放大樣本數（即 $nd = m$），所以樣本數必須大於

$$\frac{(z_{\alpha/2} + z_\beta)^2}{b^2 \pi(1-\pi)d} \text{。}$$

此時，必須利用一個合適的方法估算機率 d，這裡介紹的方法是利用歷史經驗中對照組的存活分配計算以及預期的效果。首先假設所有研究**對象**（subject）在研究初期（設定為 f 年）就已經納入研究而且是平均分配在這個期間被納入，再經過額外 a 年的追蹤可以利用**辛普森法則**（Simpson's rule）估計出事件在研究期間發生的機率為：

$$d = 1 - \frac{1}{6}[\overline{S}(f) + 4\overline{S}(0.5a+f) + \overline{S}(a+f)] \text{，}$$

其中

$$\overline{S}(t) = \pi \times \overline{S}_0(t) + (1-\pi) \times [\widehat{S}_0(t)]^{e^b}$$

為時間 t 的整體平均存活機率，且 $\widehat{S}_0(t)$ 為過去研究所估算出的對照組在時間點 t 的存活機率。例如有一個雙樣本的隨機試驗（$\pi = 0.5$），欲了解一個新的治療方式時，預期效果會降低 25% 的死亡率（即 HR = 0.75），若顯著水準為 0.05 且檢定力設定為 0.8 時，所須事件數為

$$m \geq \frac{4(1.96 + 0.84)}{(\ln(0.75))^2} = 379.5 \text{，}$$

即最少需要 380 個事件在研究期間發生，此試驗設計預計在前 2 年為蒐集研究對象，並在接下來三年追蹤研究存活狀態（即 $a = 2$、$f = 3$），若過去研究估計資料顯示未接受治療者的第三、四、五年的存活率分別為 0.7、0.65、0.55，因此可以知道治療組預期的存活機率為 $0.7^{0.75} = 0.765$、$0.65^{0.75} = 0.724$、$0.55^{0.75} = 0.639$，整個研究群體在三個時間點的平均存活率為 0.733、0.687、0.595，因此可以得到研究對象在研究期間死亡的機率為

$$1 - \frac{1}{6}[0.733 + 4 \times 0.687 + 0.595] = 0.321 \text{，}$$

所以樣本數必須放大到超過 ，所以整體樣本最少需要 1,184 個。

若無過去資料或文獻可供估計對照組的存活機率以便計算研究期間發生事件的機率時，研究人員可以利用過去資料直接設定此機率。例如有一研究欲了解新治療方式是否能夠降低燒燙傷的感染，預期治療組與非治療組的風險比為 0.5 且在研究期間感染率為 0.8，若研究對象治療組與對照組預計樣本數相同，當顯著水準為 0.05 且檢定力為 0.8 時，由公式可得樣本數必須大於

$$\frac{(1.96+0.84)^2}{[\ln(0.5)]^2 \times 0.5 \times 0.5 \times 0.8} = 81.6$$

因此最少需要 82 個樣本。

關鍵字

樣本數　　　　　　　　　　　存活分析
檢定力　　　　　　　　　　　Cox 迴歸
雙樣本檢定　　　　　　　　　Log-rank 檢定
比例檢定　　　　　　　　　　風險比

參考資料

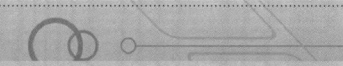

1. Beth Dawson, Robert G. Trapp (2004). *Basic & Clinical Biostatistics,* 4/E, McGraw Hill Professional.
2. David W. Hosmer, Jr., Stanley Lemeshow, Susanne May (2008). *Applied Survival Analysis: Regression Modeling of Time to Event Data,* 2nd Edition, Wiley.
3. Shein-Chung Chow, Hansheng Wang, Jun Shao (2008). *Sample Size Calculations in Clinical Research,* Second Edition, Chapman & Hall/CRC Biostatistics Series.
4. 財團法人藥品查驗中心：臨床試驗案統計審查 Q&A http://www2.cde.org.tw/FAQ/IND/Pages/%E7%B5%B1%E8%A8%88.aspx
5. 曾祥建、范守仁、陳瑞源（2014），增加 Sevoflurane 麻醉的深度並未增加婦科手術患者術後噁心嘔吐的發生率，輔仁醫學期刊，第 12 卷第 1 期。

作業

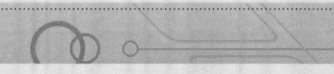

1. 一研究欲了解大台北地區 20~40 歲男性平均腰圍是否與台灣整體平均腰圍 84.7 公分一樣 (H_0: $\mu = 84.7$)，若實際上大台北地區 20~40 歲男性平均腰圍為 82 分分 (H_a: $\mu = 82$)。若已知標準差為 9 公分，當顯著水準為 0.05 時，請問單尾檢定樣本數為 5、10、20、50 的檢定力為何？請問樣本數對於檢定力的影響為何？

2. 承上題，如欲達到檢定力為 0.8 的雙尾檢定，最少需要多少樣本？

3. 研究欲檢定男女之間的平均身高差異是否為 12 公分，已知男生標準差為 5 公分，女生為 3 公分，當顯著水準為 0.05 的單尾檢定且檢定力須達到 0.7 時，如果男女收同樣的樣本數，此研究總共最少需要多少樣本數才能達到預期的效果？

4. 有一研究已發現 A 地區成年人，吃檳榔者得到口腔癌的機率為 0.2 且不吃檳榔者為 0.05，B 地區欲利用此結果建立該地區研究探討吃檳榔者是否較易得到口腔癌，若蒐集樣本不吃檳榔者為吃檳榔者五倍，請問當顯著水準為 0.01 時，單尾檢定最少需要多少樣本才能達到檢定力為 0.7？

Chapter 13

調查研究

調查（survey）分為普查及抽樣調查，前者通常是政府機構為掌握國家人民各項情況或產業結構，以作為未來施政方向依據，亦可用來作國與國之間的比較，以了解本國在國際間之表現。全國性的普查包含：地理環境、人口、經濟、醫藥、所得⋯等各項類別，這類調查經常依各項之實際需要定期執行。抽樣調查係對全國部分所作的調查，政府機構、私人機構、學術機構因實際目的而執行的，此類調查涉及抽樣問題，需小心且依照抽樣方法流程方能得到代表母群體之樣本。樣本資料是否具有母體代表性是非常重要，除了和誤差的大小相關外，也關係到分析結果是否有系統性的偏差。研究人員必須依不同的目地、領域及成本，選擇適當之抽樣方法（可參閱抽樣調查之相關書籍）或研究設計方法（參見第十四章）。

調查中，最常被使用的工具是使用問卷，我們可以將想了解的問題設計在問卷中，讓受測者填答，而獲得答案。問卷調查一般大家都不陌生，姑且不論問卷設計的品質或抽樣方法是否合理，曾經填答過問卷的人不在少數，例如：市場調查（想了解某項產品的接受度、行銷的效果、作為新產品研發的參考⋯等）、醫療及照護相關（跌倒發生之原因、不同手術方式疼痛調查、癌症治療生活品質調查⋯等等）、民意調查（選舉前之支持度率、政黨傾向、施政滿意度⋯等等）。這些都是為了特定目的及對象所設計出來的問卷調查。問卷設計前需要了解調查研究的目的為何，才能決定受測對象，進一步針對主題設計所需要的題

目,問卷的難易度和研究主題有很大關係,也決定了調查方法的施行。

醫學領域中,涉及行為相關的研究如:生活品質、行為態度、人格特質…等等研究,最常使用問卷調查。此類問卷通常會有量表在內,所量測的內容多是無形之感覺、心理、行為的表現等。過去的經驗顯示,量測的內容是否有效,或是否可以正確測得研究主題的答案,這些都經常會涉及問卷內容的設計,本章將介紹一些分析方法來評估調查所設計的問卷是否有效。

以下是一件有關台灣醫院照護品質測量工具研究的部分報告[†]:

「…為發展一份適用於台灣、以病患經驗為主軸且具有信、效度之醫院醫療照護品質(本研究中簡稱為醫院品質)的測量工具。便利取樣全台灣 20 間自願參與研究之醫院,選取出院急性病人 2,676 名為樣本,進行問卷調查,有效回收問卷數為 2,005 份(回收率 75%)。以心理計量項目分析程序選取核心題目,並檢驗核心問卷之信、效度…醫院品質核心問卷計有 27 題,包含六大向度:醫師照護、護理照護、整體醫病互動、社會心理支持、尊重與醫院環境。信度方面:上述六個向度之 Cronbach's α 值為 0.72 至 0.89、折半信度值為 0.64 至 0.86,顯示內部一致性良好。效度方面:題目與所屬向度總分之皮爾生相關係數值介於 0.57 至 0.88(p 值 < 0.01),量表內容效度良好……結論:本量表具有良好之信、效度,未來將藉由問卷資料的蒐集,健全國內目前已具有專面之醫療照護品質指標。」

此處的測量工具就是問卷,案例中的問題是問卷量表分析中最常討論的問題,包含問卷調查的主題和對象、主題包含之面向、問卷之信、效度分析等。下面將介紹問卷內容的重點及評定問卷品質之指標和方法。

● 設計問卷內容時注意事項[†]

1. 問卷設計應和研究主題相關;可先考慮數個面向,再仔細思考各面向

[†] 備註:參見參考資料 1、2。

內需要包含哪些問題，這樣較能確切掌握問卷內容是否和研究主題相關。

2. 問卷設計時應考量題數多寡及是否容易理解內容，免得使受測者失去耐心，使得答題正確性及客觀性降低。
3. 問題中的選項設計不宜太多，可考慮將普遍性的選項列出後，再加一項「其他」以包含不具普遍性的項目。選項應明確清楚，避免選項彼此重疊或未包含在項目內的情形。
4. 設計問卷題目時應有整體性的規劃，考慮是否合乎邏輯的正確性。設計結構鬆散或內容太隨性，會令人有不專業、不正式的感覺，不易使受測者信任。
5. 答題選項為程度的差異時，需含正、反面且相同程度之選項。如：
   李克特選項（Likert item）：滿意程度──非常不滿意、不滿意、無意見、滿意、非常滿意。上述的滿意程度為 5 點量尺，1-5 分，每個問題對應一個數值，也有方向性（例如：分數 1 分和 5 分的滿意程度方向是不同的）。該量尺的特性假設點和點之間的距離為等距，滿意程度 1 分和 2 分的差距、2 分和 3 分的差距，假設這兩者在感受上的差異是相同的，不過，這是為了測量及資料分析方便所作的假設，實際上，每人對非常不滿意和不滿意的差距，及不滿意和普通的差距，不一定有相同的感受程度。在心理層面的測量上，每個問題分數之設計，5 分、7 分、10 分皆有人使用，分數組距被拉得愈高，愈能測得個別受測者心理真實的感受程度，並能比較每位受測者之差異。
6. 答題選項需要受測者作排序時，請勿超過 3 個以上。
7. 除非研究主題想得到受測者之確切想法及內容，否則設計問題時多考慮封閉性的選項，數據整理方便且好分析資料。

此外，問卷設計時，應同時考慮調查方法，以決定問卷之長短及答題之困難度。成本和問卷回覆之品質呈正比，面訪的成本較高，但遺失值較少且回覆率較高，品質較佳。以下是郵寄方式調查和面訪比較的結果：

	自填（郵寄 email）	自填（面對面）	電訪	面訪
成本	＋＋	＋	－	－
時間	＋＋	＋	－	－
標準化	＋	＋	＋／－	＋／－
深入程度	－	－	＋	＋＋
回覆率	－	＋＋	＋	＋＋
遺失值	－	＋＋	＋＋	＋＋
優點＋；缺點－；中等＋／－					

李克特量尺

　　李克特量尺[††]（Likert scale）最早是由 Rensis Likert 於 1932 年提出，主要是由測量「態度」而發展出來的，希望將無形心理層面的觀感，利用量化工具予以評估，目前也常當成心理測量之尺度，通常假設此量尺具有「單一方向性」且「每項目間之差異是等距」。最常使用李克特量選項為 5 點量尺，滿意程度：1 非常不滿意、2 不滿意、3 普通、4 滿意、5 非常滿意。1 分到 5 分是由最不滿意到最滿意，為單一方向性，也可相反方向，由最滿意至最不滿意。若「沒有」點到點等距的假設下，則資料在統計上屬於**順序尺度**（ordinal scale），1-2 選項間的距離和 2-3 選項間的距離並不相等，雖然都只差 1 分，不表示實際程度上的差距是相同的，在統計數據呈現上多以中位數代表集中趨勢，次數分配、無母數方法常被使用。在李克特選項的使用上，假設「點到點之間是等距」的話，則 1-2 選項間的距離及 2-3 選項間的距離，在實際程度上被假設為相等，此資料即為**區間尺度**（thterral scale），分數間等距差即代表實際程度的等距差。此時，資料呈現上需使用平均數或標準差代表集中趨勢及分散程度才合理，進而可使用迴歸分析或其他具常態假設之母數統計方法（請見第四章）。雖然這是個客觀的測量，但李克特選項的假設是否合理，仍有其限制性存在，也是具爭議性之議題。除 5 點量尺外，在心理學上也常用 7 點、9 點量尺或其他，將多個題目組成一個面向，多個

[††] 備註：參見參考資料 3。

面向構成一份問卷，總分（可能為 100 分）為李克特量尺，代表這問卷主題所要了解之感受程度。

問卷之信效度

問卷調查雖然是個容易使用的調查工具，但使用者需了解如何評估問卷的品質，使用時才能得心應手使用。問卷評估的兩個重要指標為信度及效度，代表問卷設計品質及信賴程度。以下是 R-web 中的一個範例資料：某市針對中學進行調查想了解導師之班級經營成效，對於市內的 20 所國中進行隨機抽樣，在正式調查前先進行前測，預計回收 200 份問卷，問卷中包含性別（男、女）、地區（北、中、南、西、東）、學生年級（一年級、二年級、三年級）、學校班級數（30 班以下、30 班（含）以上），以及 20 題有關於班級經營之問題（Q1-Q20），每題之選項答案分別為很差、差、沒意見、好、很好，並量化成 1-5 分。

前測

在問卷設計後，尚未大量印刷施測前，找一群受測者接受測驗即為**前測**（pilot testing）。前測的目地在於想知道問卷的題目內容是否清晰明確及客觀、對於受測者在閱讀上是否合宜、架構設計上是否清楚⋯等，趁著前測發現問題，並修改或調整問卷內容。一旦開始正式問卷調查後，就無法任意更動問卷內容。前測之樣本數不需太大，重要的是受測者可否提供有意義之回饋，讓研究者了解問卷問題所在，因而對於受測者的選擇十分重要。受測者並非研究者的朋友、同事、其他願意填寫問卷者，而是未來預備受測的對象。若研究主題欲針對不同特定對象討論，也可在不同群體中執行個別的前測，例如：研究對象可能針對青少年或老人族群進行研究時，可特別對此兩群體分別進行前測。

信度

信度（reliability）是指問卷針對相同的**受測者**（subject）重覆測量後，其分數具有一致性、穩定性、可靠性，提供信賴程度的評量值。信度越高的問卷表示受測者答案的可信度越高。每次使用問卷測量時，研

究群體的特質若有不同時，應再測一次信度，不能依賴前人研究的結果。信度可分為**內在**（inter-rater）信度及**外在**（intra）信度。

1. 內在信度主要為問卷項目之內部一致性、穩定性的程度，常用的評估方法如下：

   (1) Cronbach's α 及標準化 Cronbach's α：

   $$\alpha = \frac{k}{k-1}\left[1 - \frac{\sum_{i=1}^{K} s_i^2}{s_H^2}\right], \ 0 \leq \alpha \leq 1$$

   K 表示問卷題數，s_i^2 為所有受測者針對第 i 個問題回答值 (x_i) 的變異數，s_H^2 為所有受測者將所有問題的回答值加總後 ($H = x_1 + x_2 \cdots + x_K$) 之變異數。由式子中可了解，若每問題變異數的加總 ($\sum_{i=1}^{K} s_i^2$) 和 s_H^2 愈接近，則 Cronbach's α 值愈高，表示內容一致性程度愈高。標準化 Cronbach's α 為：

   $$\alpha = \frac{K\bar{r}}{1 + (K-1)\bar{r}}$$

   $\bar{r}$ 為每一問項答案值之間相關係數之平均，相關性愈高則標準化 Cronbach's α 也愈高。一份問卷中，每個題目分數都相同的話（如：都用李克特選項，1-5 分），則是否有標準化 Cronbach's α 差異不大；但若問卷題目中，不是每題之分數皆相同時，則需使用標準化之 Cronbach's α。

   (2) 另外一個信度之測量方法為**折半信度**（split-half reliability），將問卷內容分為兩等份（依奇數題、偶數題或隨機選取），依兩份內容得分之相關性高低來判斷，利用皮爾生（Pearson）相關係數、史皮爾曼（Spearman）相關係數評估（請見第八章）或**斯皮爾曼-布朗公式**（Spearman-Brown formula）校正，可得折半信度 α^*：

   $$\alpha^* = \frac{k^* \hat{r}}{1 + (k^* - 1)\hat{r}},$$

k^* 為問卷縮短的倍數，在此將問卷分為兩等份，取 $k^*=2$；$\hat{r}$ 為此兩等份問項總分之相關係數，代表半份問卷之信度，校正為全份問卷之信度。信度大於 0.7 時表示問卷內部的一致性良好或問卷分數具穩定性。

註：當題目選項只有二元變項（是、否或對、錯）時，經常使用**庫李信度**（Kuder-Richardson, 1937）[†††] 替代 Cronbach's α。每題中兩類之百分比分別為 p、q 總題數為 K，庫李信度定義為：

$$KP20 = \frac{K}{K-1}(1 - \frac{\sum_{i=1}^{K} p_i q_i}{s_H^2})$$

R-web

以點選方式選用路徑：「分析方法 ➔ 多變量分析 ➔ 信、效度分析 ➔ 信度 ➔ 步驟一：資料匯入：範例資料檔（分析方法），選取「範例 F-9」 ➔ 步驟二：參數設定：選擇要進行分析的變數（或稱項目），將 q1-q20 選入分析 ➔ 進階選項：勾選 Cronbach's α 及折半信度 ➔ 開始分析」。

以下為 Cronbach's α、標準化 Cronbach's α、折半信度之結果：

項目個數 Number of items	α 值	α 值標準差 Std. err. for α	α 值 95% 信賴區間 95% C.I. for α 下界 lower	上界 upper	標準化 α 值 standardized α	標準化 α 值標準差 Std. err. for standardized α	標準化 α 值 95% 信賴區間 95% C.I. for standardized α 下界 lower	上界 upper
20	0.9273	0.0053	0.917	0.9376	0.9292	0.0051	0.9192	0.9392

Cronbach's α 為 0.9273，而標準化的 Cronbach's α 為 0.9292，由於這 20 題之分數皆落在 1-5 分，屬相同之尺度，因此是否標準化影響不大。

[†††] 備註：參見參考資料 7。

折半信度係數（Correlation between halves）	0.8006
等長的 Spearman-Brown 係數	0.8892

計算校正後之折半信度時，選擇將問卷分為兩等份，因此在判讀時選擇「等長的係數」為主。此兩等份問項之相關係數為 $\hat{r} = 0.8006$，即是折半信度。若是利用**斯皮爾曼-布朗公式**（Spearman-Brown formula）校正，可得折半信度 $\alpha^* = 0.8892$。以上數個信度皆在 0.8 以上，表示問卷內部一致性良好。

2. 外在信度為比較不同時間但相同（或不同）的受測對象以及不同時間但相同（或不同）施測者時，所測量結果分數之一致性。針對同一群人不同時間點的測量，外在信度又稱為再測信度或**重測信度**（test retest reliability）；針對不同施測者對同一群人之重覆測量，外在信度又稱為施測者間信度或**複本信度**（inter-rater reliability）。以上計算信度常用的統計方法為 Kappa 係數，用來比較兩次受測結果分數的一致性程度：

$$\kappa = \frac{P_0 - P_c}{1 - P_c}, \quad -1 \leq \kappa \leq 1$$

Kappa 係數值落於 $-1 \sim 1$ 之間，大於 0.6 以上時，表示兩次測量結果具有中度一致性，若能大於 0.8 表一致性程度高。負值則表示兩次測量之結果不一致，若愈接近 -1 表示兩次結果極不一致（兩次呈相反結果）。P_0 為每個項目之觀察前後測量結果一致性百分比的和 $((a+d)/n)$，P_c 為前後測量結果預期相同之機率（$\{(C_1 \times R_1/n) + (C_2 \times R_2/n)\}/n$）。若資料一致性程度愈高，則 P_0 愈接近 1，Kappa 值愈接近 1，代表一致性程度愈好。Kappa 係數通常使用在類別尺度及順序尺度的資料。下面是第一次及第二次測量是否滿意的資料表，二次滿意度測量結果的一致性程度為何？

第二次測量	第一次測量 滿意	不滿意	合計
滿意	11^a	2^c	23^{R1}
不滿意	4^b	20^d	15^{R2}
合計	15^{C1}	22^{C2}	38^n

$$P_0 = \frac{a+d}{n} = \frac{11+20}{38} = 0.82$$

$$P_c = \frac{(C_1 \times R_1/n) + (C_2 \times R_2/n)}{n} = \frac{(15 \times 23/38) + (22 \times 15/38)}{38} = 0.47$$

$$\kappa = \frac{P_0 - P_c}{1 - P_c} = \frac{0.82 - 0.47}{1 - 0.47} = 0.66$$

Kappa 係數值 0.66 表示二次滿意度測量的結果具有中度一致性。這是 2×2 的列聯表形式，若問卷選項是李克特 5 點量尺，前後測量之結果會產生 5×5 的列聯表，亦可使用 Kappa 係數，但期望值 P_c 的計算方式較為複雜（可利用軟體計算），但概念是相同的，都是表達前後測量結果一致性之指標。

Kappa 係數除了可以計算外在信度外，也可以使用來計算內在信度。R-web 提供：

(1) 針對同一次測量不同項目間之 Kappa 係數。
(2) 針對同一次測量項目不同資料間之 Kappa 係數（需切割原資料或輸入新資料）。

同一次測量相同項目之 Kappa 係數 (2) 之意義，類似於折半信度的概念；討論同一次測量在不相同項目間之 Kappa 係數 (1) 時，前提是這些項目測量之目的原則上要相同。因此，分析者應清楚在 R-web 中，Kappa 係數勾選之時機。以下例子說明多項目時之 Kappa 係數操作。

R-web

以點選方式選用路徑:「分析方法➔多變量分析➔信、效度分析➔信度分析➔步驟一:資料匯入:範例資料檔(分析方法),選取「範例 F-9」➔步驟二:參數設定:選擇要進行分析的變數(或稱項目),將 q1-q20 選入分析,並勾選「計算 Kappa 係數[I](資料等級需為類別型態)」及「計算同一項目的 Kappa 係數(切割原資料)」➔進階選項➔選擇欲計算 Kappa 係數的項目➔選入項目:q1➔開始分析」。(I:可計算同一項目或不同項目間的 Kappa 係數)

分析 q1 項目,將資料切割成兩組後之 Kappa 係數為 0.0113,即代表 q1 內項目資料間之一致性之程度;檢定結果顯示前後組資料結果不具一致性。

單一項目的 Kappa 係數[I]

項目組合 items	Cohen's Kappa 係數 Cohen's Kappa coefficient	Z 統計量 Z statistic	p 值 p-value
q1 - q1	0.0113	0.221	0.8251

I:未使用權重

效度

我們用**效度**(validity)指標來衡量問卷測量的結果是否可以反應研究主題之特質。常見評估方法為:

內容效度(content validity):衡量問卷內容是否可反應主題,即研究主題之概念和所對應之問卷項目內容是否有一致性,問卷內容是否含蓋研究主題所要討論面向。一般經由專家設計或評估後之問卷,即具有內容效度。

校標關聯效度(criterion-related validity)或校標效度:評估問卷測量可預測多少研究主題之特質,此特質應和其他問卷工具或行為(為黃金準則)有高度關聯。例如:模擬考分數能和學測考試分數(黃金準則)具有高度相關聯性時,則針對學測而言,模擬考測量具有高度之校標效

度或高預測效度;一個關於身心健康問卷之測量評估,若能和 SF36(黃金準則)有高度相關聯性,表示此問卷有很高的校標效度(也稱為同時效度)。

建構效度(construct validity):衡量研究者是否已測到想要的構面或特質。此構面應有具體之特質、共同了解之概念或由某人所建構出之概念,例如:數學程度。可利用**因素分析**(factor analysis)進行評估,在進行此效度計算時,需有多次之重覆測量,能有效檢驗不相關的變項是否包含其中。以下兩個方法,經常用於判斷是否適合進行因素分析:

(1) KMO(Kaiser-Meyer-Olkin)值判斷是否可以作因素分析?其值介於 0~1 之間,愈大表示愈適合作因素分析,表示變項間的共同因素愈多;反之,則反。KMO 大於 0.7 表示中等程度,適合作因素分析,若 KMO < 0.5,表示不合適作因素分析。
(2) Bartlett's 球形檢定,為檢定母體間之相關性是否存在,若具相關性則適合作因素分析(此方法亦可檢定 k 個樣本是否來自 k 個變異數相等的母體)。在虛無假設下,檢定統計量會近似於卡方分配,若項目間之相關係數愈高,此檢定統計量會愈大,p 值愈小。由於卡方分配受樣本數影響很大,實際資料分析時,p 值需小於 0.01 才會判定適合作因素分析。

R-web

由範例 F-9 來檢視此問卷是否適合作因素分析。以點選方式選用路徑:「分析方法→多變量分析→信、效度分析→效度分析→步驟一:資料匯入:範例資料檔(分析方法),選取「範例 F-9」→步驟二:參數設定:選擇要進行分析的變數(或稱項目),將 q1-q20 選入分析→進階選項:勾選 Bartlett 球形檢定及 KMO 指標→開始分析」。

以下結果:KMO 指標為 0.9428,其值接近 1,表示適合作因素分析。Bartlett 球形檢定之結果,p 值小於 0.0001,顯示適合進行因素分析。

KMO（Kaiser's MSA）抽樣適切性指標

KMO 值[II]	0.9428

[II]：0＜KMO 值＜1，此值接近 1 表示資料適合使用主成分（或因素分析），接近 0 則表不適合，0～1 之間可檢示細部解釋。

Bartlett 球形檢定（Bartlett's sphericity test）

檢定統計量	3766.8
自由度	190
顯著性	＜1e-04

在問卷的使用上，應注意受測者之族群是否為原本問卷發展之對象。若問卷為國外發展之問卷，不能自行翻譯而直接使用，因為和問卷設計時之研究對象已有不同。國外問卷經過翻譯後，需經專家討論後，確定翻譯之語意和問卷原本之內涵無差異，及適合一般受測者閱讀之程度，再進行**前測**（pilot study），並測量問卷之信度及效度，才能供國人使用。

進階閱讀 ▶▶▶

衡量問卷的可信度和有效度的目的不同。基本上信度的衡量和研究問卷回答的誤差有關，誤差可分為系統性誤差及隨機性誤差。大部分的誤差是系統性的（從偏差而來），系統性誤差經常被視成常態性的誤差，其原因可能來自衡量工具不當產生的誤差。隨機性誤差則是一種隨機非常態的誤差，其原因可能來自**回應者**（respondent）或衡量者一時的情緒而影響產生的誤差或情境因素產生的誤差。

效度分析的意義則是在探討問卷是否能真正衡量到研究者想要衡量的目標主題。效度的種類有：

1. **內容效度**（content validity）：通常以專家知識來主觀判斷所選擇的尺度或問卷題目是否能正確的衡量研究所欲衡量的東西；
2. **效標關聯效度**：**效標關聯效度**（criterion-related validity）是指使用中的

問卷工具和其他常用的工具比較兩者是否具有高的關聯性；

3. **建構效度**（construct (concept) validity）：如果研究者要瞭解某種衡量工具真正要衡量的是什麼，那即是關心它的建構效度，從建構和個別問卷題目間的相關程度，可以用來判定個性問卷題目的建構度；
4. **學說效度**（nomological validity）：學說效度是衡量問卷的建構和其他建構間，理論期待應有的關連是否發生。

以下我們討論如何從問卷題目中發展建構應用**因素分析**（factor analysis）及**主成分分析**（principal component analysis, PCA），並且討論問項的建構效度。建構效度（或稱構念效度）指問卷或量表能測量到理論上的構念或特質之程度。建構效度有兩類：收斂效度與區別效度。而檢測量表是否具備建構效度，最常使用之方法為因素分析法。若各題目在對應之建構因素中，其**因素負荷量**（factor loading）愈大（一般以大於 0.5 為準），則愈具備「收斂效度」。若問卷題目在非所屬的建構因素中，其因素負荷量愈小（一般以低於 0.5 為準），則愈具備「區別效度」。

案例分析

下面的案例是由 Google 搜索出來的一個研究案例，用來探討「健康產品商店服務」的調查問卷是否有效。此研究藉由文獻回顧及專家學者的刪選，設計 15 道題目並以 5 分量表為衡量尺度的問卷，用以衡量「商店服務」。題目內容包括：服務態度、整齊乾淨、氣氛服務、內外裝潢、商店印象、品質、售後服務、結帳速度、信賴度、購物便利、取得便利、價格、種類多寡、廣告吸引、營業時間。97 位受訪者填寫問卷。請問該問卷用於探討「商店服務屬性」的內容，是否具備建構效度？

KMO (Kaiser-Meyer-Olkin Measure of Sampling Adequacy) = 0.806，Bartlett's test Chi-sq = 426.339 (p 值＜0.001＜0.05)，代表資料適合進行因素分析。總變異量的解釋，應用主成分分析的方法及**特徵值**（eigenvalues）大於 1 的主成分原則萃取下，共萃取出五個主成分當成建構或因素，五個主成分累積的解釋變異量達 65.041%。進行因素分析後其因素負荷量結果如下：

項目	P_1	P_2	P_3	P_4	P_5
服務態度	0.814	0.169	0.043	−0.127	0.050
整齊乾淨	0.767	0.094	0.245	0.102	0.135
氣氛服務	0.742	0.143	0.115	0.372	0.110
內外裝潢	0.673	0.192	0.098	0.037	0.154
商店印象	0.493	0.457	0.398	0.120	−0.208
品質	0.460	0.028	−0.413	0.409	0.168
售後服務	0.016	0.760	−0.012	0.217	0.270
結帳速度	0.368	0.658	−0.036	−0.101	−0.096
信賴度	0.493	0.608	0.124	0.235	−0.041
購物便利	0.098	−0.005	0.824	−0.003	0.202
取得便利	0.207	0.049	0.665	0.121	0.081
價格	0.128	0.003	0.077	0.774	−0.214
種類多寡	−0.009	0.188	0.066	0.711	0.309
廣告吸引	0.252	−0.136	0.273	0.136	0.710
營業時間	0.113	0.461	0.058	−0.109	0.646

建構因素 $P_1 \sim P_5$ 中「商店印象」及「品質」問項的因素負荷量均小於 0.5，不具收斂效度，因此必須將此兩變項刪除，重新執行因素分析。重新執行結果如下，十三個題項共萃取出四個建構因素，累積解釋變異量為 61.814%，雖較先前降低些，但各題項在所屬的因素中，其因素負荷量皆大於 0.5，同時在其他因素中則皆小於 0.5，所以在因素分析方法下，將「商店服務」的問項分成四個建構，是具備建構效度的。分析結果整理成下表，其中信度係數即為建構信度的係數。

因素構面	題號	衡量變項	因素負荷	特徵值	解釋變異量(%)	累積解釋變異量(%)	信度係數
因素一	V11	服務態度	0.827	4.117	3.159	31.159	0.828
	V8	整齊乾淨	0.740				
	V7	氣氛服務	0.732				
	V9	內外裝潢	0.678				
	V15	信賴度	0.671				
	V12	結帳速度	0.558				
因素二	V5	購物便利	0.790	1.439	11.070	42.737	0.588
	V4	取得便利	0.654				
	V6	廣告吸引	0.649				
因素三	V13	售後服務	0.793	1.293	9.946	52.683	0.524
	V14	營業時間	0.690				
因素四	V3	價格	0.788	1.187	9.131	61.814	0.466
	V1	種類多寡	0.740				

因素分析

　　因素分析（factor analysis）經常用來研究內在、心理、社會層面之**潛在**（latent）變項，這類潛在變項的主要特質是無法經由具體之工具直接測量而得，例如：疼痛、憂鬱之程度等；這些特質經常無法直接量測，必須利用問卷之項目等工具來間接測量，以了解背後所隱含之概念及意義。因素分析可分為**探索性因素分析**（exploratory factor analysis, EFA）及**驗證性因素分析**（confirmatory factor analysis, CFA）。前者，在問卷中，萃取問卷背後所隱含的主要**構面**（construct），由多個觀察的變項中簡化成少數的潛在變項（因素），來解釋問卷中所提供之訊息；後者，在找出數個萃取之因素結構後，來驗證結構模型之適合程度。

　　圖 13-1 中，$X_1 \cdots X_p$ 是我們從問卷中所觀察之變項，而 $C_1 \cdots C_q$ 是問卷背後所隱含之潛在變項，用來解釋 $X_1 \cdots X_p$ 之共同結構。潛在變數的個數和觀察變項個數相等，但若為求最具「代表性」之潛在變數，則其個數為 q 應該小於 p 個才有意義；$\varepsilon_1, \cdots, \varepsilon_p$ 是無法經由潛在變項解釋的部分。潛在變項在因素分析中即為**因素**（factors）。

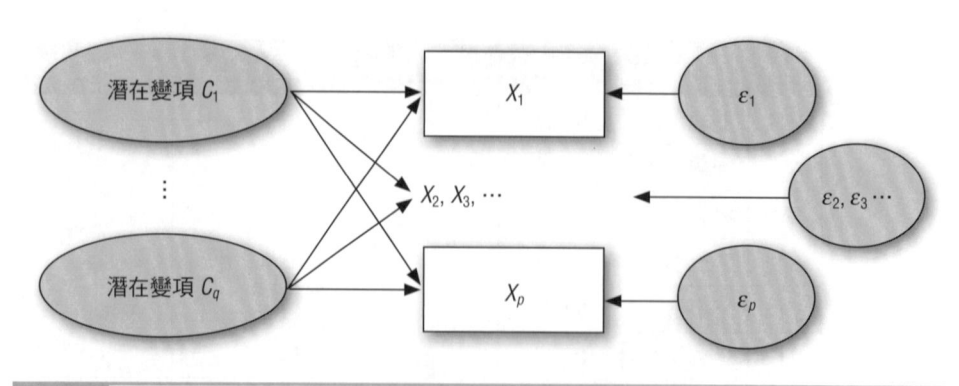

图13-1 探索性因素分析之概念結構

探索性因素分析步驟

探索性因素分析包含的步驟如下：

1. 蒐集並探索資料，以了解資料的特性，和選取有關之觀察變數（$x_1, ..., x_p$）。
2. 萃取初步的因素（主成分分析法）。
3. 決定因素個數。
4. 選擇估計模型之方法並估計模型。
5. 旋轉並針對因素命名。
6. 決定是否要增加或減少分析的觀察變項，若有改變則重覆上述之步驟。
7. 利用估計模型，利用已建構出新因素之數值，並使用在未來之研究上。

以上之步驟，我們將針對統計方法逐一介紹。

I. 主成分分析

主成分分析（principle component analysis, PCA）目的是將各變項做權重構成加權平均得到衍生的潛在變項，即主成分（$y_i, i = 1, 2, .., p$）；主成分具有代表觀察變項的特性，且主成分間互為「獨立」。模型如下：

$$y_1 = \ell_{11}x_1 + \cdots + \ell_{p1}x_p + \varepsilon_1$$
$$y_2 = \ell_{12}x_1 + \cdots + \ell_{p2}x_p + \varepsilon_2$$
$$\vdots$$
$$y_p = \ell_{1p}x_1 + \cdots + \ell_{pp}x_p + \varepsilon_p$$

$y_1, ..., y_p$ 為 p 個相互獨立之主成分，這些主成分間具能保有 $x_1, ..., x_p$ 的訊息，但資訊並不重疊。在每個式子之係數平方相加總為 1 下，由觀察變項的**相關係數矩陣**（correlation matrix）求其**特徵值**（eigenvalues λ_i, $i = 1, 2, ..., p$）及其對應之**特徵向量**（eigenvectors），由特徵向量得到對應之權重。最大特徵值能解釋最多觀察變項之變異，其對應之特徵向量下之 y 為第一主成分 y_1；第二大之特徵值能解釋第二多觀察變項之變異，其對應之特徵向量下之 y 為第二主成分 y_2，以此類推，可得第 p 個主成分。PCA 完全決定於觀察變項間之相關性之大小。變數、主成分、特徵值具有以下關係：

$$\text{Var}(y_i) = \lambda_i, i = 1, 2, ..., p$$
$$\sum_{i=1}^{p} Var(y_i) = \sum_{i=1}^{p} Var(x_i) = \sum_{i=1}^{p} \lambda_i$$

將主成分標準化，使主成分計分的變異數為 1，即將每個 y 除以其標準差，

$$\frac{y_i}{\sqrt{\lambda_i}}, i = 1, 2, ..., p \text{。}$$

II. 因素分析及因素個數

　　因素分析通常將選取的主成分當成建構因素。若只考慮前 q 個主成分，每個變項 x_i 可寫成對應之 q 個**共同因素**（common factors, $y_1, ..., y_q$）及**獨特因素**（specific factor, $\varepsilon_1, ..., \varepsilon_p$）構成的線性組合，

$$x_1 = \ell'_{11}y_1 + \cdots + \ell'_{1q}y_q + \varepsilon_1$$
$$x_2 = \ell'_{21}y_1 + \cdots + \ell'_{2q}y_q + \varepsilon_2$$
$$\vdots$$
$$x_p = \ell'_{p1}y_1 + \cdots + \ell'_{pq}y_q + \varepsilon_p$$

(13-1 式)

第 i 個變數第 j 個因素之權重或**因素負荷量**（factor loading）為 ℓ'_{ij}，因素負荷量為變數和因素間的相關係數（$\gamma(x_i, y_j)$），其值介於 -1~1 之間。**共通性**（communality）為 q 個因素能解釋 x_i 變異數的能力，以 h_i^2 表示之。第一因素解釋 x_1 變異數之比例為 $\gamma(x_1, y_1)^2$，q 個因素能解釋 x_1 變異數的能力為：

$$\gamma(x_1, y_1)^2 + \cdots + \gamma(x_1, y_q)^2 = (\ell'_{11})^2 + \cdots + (\ell'_{1q})^2 = h_1^2$$

表示因素間顯現 x_1 之共通性的部分；$x_2, ..., x_p$ 之共通性的部分，以此類推；共通性愈高表示 q 個因素所包含的觀察變項訊息愈多。若 x_i 為標準化時，$Var(x_i) = 1$，則共通性及獨特性變異數加總為 1，故 x_i 之變異不能由 q 個因素（共通性因素）所解釋的部分為 $1 - h_1^2$。

p 個變數之共通性為 q 個因素能解釋 $x_1, ..., x_p$ 變異數的部分，等於 q 個特徵值之和：

$$\sum_{i=1}^{p} h_i^2 = \sum_{i=1}^{q} \lambda_i，$$

故共通性能解釋 $x_1, ..., x_p$ 總變異的比例為：

$$\frac{\sum_{i=1}^{p} h_i^2}{\sum_{i=1}^{p} Var(x_i)} = \frac{\sum_{i=1}^{q} \lambda_i}{\sum_{i=1}^{p} \lambda_i} \qquad (13\text{-}2 \text{ 式})$$

不能由共通性解釋的比例為：

$$\frac{\sum_{i=q+1}^{p} \lambda_i}{\sum_{i=1}^{p} \lambda_i} \text{。}$$

III. 選取因素個數的準則

要選取多少因素才適當？

1. 最常使用的是 Kaiser 準則：保留特徵值大於 1 的主成分，即為因素個數；特徵值可視為因素所代表的觀察變數的個數，因素需包含至少 1 個變數以上的訊息在內。
2. 視包含之因素個數能解釋多少全體變項 $x_1, x_2, ..., x_p$ 之變異之比例，例如：前兩個因素能解釋總變異之比例為

$$\frac{\lambda_1 + \lambda_2}{\sum_{i=1}^{p} \lambda_i},$$

視研究要接受多高的比例，來決定因素個數。（參考 13-2 式）

3. **陡坡圖**（scree plot）：陡坡圖的橫軸為因素個數，縱軸為特徵值的大小，曲線呈下降趨勢如「**手肘（elbow）**」般轉折時，其附近的因素個數可參考為理想的因素個數，可能包含 2~3 個選擇。以圖 13-2 為例，

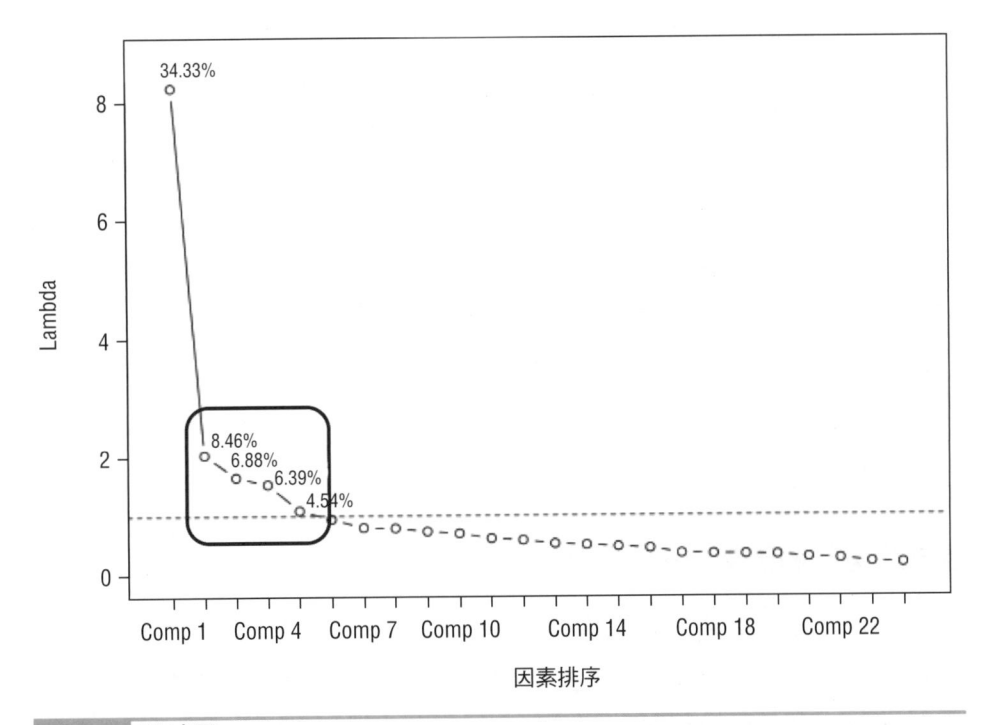

圖 13-2 陡坡圖

可考慮 2～4 個因素，再將這些模型進行比較找出最適合的因素個數。

IV. 因素旋轉並針對因素命名

在選擇完因素個數後，為了能讓因素和觀察變項間之相關性看得更清楚，我們可利用旋轉的方式達成。一般在使用上，有**直交法**（orthogonal）及**斜交**（oblique）轉軸法，前者：因素間互為獨立，後者：因素間仍具相關性。直交法最常被使用，以下為常用之二種直交旋轉法：

1. **變異最大旋轉法（varimax）**：將每一觀察變項下之因素變異加總，以達變數間最大變異，此方法為使得每一個觀察變項只有某一因素有較高因素負荷，讓原本的負荷值在旋轉後更趨向於 0、1 或 −1。旋轉後的因素負荷不是很接近 0 就是很接近 1，此時每一因素可表示不同的因素結構，增加因素命名之可行性，通常依較大之因素負荷予以命名。
2. **四方最大旋轉法（quartimax）**：將每一因素下之觀察變項的變異加總，以達因素間最大變異；即在某一因素下，其所有觀察變項皆有很高的因素負荷，此因資料結構傾向於綜合性之因素。

因素在旋轉後，其共通性和獨特性仍維持不變，但更能區別出各因素代表之意義及內涵，使得因素結構內容更簡單，接著就可針對資料結構予以命名，以較大之因素負荷為命名之依據。通常因素負荷（代表因素和觀察變項之相關程度）建議應大於等於 0.5（正相關或負相關），才能代表因素和變項間具有一定程度以上之相關性。在此條件下，研究者可利用自己的經驗及因素負荷量的數值，判斷這些因素所隱含的特質能代表原始資料訊息，以此為命名參考，研究者需對觀察變項有深入了解才能作適切的命名。

主成分分析和因素分析之差異

主成分分析主要是利用觀察變項資料之所有變異數計算得權重，以加權平均方式得到新變項，以期能解釋原來觀察變項大部分的變異。新變項為原觀察變項之線性組合（資料不需有任何假設），並選擇一個或少數幾個主成分（新變項），以達簡化變數資料的目的，無需旋轉，並

利用新變項進行下一步驟之資料分析。

因素分析主要是藉由數個因素來描述觀察變項之共變數，關注於每變項與其他變項間共同享有的變異程度大小，目的在於了解資料結構，因此在選擇因素個數後，需經因素旋轉，才能看得更清楚因素結構特質。因素分析需針對資料結構給予一些假設（13-1 式），觀察變項為因素之線性組合，需滿足此結構下之結果。這兩方法相同處在於皆可精簡或簡化變數。在因素分析時，可利用主成分分析簡化變項後，再進行因素分析後續步驟。

建構因素之信效度

若探索性因素分析可得到一個潛在因素（y_1），而觀察變項有三個 x_1, x_2, x_3，可表示為：

$$x_1 = \ell'_{11}y_1 + \varepsilon_1$$
$$x_2 = \ell'_{21}y_1 + \varepsilon_2$$
$$x_3 = \ell'_{31}y_1 + \varepsilon_3$$

殘差為 $\varepsilon_i \sim N(0, \sigma_i^2)$；因素負荷為 $\ell'_{i1}, i = 1, 2, 3$ 此因素和觀察變項之相關係數（因素已經過標準化，在驗證性因素分析中，資料不一定需要經過標準化）。以下信效度之討論，將以此模型為架構。

建構信度（construct reliability, *CR*）：因素結構的信度檢測方法為建構信度或稱為收斂信度、複合信度、組合信度。以下為評估資料變項對第一個因素的信度：

$$CR = \frac{(\ell'_{11} + \ell'_{21} + \ell'_{31})^2}{(\ell'_{11} + \ell'_{21} + \ell'_{31})^2 + (\sigma_1^2 + \sigma_2^2 + \sigma_3^2)}$$

CR 的分母可略視為觀察變項的總變異，$\sigma_i^2, i = 1, 2, 3$ 為殘差的變異數，即無法由因素 y_1 解釋的部分；分子為因素變項 y_1 和觀察變項相關係數和的平方，可略視為因素解釋的變異。*CR* 為 y_1 能解釋總變異的比例，*CR* 愈高表示因素變項能解釋觀察變項總變異比例愈高，即內部一致性也愈

高,實際運用上建議此值需達 0.5 以上。**建構效度**（construct validity）：可分為收斂效度及區別效度。

(1) **收斂效度**（convergent validity）：因素變項之收斂效度以**平均變異抽取量**（average variance extracted, AVE）為指標：

$$AVE = \frac{(\ell'_{11})^2 + (\ell'_{21})^2 + (\ell'_{31})^2}{((\ell'_{11})^2 + (\ell'_{21})^2 + (\ell'_{31})^2) + (\sigma_1^2 + \sigma_2^2 + \sigma_3^2)}$$

分母為觀察變項（經標準化後）的總變異,即為觀察變數個數,AVE 為因素變項可解釋總變異之百分比,或因素變項對觀察變項之平均數解釋能力,Fornell 等人建議 AVE 要大於 0.5 以上,且所有因素負荷量的平均數要高於 0.71,不過實務上不易達成,因而 Hair 等人提出 AVE 至少要有 0.25,即標準化因素負荷量至少要達到 0.5。

(2) **區別效度**（discriminate validity）：若問卷有 q 個因素構面,在兩兩構面之相關性比較下,皆無完全相關,指此問卷之因素間具有區別效度,即因素間無相關性。虛無假設時,設定兩兩因素間相關係數為 1,若所有兩兩比較之結果皆呈現拒絕虛無假設,表示因素間具有區別效度,一般以 0.85 為具有高度相關性。

關鍵字

李克特量尺　　　　　　　　　效度
信度　　　　　　　　　　　　因素分析

參考資料

1. 姚開屏、蕭宇佑、郭耿南、鄭守夏 (2010)。病人報告之醫院品質：問卷發展與信效度分析。台灣衛誌 **29**(5)：440-451。

2. Beth Dawson, Robert G. Trapp (2004) Basic & Clinical Biostatistics, 4/E, McGraw Hill Professional.

3. 邱皓政 (2008)。量化研究法 (一)：研究設計與資料處理。雙葉書局，2008。

4. Fornell, C, and Larcker, D. (1981). Evaluating structural equation models with unobservable variables and measurement error. *Journal of Marketing Research, 18,* 39-50.

5. Hair, JF, Black, WC, Babin, B. J., Anderson, R. E., & Tatham, R. L. (2006). *Multivariate Data Analysis* (6th ed.). New Jersey : Prentice-Hall.

6. Parsian, Nasrin and Dunning, Trisha (2009). Developing and validating a questionnaire to measure spirituality : a psychometric process. *Global Journal of Health Science,* 1(1), 2-11.

7. Fornell, C, and Larcker, D. (1981). Evaluating structural equation models with unobservable variables and measurement error. *Journal of Marketing Research, 18,* 39-50.

8. Atkinson, TM, Sit, L, Mendoza, TR, et. al. (2011). Using Confirmatory Factor Analysis to Evaluate Construct Validity of the Brief Pain Inventory (BPI). *J Pain Symptom Manage,* 41(3), 558–565.

9. Dawes, John (2008). Do Data Characteristics Change According to the Number of Scale Points Used? An Experiment Using 5-Point, 7-Point and 10-Point scales. International Journal of Market Research 50 (1), 61-77.

10. 陳順宇 (2005)。多變量分析，第四版，華泰文化。

11. 呂金河 (2005)。多變量分析，初版，滄海書局。
12. Kline RB. (1998). Principles and Practice of Structural Equation Modeling. New York: Guilford Press.
13. Hu Lt, Bentler PM. (1999). Cutoff Criteria for Fit Indexes in Covariance Structure Analysis: Conventional Criteria Versus. Structural Equation Modeling 6:1-55.

資料檔名

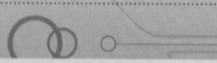

本章節分析資料檔，請參照http://www.r-web.com.tw/publish的資料檔選單，資料檔名為範例 F-9

作業

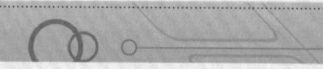

利用 R-web 範例資料庫（survey）的前 100 人資料為樣本，回答下列問題：

(1) 計算每變項之描述性統計（例如：平均數、變異數、百分比…）。
(2) 計算 Cronbach's α 及標準化 Cronbach's α 值，並解釋兩者意義。
(3) 利用 Kappa 方法，檢定第一題 (q1) 和第二題 (q2) 間的信度，應如何解讀？並計算此兩題間的皮爾生（Pearson）相關係數，並和 Kappa 的結果比較。
(4) 利用 KMO 判斷，此筆資料是否適合進行因素分析。
(5) 題目間的相關係數愈小，則信度會如何改變？

Chapter

14

診斷工具之判斷準則

在臨床診斷上，經常需要有一個或多個好的工具輔助病情或健康狀況的診斷，一方面希望能夠降低誤診率，也希望能夠提高醫療效率並且節省成本。本章主要討論的是如何判斷臨床「診斷工具」好壞的一些統計方法。

以下案例是有關於對盤尼西林過敏如何診斷之討論[†]。「…盤尼西林（penicillin, PCN）過敏一直是臨床上令人擔心的不確定狀況，目前藉由兩項工具來增進我們對於盤尼西林過敏的正確預測，一是詢問病人有無盤尼西林過敏，二是使用盤尼西林皮膚敏感試驗（penicillin skin test, PST）。本文旨在分析這兩項工具，對於盤尼西林過敏的診斷價值。…根據 WHO 的統計及其他研究顯示，正常人對各種盤尼西林產生過敏反應機率是 0.7%～10%，產生立即型嚴重過敏反應機率是 0.004%～0.015%。過敏史與皮膚試驗，這兩個都是檢驗方法，經常用來判斷到底會不會發生盤尼西林過敏。自稱「有過敏史」，經皮膚試驗顯示陽性（14～72%）的人，實質產生過敏反應的機率有50%～70%。此處「有過敏史」的病人，定義為臨床問病史時，病人說自己有盤尼西林過敏者（patients' self-reported clinical history of an adverse reaction to penicillin）。皮膚試驗陰性的人，產生過敏反應的機率則為 1～3%。「無過敏史（nopenicillin allergy history）」，皮膚試驗顯示陽性（0.9%）的病人，產生過敏反應

[†] 備註：參見參考資料 1。

的機率為 9%；皮膚試驗顯示陰性（99.1%），產生過敏反應的機率為 0.5%。以上的討論是描述「盤尼西林過敏」診斷工具正確性功能的情形，其中牽涉許多和本章相關之專有名詞，例：試驗陽性、試驗陰性、敏感度、特異度、陽性預測值、陰性預測值…等等，像是「皮膚試驗陽性，產生過敏反應的機率 50%～70%」為陽性預測值。這些都是說明診斷工具好壞的情形。

診斷檢定（diagnostic test）是一種以資料為客觀基準的診斷，例如：在血壓的測量時，醫師利用血壓的高低來診斷病人是否有高血壓，但多少值以上稱為「有高血壓」，而多少值以下為「無高血壓」，此值我們稱為**切點**（cut point）。當切點找出來後，我們就可以判斷此人是否有高血壓。診斷工具的好壞十分重要，也會影響後續治療決策的行為及醫療效率。目前判斷高血壓的切點在臨床上已經應用多年；根據 WHO 規定的標準高血壓的定義，收縮壓（SBP）≥140 毫米汞柱（mmHg）或舒張壓（DBP）≥90 毫米汞柱。這只是其中一個讓您容易了解的小小例子，其實很多的診斷工具都是利用此種概念，除了利用單一數值資料外，醫學影像學中也常利用對 MRI 影像的判讀來判斷病人是否有腫瘤發生。若這些工具能代替侵入性的檢查方式而且判斷的正確率高且誤判的錯誤率低的話，就能被運用於臨床醫學的診斷當中。正確且安全的診斷工具是常常被重視的原因，但也具高度的挑戰性。

臨床的判斷數據為連續變項時，本章將介紹如何找出最佳切點以用來建立診斷檢定的準則，並討論如何判斷此診斷工具的好壞。第二節中我們介紹條件機率及貝氏定理在診斷檢定方面的應用。

● 衡量診斷工具的特性：敏感度及特異度

診斷工具或方法的好壞經常用**敏感度**（sensitivity）及**特異度**（specificity）表達，其定義如表 14-1。

陽性（positive）表示檢查結果判斷有病，**陰性**（negative）代表檢查結果判斷是沒病。敏感度定義為有真實疾病的人被工具診斷顯示陽性的條件機率 P（陽性|有病），又稱為**真陽性率**（true-positive rate）；敏感度愈高，則**偽陰性率**（false-negative rate）愈低，偽陰性率即為 1－敏

表 14-1 敏感度及特異度定義

診斷結果	疾病真實狀態	
	有病	沒病
陽性	敏感度	1－特異度 （偽陽性率）
陰性	1－敏感度 （偽陰性率）	特異度

感度＝P（陰性|有病），是有真實疾病的人被錯誤診斷顯示陰性的條件機率。**特異度**定義為每個沒有真實疾病的人被工具診斷顯示陰性的條件機率 P（陰性|沒病），又稱為**真陰性率**（true-negative rate）。相對地，特異度愈高，**偽陽性率**（false-positive rate）為 1－特異度＝P（陽性|沒病）就愈低。敏感度及特異度都是診斷工具正確判斷結果的呈現。表 14-2 是「自稱有盤尼西林過敏史的病人」，經皮膚試驗及過敏真實狀態交叉的結果：

敏感度：50/(1＋50)＝0.98

特異度：27/(22＋27)＝0.55

偽陰性率：1－敏感度＝1－0.98＝0.02

偽陽性率：1－特異度＝1－0.55＝0.45

敏感度及特異度的一些特性：

1. 一般而言，大家都希望找到診斷能力最好的工具來提供臨床使用，即正確判斷結果愈高愈好，但敏感度提高（下降）的同時，特異度會下降（上升），兩者互為**抵換**（trade off）關係。這種互為抵換的關係就像（1－型一誤差）和檢定力之間有互為抵換的關係一般。

表 14-2 盤尼西林過敏史病人真實狀態交叉結果

檢查結果	疾病真實狀態	
	有盤尼西林過敏	無盤尼西林過敏
Skin test 陽性	50	22
Skin test 陰性	1	27

2. 表 14-2 中，偽陽性及偽陰性都是診斷錯誤的比率，偽陽性即為統計上之型一錯誤（type I error）；偽陰性為型二錯誤（type II error）。
3. 當偽陽性及偽陰性被視為同等重要時，可將診斷標準定在「敏感度＝特異度」之交點，以找出適合之診斷準則。
4. 有些疾病早期發現會有很好的治療成效，需要選擇高敏感度的診斷工具，以保證病人盡可能被早些篩檢或診斷出來。

陽性預測值及陰性預測值的計算

實際臨床工作上，當我們看到檢驗結果是陽性或陰性反應時，我們應該如何解讀這個診斷結果？由於檢驗工具無法完美，檢驗結果是陽性不必然是有病；反之，檢驗結果是陰性不必然是無病。當檢驗呈陽性反應結果時，理論上我們應該是期望此人真正有病的機率很高，呈陰性反應時此人真正有病的機率較低。我們下面介紹如何計算這些機率（預測值）。這些機率除了會受到檢驗工具敏感度及特異度影響外，同時也會受到疾病盛行率大小的影響。一個診斷工具即使特異度很高，若此族群之盛行率很低，則仍會檢查出很多偽陽性來。

陽性預測值（positive predictive value, PPV）的定義為：被檢查者檢查結果為陽性，而其真正有病的機率，這是一個檢驗結果的**事後機率**（post probability），群體之患病機率則為**事前機率**（prior probability，是此群體之疾病盛行率）；陽性預測值可以利用此診斷工具的敏感度及特異度性質及傳統的**貝氏定理**（Bayes' Theorem）計算出來。相對地，陰性預測值也有相同概念：是指被檢查者檢查結果為陰性但其真正沒病的機率。陽（陰）性預測值的計算方式如下：

$$\text{陽性預測值} = P(\text{得病}|\text{陽性})$$

$$= \frac{\text{盛行率} \times \text{敏感度}}{\text{盛行率} \times \text{敏感度} + (1-\text{盛行率}) \times (1-\text{特異度})}$$

陰性預測值＝P（沒病|陰性）

$$= \frac{(1-盛行率)\times 敏感度}{(1-盛行率)\times 特異度 + 盛行率 \times (1-敏感度)}$$

一般的看法是陽性預測值落於 0.8 以上時表示此診斷工具為良好之篩檢工具。下面例子為利用電子自旋共振（ESR）診斷脊椎惡性腫瘤的結果資料，此研究共有 1,000 病人，這些人則是疑似有脊椎惡性腫瘤之族群，資料如表 14-3（此資料由 Beth and Robert 的書籍中取得）。

可利用上述公式，敏感度為 78%，特異度為 67%，若族群之脊椎惡性腫瘤之盛行率為 20%，則利用上述貝式定理，可求得陽性預測值為 37% 及陰性預測值為 92%。還有另一種檢測脊椎惡性腫瘤的技術，即利用核磁共振成像（MRI）（表 14-4）。

核磁共振成像技術的敏感度為 95%，特異度為 95%，陽性預測值為 92% 及陰性預測值為 97%。兩種相較之下，顯示 MRI 在各項的特徵值皆優於 ESR，是篩選脊椎惡性腫瘤較良好的工具。

陽性（或陰性）預測值的計算可以利用樹狀圖呈現如圖 14-1。利用

表 14-3 ESR 檢測

ESR 檢測	脊椎惡性腫瘤的真實狀態	
	有病	沒病
陽性	156 (TP)	264 (FP)
陰性	44 (FN)	536 (TN)
總合	200	800

表 14-4 MRI 檢測

MRI 檢測	脊椎惡性腫瘤狀態	
	有病	沒病
陽性	351 (TP)	32 (FP)
陰性	19 (FN)	598 (TN)
總和	370	630

貝氏定理，圖 14-1 中檢驗結果為陽性之機率

$$(A) = (1) \times (3) + (2) \times (5)，$$

為陽性預測值的分母；而檢驗結果為陰性之機率

$$(B) = (1) \times (4) + (2) \times (6)，$$

為陰性預測值分母。盛行率為先驗機率，在沒考量檢驗訊息下有病之機率，而考量了診斷工具之好壞後，可得陽性預測值（後驗機率）。利用上述樹狀圖，很容易就可以算出陽性預測值為 92% 及陰性預測值 97%。

也就是說每千名 MRI 檢查為陽性者，有 920 真正患有脊椎惡性腫瘤；每千名 MRI 檢查為陰性者，有三位有脊椎惡性腫瘤並未能被此診斷工具檢查出來，此為誤判之情形。

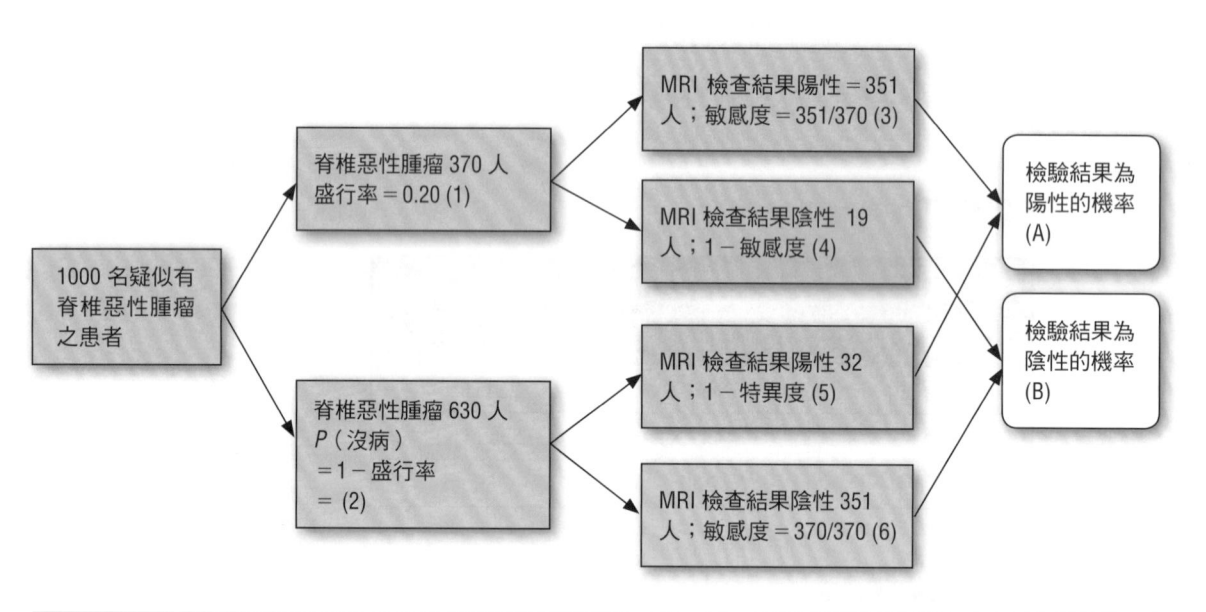

圖 14-1 計算陽性（或陰性）機率之樹狀圖

最佳切點

當檢驗結果為連續資料時，如何決定切點來定義檢驗結果是否為陽性或陰性？一個好的診斷工具是如何產生的呢？直覺上我們可以選擇每個數值作為評斷有病或沒病之切點，依照每個切點下之敏感度和特異度數值再來判定適合的切點。在不同的切點下，皆可計算一個 2×2 的表格，來呈現敏感度和特異度的大小；圖形上之座標平面，橫軸為 1－特異度（偽陽性），縱軸為敏感度。每個切點下可畫出敏感度及（1－特異度）之對應曲線，稱為「**接受器操作特性曲線（receiver operating characteristic, ROC）**」，藉此可找出最佳切點。我們可將 ROC 曲線上的每個點視為**訊號和干擾之關係（signal-to-noise relationship）**點，訊號為敏感度是正確判斷的結果，干擾為偽陽性是誤判之結果。可利用 ROC **曲線下面積（area under curve, AUC）**來判斷診斷工具之鑑別力，若 ROC 曲線愈接近對角線顯示此工具之診斷能力不佳，愈接近對角線表示曲線下面積愈接近 0.5，這種情形表示診斷工具的正確性和擲銅板相差不遠（正反面機率相當之銅板），不建議用在臨床上使用。因此 ROC 曲線下面積（AUC）應在 0.5～1 之間，若值愈大表示此診斷工具佳，臨床使用上 AUC 的值大於 0.8～0.9 則診斷工具為具有好的判別能力，大於 0.9 則表示診斷工具的判別能力非常好。愈接近左上角且平行對角線之切線的切點即最佳切點產生的地方，也是造成 **Youden index** 最大值的切點。Youden index 為敏感度及特異度相加後減 1 的值，最大者為最佳切點。現用以下例子說明：

MFS（Morse Fall Scale）是住院跌倒評估的量表，由 Morse 提出常用以評估住院跌倒之風險大小，常使用的對象為急性、老年長期照護、復健病房的病人，利用此量表可以找出跌倒之高危險群並加以監測，以預防跌倒之發生。此量表總分為 125 分，共有六個題目：

1. 過去曾經發生跌倒？
2. 次診斷有無
3. 行走需要輔助器材
4. 步態／移位障礙

5. 精神狀態不佳

6. 附加醫療設備（監測器／導管）

切點為 45 分，表示大於 45 分者被評斷為跌倒之高危險群，在此切點下，以 2,689 位白人為研究對象時其敏感度為 73.2%，特異度為 75.1%，陽性預測值 4.3%，陰性預測值為 99.4%，由於此問卷簡單易答因此常被使用。亦有一些針對台灣族群為特定對象的研究，以 MFS 作為評估以找出高危險之跌倒對象。以下例子蒐集 3,100 名住院病人，男性佔 47%，女性佔 53%。對應之敏感度及特異度如表 14-5。

此例之最佳切點為 45 分，和 Morse 找出的結果相同。雖然上表只呈現 30-70 分之每隔 5 分之切點，在小於 30 分及大於 70 分，每個切點下仍可找出對應之敏感度及特異度，進而畫出 ROC 曲線，曲線下面積愈大則代表此診斷工具愈佳。

表 14-5 MFS 評估量表，在不同切點下，其敏感度及特點度之值。

切點	敏感度	特異度	Youden index
70	0.84	0.18	0.02
65	0.81	0.24	0.05
60	0.74	0.29	0.03
55	0.56	0.57	0.13
50	0.53	0.70	0.23
45	**0.44**	**1.00**	**0.44**
40	0.37	1.00	0.37
35	0.33	1.00	0.33
30	0.20	1.00	0.20

進階閱讀 ▶▶▶

概似比

　　一個有效之診斷工具應顯示敏感度高及特異度高（1－特異度低）的結果，經常用的指標則是「敏感度和（1－特異度）比值」又稱為**陽性概似比**（positive likelihood ratio, $^+$LR），這是一種勝算的概念（odds）而非機率，是有病的人被檢查出有病的勝算（相對於沒病者）。此值愈大則診斷價值也愈大。**陰性概似比**（negative likelihood ratio, $^-$LR）為偽陰性除以特異度的比值，即是有病的人沒被檢查出有病的勝算（相對於沒病者）。在臨床應用上，陽性概似比數值大於 10 以上，表示此診斷工具可找出有病之證據十分強大且具有臨床意義之重要差異，若介於 5 至 10 之間，代表適度證據但差異性大，陰性概似比落在 0.1～0.2 間，表示檢驗出沒病之證據為適度但差異性大，若小於 0.1 表示檢驗出沒病之證據為很強。若在 0.2～5 之間表示此診斷工具實用性不佳。

$$陽性概似比 = \frac{敏感度}{1-特異度} = \frac{敏感度}{偽陽性}$$，愈大診斷為有病的正確性愈高。

$$陰性概似比 = \frac{1-敏感度}{特異度} = \frac{偽陽性}{特異度}$$，愈小診斷為沒病的正確性愈高。

利用陽性及陰性概似比亦可計算陽性及陰性預測值。定義

$$先驗勝算（\text{pre-test odds}）＝盛行率／（1－盛行率），$$

可得

$$陽性後驗勝算＝先驗勝算 \times （^+\text{LR}），$$
$$陽性預測值（\text{PPV}）＝陽性後驗勝算／（1＋陽性後驗勝算）。$$

陰性後驗勝算的解釋為，檢驗為陰性而有病之勝算：

$$陰性後驗勝算＝先驗勝算 \times （^-\text{LR}），$$

由此可求出檢驗為陰性下而得病之機率：

$$P（得病|陰性）＝陰性後驗勝算／（1＋陰性後驗勝算），$$
$$陰性預測值（NPV）＝1－P（得病|陰性）。$$

以 ESR 的例子說明上列式子之計算：

$$陽性概似比＝\frac{0.78}{0.33}＝2.36，陰性概似比＝\frac{0.22}{0.67}＝0.328$$

$$陽性後驗勝算＝(0.2/0.8)×2.36＝0.59$$

$$陽性預測值＝\frac{0.59}{1＋0.59}＝0.37$$

$$陰性後驗勝算＝(0.2/0.8)×0.328＝0.082$$

$$P（有病|陰性）＝\frac{0.082}{1＋0.082}＝0.076$$

$$陰性預測值＝1－P（有病|陰性）＝0.924$$

臨床檢驗時，應多了解疾病症狀及特徵之**概似比**（likelihood ratio）後，可用多種試驗數值（如敏感度、特異度、$^+$LR、$^-$LR、PPV、NPV 等等），檢視此診斷工具之可用性。愈來愈多醫學的文獻會討論概似比（LR）的概念，尤其是和實證醫學相關的文獻討論。雖然這不是關於預測機率的修訂，但因計算簡單，也能提供有用的訊息，可說十分親民的方法。概似比之優點如表 14-6。

表 14-6 概似比與敏感度、特異度、PPV、NPV 之臨床應用

數值	具臨床意義	是否受盛行率影響
敏感度、特異度	No	No
PPV、NPV	Yes	Yes
概似比（LR）	Yes	No

Fagan Nomogram

　　Fagan Nomogram 則是將先驗機率、概似比及後驗機率以圖形表示的作法，因為簡單使用可增加臨床工作人員對判斷診斷工具是否有效的能力。事後機率是利用貝氏定理的概念而得，考量事前的訊息及目前蒐集到的資訊而得事後機率，這是十分合理的方法且具解釋意義。圖 14-2 中最左側的縱軸為盛行率（先驗機率），中間的縱軸為概似比（$^+$LR 或 $^-$LR），最右側的為陽性預測值或陰性預測值（後驗機率）。臨床上的使用是當我們決定了盛行率及概似比（$^+$LR）後，連成一線後，即可得到陽性預測值。例如：某疾病之盛行率為 0.1，而陽性概似比為 10，連成一線後即可得到陽性預測值為 1%。不需要繁雜的計算公式，在臨床使用上十分簡便。

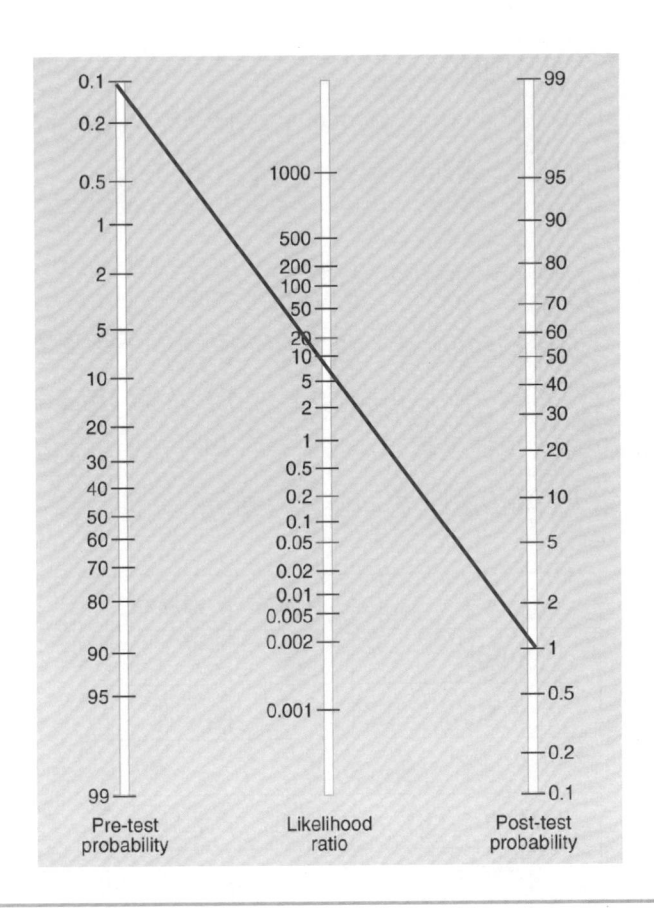

圖 14-2　Fagan Nomogram

關鍵字

敏感度　　　　　　　　　　　　Youden index
特異度　　　　　　　　　　　　陽性預測值
ROC　　　　　　　　　　　　　陰性預測值

參考資料

1. 郭英調、陳杰峰、郭耿南。盤尼西林皮膚敏感試驗的實證醫學分析。醫療爭議審議報導，34：13-16。
2. Pagano M and Gauvereau K (2000). Principles of Biostatistics. Duxbury, 2/E (Chapter 6, example)
3. Beth Dawson, Robert G. Trapp (2004). Basic & Clinical Biostatistics, 4/E, McGraw Hill Professional.
4. Morse JM, Black C, Oberle K, Donahue P (1989). A prospective study to identify the fall-prone patient. Soc Sci Med 28: 81-6.

作業

1. 以早期診斷肺癌為目的，並以電腦斷層（CT）及氟 18-去氧葡萄糖正子造影（18F-FDG-PET）兩種工具來發現肺癌。用什麼方法判斷，並說明哪一種比較好？（以下皆為病例－對照研究所蒐集的資料）

CT	有肺癌	沒肺癌
陽性	50	3
陰性	4	88

18F-FDG-PET	有肺癌	沒肺癌
陽性	13	1
陰性	1	27

2. 請計算以 CT 為診斷工具之陽性預測值及陰性預測值各為多少？（假設肺癌盛行率為 0.0003）

3. 利用 PPHN 資料作答，假設懷孕週數可作為判斷新生兒持續性肺動脈高壓 PPHN 死亡發生的指標，請依此指標畫出 ROC 曲線。

4. 承上題，請問您會切在哪個懷孕週數，以此週數做為判斷 PPHN 新生兒死亡與否的準則，並說明理由。這點的敏感度及特異度各為多少？

5. 講義內容中子宮頸抹片檢查的例子，若將盛行率提高為 0.1%，則陽性預測值及陰性預測值各為多少？且這兩值如何受盛行率影響？

Chapter 15

研究設計及統合分析

醫學資料分析結果的可信度程度雖然和分析的方法有密切的關聯，但最重要的還是在於仰賴如何使用正確的研究設計來蒐集資料。事實上，很多分析方法的發展經常是為了彌補研究設計的不足而開發出來的結果。下面是長期世代追蹤研究的一個案例[†]；目的：探討本土學齡前2~5 歲之兒童含糖飲料及糕餅點心與精製糖攝取情形。研究方法：招募301 位嬰兒進行長期追蹤，觀察兒童攝取含糖飲料及糕餅點心情形，追蹤至五歲結束時尚有 132 位幼兒接受研究，研究使用 24 小時飲食回憶資料計算含糖飲料及糕餅點心之攝取量，並進一步計算幼兒平均每日攝取之精製糖量。橫斷式研究的案例[†]，目的：研究護理人員代謝症候群的發生現象。研究方法：在一個固定的時間點面訪健康的護理人員共 129 名，調查護理人員的特徵、健康行為、工作狀況，並測量代謝症候群之相關數值等。以上兩種資料是在不同研究設計下所蒐集的資料，前者為長期世代追蹤研究，很清楚的是 301 位嬰兒接受追蹤觀查，追蹤到五歲時仍有 132 位小朋友，這是一種長期資料蒐集的方式。世代追蹤的觀察資料僅是長期「觀察」記載，不主動介入例如治療方法的分派等，但視問題所需，分析時要考慮同一個人被重覆觀察所得資料之特質，同一人在不同時間點蒐集到之資料彼此間相關性不能被忽視。後者為橫斷式研究，是站在一個時間點上，蒐集在那個時間點的資料，進行分析和論述，此

[†] 備註：參見參考資料 1、2。

種資料蒐集方法，無法分析得到前因後果的可能關係，只能了解發生的現況。以下我們將介紹研究設計之種類及其不同的特性。

醫學執行面上在討論研究設計之前，通常已確立有研究的「**事件（outcome）**」或**最終目標（endpoint）**，這可能是癌症、死亡、疾病的有無、疾病復發次數、血壓值…等等。影響事件發生的因素，通稱為**風險因子（risk factor）**或**暴露變項（exposure variable）**，事件及風險因子之變項皆可能是為連續型的變項或離散型的變項。研究探討的主要目的通常是在尋找事件和風險因子間的相關性或因果關係。

資料蒐集的研究設計有多種類型，包含：**觀察性研究（observational study）**、實驗性研究或臨床試驗等等，雖然在不同的研究設計下我們均能應用合適的統計方法來探討資料的相關性，但分析後結論的品質高低各有不同。例如臨床試驗的隨機分派治療方式的機制可以避開可能發生但分析時沒有察覺到的干擾因素，在因果關係的分析結論上較使用世代研究所推導的結論有科學價值。但由於醫學探討的問題種類繁雜和實際執行資料蒐集的是否可行，每個研究人員的情形也不同，為了讓研究能夠順利完成並獲得有說服力有科學價值的研究結論，我們經常必須面臨選擇最適合之研究設計和分析方法。

觀察性研究

這類的研究設計，適用於很多問題上，包含**世代研究（cohort study）**、**橫斷面研究（cross sectional study）**、**病例對照研究（case-control study）**等。以下的討論暫以「研究影響大腸癌發生（事件）之影響因子（或稱暴露變項）」為主題探討觀察性研究的特質。

世代研究

世代研究是計算**發生率（incidence）**最好的一種方法，可能是**前瞻式（prospective）**或**回顧式（retrospective）**。

- 前瞻式世代研究：研究開始，召集一群無大腸癌的人，根據其有或無暴露情形（例如：吃紅肉的程度）給予分組，隨著時間之進行追

表 15-1 前瞻式世代研究下之 2×2 列聯表

致病	暴露狀態	
	一星期吃二次以上	一星期吃一次（含）以下
大腸癌	a	b
無大腸癌	c	d
總合	a + c（人數固定）	b + d（人數固定）

蹤觀察這群人之大腸癌發生狀況，直到有足夠病例或固定的時間追蹤後停止研究，再統計分析於不同暴露情況下的人他們大腸癌之發生率是否具有差異？以了解暴露和疾病發生相關之高低程度，或確立吃紅肉的程度是否為大腸癌發生的影響因子？表 15-1 中顯示暴露和不暴露的人數是固定的，觀察一段時間後，記錄此世代發病之情形。

- 回顧式世代研究：又稱為**病歷世代研究**（historical cohort study），在目前研究的時間點上往前回顧病歷，觀察過去已發生的事件和暴露情形的資料；我們使用健康保險的資料庫作研究就是一個案例。相對地，前瞻式世代研究是在目前研究的時間點上往未來觀察發生事件的情形。相較於前瞻式的世代研究，回顧式世代研究的優點是研究費用相對較低，研究時間也較短，但缺點是研究者較無法控制資料蒐集的方式，此外也較無法掌握資料的品質。

世代研究之優點：1. 世代研究之資料蒐集，其影響因子皆發生在結果事件之前。因果關係是明確的，毫無爭議。2. 若隨機分派試驗被認為不道德時，則可使用世代研究（如圖 15-1）。例如：若想知道抽菸對於肺癌發生之影響，不能將沒抽菸的人隨機分派到暴露抽菸的組別。這時則較適合選擇使用世代研究。3. 能同時看**多個結果事件**（multiple outcomes），例如：可看抽菸對死亡、肺癌、心血管疾病之影響。4. 可計算給定暴露變項下（抽菸）或沒暴露下，發生疾病之機率，由這兩數值即能計算**風險比**（relative risk）。此數值即能評估暴露變項和疾病發

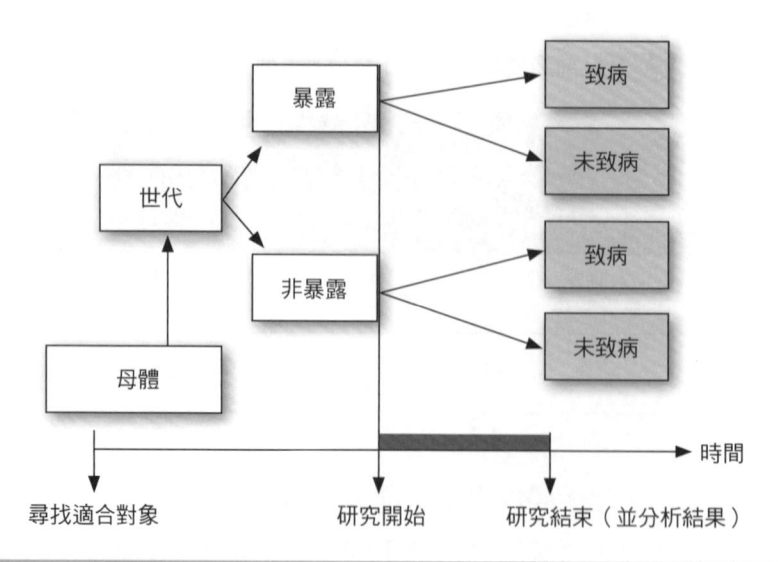

[圖 15-1] 世代研究設計

生之相關性。缺點：1. 比較暴露與否之發生疾病風險是否相同時，有暴露及無暴露兩組之其他變項應該控制在相同水準下，但我們並不能保證此條件一定成立，因此可能受到**干擾因子**（confounder）影響。唯一可以消除干擾因子影響的方法，就是**前瞻性隨機分派設計**（prospective randomized controlled study），分派至暴露變數之個數皆依機率分派，因此干擾因子被分派至有無暴露兩組之機率亦相同。2. 若您有興趣之事件為稀少性事件，世代研究是沒有效率的作法，可能經過很長的時間觀察仍無法蒐集到有興趣之事件。對研究者而言，費時、費力且浪費成本。3. 在觀察過程中，有些樣本會**失去追蹤**（loss to follow up），原因很多，包含：不想參加研究、搬家、死亡（和結果事件無關），發生數過多時，研究品質會受到影響。則在計算發生率時造成偏差，在稀少性事件下影響更大。

世代研究設計下，樣本也可能因為無代表性導致產生分析結果的**偏誤**（bias）。例一：研究心血管疾病及呼吸道疾病之相關性時，研究者利用醫院住院病人資料所得之結果，其勝算比為 3.86（p 值 < 0.025）（Pagano 等人）；若不限定為住院病人下，其勝算比為 1.52（p 值 > 0.1）。例二：研究整體社會健康狀況時，若以勞動人口為主要樣本，這也會產生偏誤；因勞動人口健康狀態大部分皆優於非勞動人口。在研

究時需先確認母群體再來蒐集樣本，才能使得結果能反應研究主題。

在世代研究的設計下，我們可分別計算有無暴露下之得病比例（條件機率），兩比例相除，可得**相對風險**（relative risk, *RR*）；此兩比例相減，可得**比例差**（proportion difference, *PD*）。以上 *RR* 及 *PD* 皆可用來衡量暴露和疾病間之相關性，**勝算比**（odds ratio, *OR*）也能使用世代研究的資料計算取得，作為相關性之評估的統計量之一（第八章）。

橫斷面研究

此研究設計為在**特定時間點下**（at one point in time），蒐集個體當下的暴露狀態及疾病之發生情形。在此研究設計下可計算暴露率及疾病**盛行率**（prevalence）；盛行率為給定一個時間點，看所有人中有多少人發生此疾病（或事件）的比例，蒐集的人數愈多所估計之盛行率會較精準。盛行率對於臨床醫師而言是重要的，它會影響可能的特定診斷，例如：小孩之膽管炎盛行率上升是非常罕見的現象，若發生了可使臨床醫師在面對一群腹痛病人時，特別注意是否為發生膽管炎。橫斷面研究（cross-sectional study）的結果以表 15-2 為例，蒐集的總人數是固定，依收案之結果以決定 *a~d* 之個數。

很多的橫斷面研究多以問卷方式蒐集資料，方式有電話訪談或郵寄，其回收率較低且填答之遺失值也較多，資料品質較低，所需樣本數較大；相對於上述方式，面談方式也會被考慮，其回收率高且會得到品質較好的資料，所需之樣本數較少。志願性回答者之結果是不被採用的，因為他們通常無法代表您想研究之母群體。

表 15-2 橫斷面研究之 2×2 列聯表

致病	暴露 一星期吃二次以上	暴露 一星期吃一次（含）以下	總和
大腸癌	*a*	*b*	
無大腸癌	*c*	*d*	
總和			*a*＋*b*＋*c*＋*d*（人數固定）

橫斷面研究蒐集資料的最佳方式,仍是從母群體名冊中隨機抽出樣本,並確保資料具有代表性,需在性別、年齡及其他社會結構有固定之比率,以吻合母群體所具有之特性,以期許樣本能代表母群體的縮影。常見的橫斷面研究包含:人口普查、民意調查…等。在商業上為了方便,在路上進行問卷發放,對能提供回應者進行問卷資料蒐集,這是不夠嚴謹。橫斷面研究作法的優點是:這些個體不會故意選擇暴露或治療,很少會有道德上的疑慮。且一次蒐集樣本,並有**多種結果**(multiple outcomes)予以分析(圖 15-2)。相對於其他觀察型之研究設計,成本是較少且資料蒐集速度快,但此研究設計無法得知因果發生之時序。在稀少性事件的情形時,此研究設計也是沒效率的,通常會遇到無法蒐集足夠事件發生個數以供作有效的統計分析。橫斷面研究的資料可計算勝算比以了解暴露和疾病之間的可能相關性。此研究設計下,雖然疾病盛行率的計算是有意義的,但不能計算疾病的發生率。

病例對照研究

病例對照研究(case-control study)是回顧式(retrospective)研究的一種,通常在既定的母體中召募有疾病者(case)及無此疾病者(control)兩群人,再回顧以前他們暴露的狀態。(表 15-3)當觀察之疾病為稀少性時,此研究設計可以有效地蒐集樣本,並做合理的推論。病例對照研究在有病及無病的兩群人中,分別觀察暴露發生之頻率,以

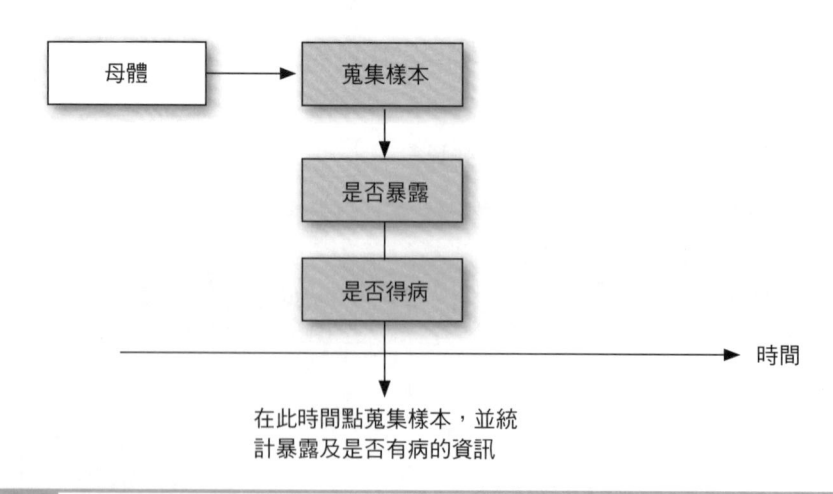

圖 15-2 橫斷面研究方法

表 15-3　病例對照研究之 2×2 列聯表

致病	暴露 一星期吃二次以上	暴露 一星期吃一次（含）以下	總和
大腸癌	*a*	*b*	*a*+*b*（人數固定）
無大腸癌	*c*	*d*	*c*+*d*（人數固定）

研究疾病和暴露兩者間的相關性。此類的設計無法計算相對風險，但可計算勝算比。不過，在稀少性事件的情形下，相對風險和勝算比二值頗為相近似。

優點：適合用於**稀少性事件**（rare events）的研究，可得到較多的個案數，以分析疾病及暴露間之相關性。通常病例對照研究所需的樣本數少於世代研究或橫斷面研究所需的數目。當暴露後發生事件的潛伏較長時，病例對照研究是最佳的選擇，如：抽菸對於肺癌之影響，抽菸者並非在短期即發生肺癌。整體上，是一種節省時間及成本的研究方法。通常想研究的風險或暴露變項很多時，我們可利用此設計驗證一般化的假設，再利用其他研究設計檢視進一步之結果。

缺點：在此設計下，所看到的**疾病**（outcome）只有一種，較不具彈性；也無法計算疾病的發生率；由於對照組是由既定的母體中選出，因

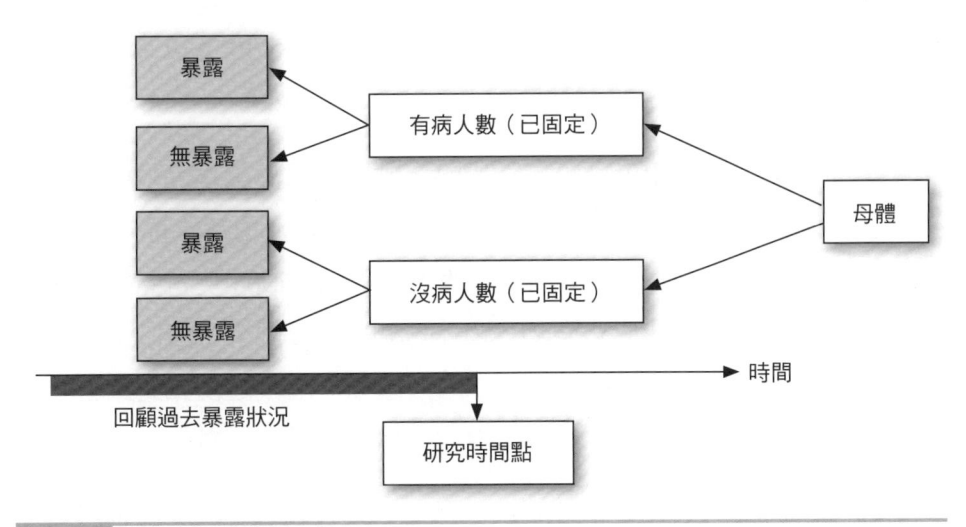

圖 15-3　病例對照研究方法

此要特別注意此組樣本之取樣,以避免**抽樣偏誤**(sampling bias)的發生;同時也要特別控制其他干擾因子,以免影響分析結果的正確性。

臨床試驗

實驗性研究(experimental study)所得到的證據是最強,數據品質等級最高,醫學上以**臨床試驗**(clinical trial)使用最為普遍,此類的蒐集對象多為病患,也涵蓋一些健康者,主要目的為證明新藥療效、醫療技術之開發、舊藥新用、儀器設備的創新…等等,皆需經臨床試驗來證實其安全性及有效性。藥廠對於藥物開發的成本通常非常昂貴,因此需透過謹慎的設計排除影響因素,讓臨床試驗的結果能有較高的正確性。

臨床試驗分為四階段,針對不同臨床試驗階段,其目的及實驗設計的方法皆有不同,所對應之樣本數需求也有差異。以下分別介紹:

第一階段(phase I):通常在了解藥物機轉及動物試驗的療效、毒性及安全後,即進入第一階段臨床試驗。第一次將試驗藥物用於人身上需知道其安全性為何,因而著重於找尋用於人體上之最大耐受劑量。若試驗藥物不為癌症用藥,受試者通常為健康者;若是癌症用藥,因癌症藥物毒性較強,通常人體試驗會直接找癌症患者,以合乎保護受試者的原則。試驗事前須先訂出每次遞增之劑量,並記錄使用單一劑量時人體之藥物動力學(藥物被人體吸收、分布及代謝狀況),也觀察使用試驗藥物之最高耐受劑量及毒性反應。此階段之人數約在 30 人以下,不用隨機分派及樣本數計算。

第二階段(phase II):第二階段臨床試驗著重於藥物療效的探索,因第一階段找出最大耐受劑量,此階段要找出適合用於人體之劑量為何?作法經常是設計數個特定劑量,使用各種試驗設計及對照組,來了解劑量和療效之反應關係,並定出適合使用的劑量供第三階段使用。此階段之受試人數不超過 100 人。第二階段至第四階段之受試對象皆為特定疾病之患者。

第三階段(phase III):此階段的試驗必須是隨機分派方式進行,為受試藥物上市前對療效之大型驗證及準備,因此在試驗設計、樣本數計

算、最終療效指標（endpoint）及合適的統計評估方法，都必須要十分謹慎考量。在試驗設計方面，為求研究之公平性及正確性，會考慮以**隨機對照試驗**（randomized controlled trial, RCT）進行，這是臨床試驗的黃金標準，其方法是將一群受試者隨機分派至兩組：治療組及對照組，其隨機分派之意即為每人分派至兩組之機率相等；使用隨機分派的目的在於使兩組人員之干擾因子的條件相當，是分析時可以排除干擾因子影響的重要方法。隨機對照試驗通常伴隨**雙盲**（double blind）設計，受試者和施測者二人都無法知道受試者是被派為對照組或試驗組。使這兩組的結果可以公平及合理地加以比較，以得知治療藥物之真正療效。「對照」組是指可供和治療組比較的組別，**有安慰劑對照組**（placebo-control）及**有效藥對照組**（positive-control）兩種。前者是以不具療效之安慰劑作為對照組，通常作為新藥開發之對照；後者是具療效及常用的治療藥物為對照組，這類臨床試驗目的是為了找到比目前治療更具療效的藥物。對照組也非限定於一組，可能為二組或三組，尤其是在現有的治療方式有多種選擇。但並非所有的臨床試驗都可隨機分派，例如：癌症藥物之開發，若受試者為癌症患者且有常規之治療方式，若隨機分派至安慰劑那組，可能延誤癌症治療，而違反倫理。第三階段的臨床試驗完成後，即可申請新藥查驗登記，試驗藥物預備上市。

隨機對照試驗和觀察性研究不同之處是，觀察性研究通常存在著干擾因子，無論是世代研究、病例對照研究、橫斷面研究，都需利用設計的方法使得干擾因子的影響降低。例如：我們在世代研究中，暴露及非暴露兩組可利用**傾向分數**（propensity score）予以配對，以傾向分數來衡量所觀察到的基本特性，以平衡兩組干擾因子之差異。在病例對照研究中，亦可利用性別、年齡（干擾因子）配對的方式進行研究，使有無疾病兩組之性別及年齡之分布相當。或利用統計方法，在迴歸模型中，加入干擾因子予以調整。

第四階段（phase IV）：當藥物經過相關單位核准且上市後，必要進行大規模的藥效及副作用評估，是藥物上市後以安全性為目地的監測。前面階段之受試者僅是母群體之一小部分，第四階段時使用者增多了，對於發生機率較低之可能副作用才能有一度程度的了解。此階段可以全

面評估藥物之療效及副作用。

第三階段中的隨機分派對照試驗，雖可得到較高品質之資料及分析結果，但其缺點是需要較高的成本且蒐集資料時間較長，在藥物上市的過程中，為求安全性及有效性的研究，這個程序及等待是無可避免。雖然隨機對照試驗可提供最強的證據，但並不是所有議題，都適合使用隨機對照試驗予以決解。例如：想研究吸菸對於心臟病的影響，基於倫理考量，不能將研究對象隨機分為兩組，一組抽菸另一組不抽菸。這類研究，隨機分派對照試驗的設計不適合使用。

統合分析

在實證醫學（EBM）領域，**系統性回顧**（systematic review）及**統合分析**（meta-analysis）是重要的一環。由於醫學的進展，很多新的技術、方法、照護…等都未列入教科書中，使得實證醫學方法愈來愈被重視，用來解決目前仍有些爭議的醫學議題。統合分析是將曾經發表過「相同主題」且「相關同實驗設計」的結果，利用統計方法將這些結果予以合併，得出一個綜合性的結論。此時研究設計的方法會影響到統合分析結果之價值及參考性；實證醫學中，公認證據最強的是隨機對照試驗下所得到之結果，世代研究次之，接著為病例對照研究，而橫斷面研究所得之證據最小。因此在研究開始時，亦需考量欲探討之問題及自身條件下最適合的設計方法，各種研究設計的優缺點及使用時機在前面小節已提及。

以下是利用已發表文章之結果，綜合討論大腸癌發生和紅肉飲食間之的關係，此議題在長期研究下之結果並非一致，結論仍處於模糊地帶，因而需要統合分析給予確定的方向及結論。瑞典醫師 Larsson 共蒐集了 31 篇文章關於紅肉及加工品攝取量與大腸直腸癌發生的關係結果，統合分析合併歷年來重要的研究結果；包含 15 篇探討紅肉攝取量與發生大腸直腸癌關係的世代研究，共有 7,367 名人員參與研究；及 14 篇探討加工品攝取量與發生大腸直腸癌關係的世代研究，共有 7,903 名人員參與研究。研究結果顯示攝取紅肉較高的群組發生大腸直腸癌的機率為攝取紅

肉較少群組的 1.28 倍；加工肉品的風險比是 1.20，顯示高量攝取加工品產生大腸直腸癌的機率是少量加工品的 1.2 倍。紅肉攝取量每天增加 120 公克時，發生大腸直腸癌的風險會增加 28%，如果每天只有增加 30 公克，則發生大腸直腸癌的風險只會增加 9%。以上結果皆有統計上顯著的差異。最後的總結是紅肉與加工肉品的攝取與大腸直腸癌在統計上有顯著相關，尤其是紅肉與直腸癌的相關性更大，大量攝取加工肉品會增加遠端大腸直腸癌的發生，與近端的大腸癌關係較少。以上統合分析結果顯示，紅肉及加工肉品之飲食是大腸直腸癌發生的危險因子。

統合分析進行之流程

在進行系統性回顧或統合分析前，需組成論文篩選小組（並非可由一個人獨立完成），幫忙閱讀及篩選論文以增加此過程之一致性。以下是系統性回顧之執行過程（參考 Cochrane 網頁之指引）：

1. 提出一個重要且可回答的問題，針對主題，訂出多個關鍵字（key words）。
2. 利用此關鍵字，可於多個**資料庫**（databases）搜尋相關文獻。**隨機對照試驗**（randomized controlled trial）會得到較高的證據級數，可將此列為關鍵字。
3. 列出排出條件及納入準則：並非將所有文獻都拿來作分析，依照這些條件，將最後留下來符合條件的文獻才予以分析，並畫個流程圖（flow chart）來載明此排除及納入原則的條件及過程。
4. 可參考一些評分要點，將留下之文獻予以評分，至少有兩人以上執行。品質差的論文不予列入統合分析的分析。
5. 將確定留下之文獻，進行統計分析，這個分析步驟稱為統合分析。針對主要統計量進行分析，分析的內容包含：**異質性檢定**（heterogeneity test）、**合併統計量**（pooled statistics）、方法的選擇（**固定效用模式**（fixed effect model）或**隨機效用模式**（random effect model））、**出版偏誤**（publication bias）、討論異質性的來源（若存在異質性的話）之分析。在選擇合併統計量的方法中，除了上述兩種方法外，可依統計量及欲研究主題，來判斷需要的統計方法，例

如：meta-regression 是以模型的角度來同時看多個變項和統計量間的相關性，同時找出多個影響因子。有些統合分析的文章，將此方法用於討論異質性是否存在，以及受哪些因子影響。

6. 針對上述結果予以評論，並建議臨床上執行方法。相關人員可參考此結果，將結論化成執行面，運行於臨床上，協助臨床工作解決尚未明確的執行方法。

由上面的步驟中，可知統合分析是實證醫學的一部分，結果之可信賴程度並非完全仰賴統計方法，而是文獻蒐集過程之公平性，加上合適的統計方法，才能得到可供參考且可信之結果。另外，有個比較爭議之處則是樣本數問題，這和蒐集文獻之數量多寡有關，由於研究主題多為待確定結論之議題，多半是新的且重要的臨床議題，都是在分子生物學上或實驗室研究仍未有定論的主題等，例如：對於新發展使用的機器（如 MRI）對於特定癌症期別判斷之能力等，這些新方法被討論及發表的文獻並非很多，一個文獻若視為一個樣本數，只有在五篇文獻下統合出來之結論，其檢定力肯定很低，這種問題值得進一步討論如何處理。

統合分析常使用之統計軟體，在 R、SAS、Stata、Comprehensive meta-analysis，還有一些免費軟體可於網頁中找到。統合分析統計方法的部分，基本可分為二部分：討論診斷工具的相關方法（討論敏感度及特異度）及其他議題所用的方法。在軟體的設計上，Comprehensive meta-analysis 內容只涵蓋後者的統計分析方法。診斷工具議題使用的統計軟體，除了 R 及 Stata 外，還可選擇使用 Meta Disc，此軟體除了利用提供一般常用方法，將敏感度及特異度分別計算合併整合之結果外，亦將敏感度及特異度結合呈現在 ROC 曲線上，再整合（summarize）出一條 ROC（sROC）曲線。估計 sROC 的過程及方法並非只有一種可以使用，選擇使用的方法涉及模型假設，例如：1. 敏感度及特異度作變數轉換後，假設轉換後為迴歸函數的關係，並估計迴歸係數，估計後再轉至 ROC 的圖形上予以對應。2. 利用 bivariate model，將敏感度及特異度視為隨機變數，以隨機效用模型估計後，再呈現於 ROC 圖形上。3. 利用貝氏理論架構（HSROC）。Meta Disc 軟體只呈現上述的第一種估計 sROC 的方法，若要使用其他方法，可嘗試 R 或 Stata 軟體。

進階閱讀 ▶▶▶

統合分析之統計分析

　　以下為治療 C 型肝炎的研究，目的是比較傳統干擾素治療法及合併使用 Ribavirin 藥物的治療法對於死亡及再發病之療效何者較好（Huedo-Medina 等人），以及哪種治療效果較好（以勝算比（OR）予以評估，視為**治療效用**（treatment effect）一般而言，治療效用除了用勝算比外，也可使用相對風險（*RR*）、**平均差**（mean difference）…等統計量；它們的選擇通常以研究資料的型態來決定）。圖 15-4 顯示的勝算比是由 1995～2002 年之文獻中蒐集的資料計算產生，勝算比的估計值結果有合併治療結果的勝算比，也有單一干擾素結果的勝算比，結論不一致，有作統合分析的必要性。**森林圖**（forest plot）呈現每篇文章之 *OR* 值之分布情形，及個別 *OR* 值之標準誤（森林圖中每個黑色方格即為標準誤之倒數，黑色方格愈大表示標準誤愈小）。統合分析合併分析後之勝算比為 0.46，即合併治療者其發病或死亡的風險是單一干擾素治療的 0.46 倍，結論傾向合併治療。下面內容將著重於介紹統合分析的統計方法及分析流程（圖 15-4 是利用 Comprehensive meta-analysis 軟體 2.0 版繪製）。

Study name	Events / Total Combination Therapy	Monotherapy
Chemello, 1995	2 / 15	3 / 15
Lai, 1996	0 / 21	1 / 19
Davis, 1998	0 / 173	1 / 172
McHutchison, 1998	1 / 456	3 / 456
Poynard, 1998	1 / 559	0 / 281
Andreone, 1999	0 / 26	1 / 24
Pol, 1999	2 / 62	4 / 65
Cavaletto, 2000	2 / 50	5 / 50
Fried, 2002	0 / 435	2 / 224
de Ledinghen, 2002	3 / 229	0 / 92

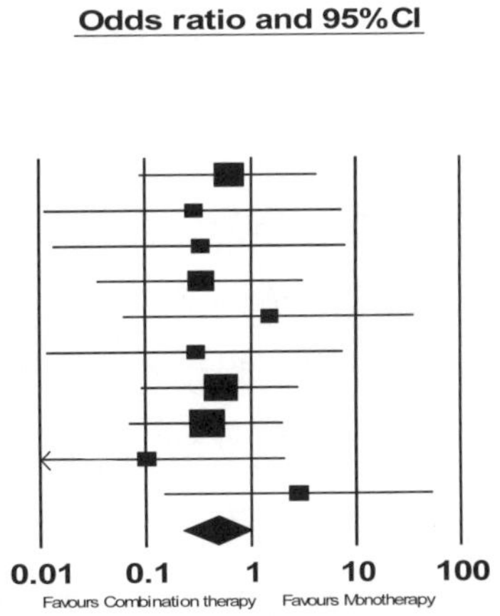

Test for Heterogeneity: Q=7.64, df=9(p=0.57), I^2=0%
Pooled estimator of OR=0.46 (95% CI: 0.22-0.99)

Meta Analysis

圖 15-4 C 肝治療統合分析結果之森林圖

統合分析的統計方法及分析流程包含二個步驟：同質性檢定及合併估計值，合併估計值的選擇依同質性檢定結論的不同而有不同的作法。

同質性檢定

假設共蒐集了 k 篇文章（或研究單位的資料），統合分析主要的目的，是想要了解這 k 篇文章的綜合結論。在提供綜合結論之前，首先需檢定這些文章的統計結論（**治療效用**（treatment effect），例如：勝算比）是否為滿足同質性，是或否的結論會影響統合分析使用的方法。同質性檢定的統計方法之一即為 Breslow-Day 檢定方法，此外，還有 I^2 指標的使用。

同質性檢定（homogeneity test）即檢定 k 篇文章之勝算比是否相等，虛無假設為：

$$H_0: OR_1 = OR_2 = \cdots = OR_k$$

Breslow-Day 檢定統計量 Q（請參見第八章進階閱讀）：

$$Q = \sum_{i=1}^{k} W_i (\ln(\widehat{OR_i}) - \ln(\widehat{OR}))^2 ，$$

其中

$$\ln(\widehat{OR}) = \frac{\sum_{i=1}^{k} W_i (\ln(\widehat{OR_i}))}{\sum_{i=1}^{k} W_i} 。$$

的抽樣分配在虛無假設成立且樣本數夠大時會逼近似於自由度 (df) 為 $k-1$ 的卡方分配。其中，$\widehat{OR}$、W_i 為每篇文獻之勝算比統計量及權重。若是同質性虛無假設不被拒絕時，$\ln(\widehat{OR})$ 可為統合分析之合併估計值，也就是綜合 k 篇文獻結果之估計值。若研究的統計量不是勝算比，可將 $\ln(\widehat{OR})$ 替換代入適合的統計量。

另一個判斷異質性程度的指標為 I^2：

$$I^2 = (\frac{Q - df}{Q}) \times 100\%$$

I^2 指標為同質性檢定之檢定統計量及自由度的函數，用來評定文獻間異質性的程度；臨床使用準則為，若 $I^2 > 50\%$，表示 k 篇文獻結果間傾向異質性；若 $I^2 < 50\%$，則 k 篇文獻結果間傾向同質性，I^2 的信賴區間可用非中心化卡方分配迭代（iterative non-central chi-square distribution）方式產生（Ahrens 等人）。此指標因為簡便，故在統合分析中常被使用來判斷文獻間異質性程度之高低。以上述「治療 C 型肝炎」的文章為例，其 $I^2 = 0\%$，顯示這些文獻間具高度同質性，且同質性檢定顯示，其 $Q = 7.64$，$df = 9$，p 值 $= 0.57$，表示沒有充份證據顯示研究間之 OR 具有顯著差異。

合併估計值

無論同質性檢定的結果為何，皆需根據文獻結果（統計量），進行最後的統計分析，而得一個**合併估計值**（pooled estimator or combined estimator），第八章進階閱讀中 Cochran-Mantel-Haenszel（CMH）中之*共同的估計值*（common estimator）的概念是將各篇文獻結果之加權估計值，也是一種加權平均數的概念，以綜合所蒐集文獻之結果，並依此結果給予最後統合分析的結論。以下討論，假設 $\hat{T}_i$, $i = 1, 2, \cdots, k$ 為各篇文獻結果之統計量或治療效果，例如：勝算比、相對風險、平均數差…等等。$\widehat{Var}(\hat{T}_i)$ 為此統計量之變異數（即 T_i 標準誤的平方，測量文獻本身之誤差大小，稱為組間變異）。

根據同質性檢定之結果，若這些文獻結果間的統計量無法證明是有所差異時（在同質性檢定為「不拒絕」虛無假設），即利用 CMH 的估計方法予以合併數個文獻結果（請參見第八章進階閱讀），在統合分析研究中常以**固定效用模式**（fixed effect model）稱之：

$$\hat{T}_F = \frac{\sum_{i=1}^{k} W_i \hat{T}_i}{\sum_{i=1}^{k} W_i} \text{。}$$

同質性檢定結果若呈現文獻結果間是有差異時（拒絕虛無假設），

則需估計文獻結果間之變異程度（以 τ^2 表示），並考慮此變異程度將統計量予以加權計算。這種作法在統合分析研究中常以**隨機效用模式**（random effect model）稱之：視每篇文獻的 $\widehat{T}_i$，$i = 1, 2, \cdots, k$，為一個隨機變數，可形成一個分配，分配之變異程度大小以 τ^2 表示，用來估計**研究間效用之變異程度**（between-studies variance）。估計 τ^2 的其中一種方法是使用「動差法」：定義

$$Q = \sum_{i=1}^{k} W_i (\widehat{T}_i - \widehat{T}_F)^2 \quad \text{及} \quad C = \sum_{i=1}^{k} W_i - \frac{\sum_{i=1}^{k} W_i^2}{\sum_{i=1}^{k} W_i},$$

$$\hat{\tau}^2 = \begin{cases} \dfrac{Q - df}{C}, & \text{若 } Q > df \\ 0, & \text{若 } Q \le df \end{cases}, \quad W_i^* = 1 \Big/ \left[\widehat{Var}(\widehat{T}_i) + \hat{\tau}^2 \right]。$$

隨機效用模式下統合分析的統計量定義為：

$$\widehat{T}_R = \frac{\sum_{i=1}^{k} W_i^* \widehat{T}_i}{\sum_{i=1}^{k} W_i^*},$$

隨機效用模式中之權重 W_i^* 皆比固定效用模式下之權重來得小。

　　最後整合的結果，會以**森林圖**（forest plot）表示（圖 15-4），其中包括文獻作者名及年份、各篇文獻統計量及信賴區間（類別資料會以個數呈現），權重大小。每篇研究之統計之估計值及信賴區間以圖表現時，正方形的大小代表權重大小，信賴區間長短代表資料可信度之高低，最後的菱形表示合併估計值及其信賴區間。

出版偏誤

　　雖然統合分析的結果可以提供醫學上新技術或研究之綜合結果，但其中倍受爭議的議題之一為**出版偏誤**（publication bias），原因在於研究

結果「顯著」的文章大部分會傾向容易被接受發表率較高；若結果不顯著，極難得到期刊審稿委員的認同，不容易被發表。因此，統合分析所蒐集到的文獻，已在此條件下已被篩選過，所產生之合併估計的結果，必會存在高估或低估的偏誤現象。

為了衡量文獻蒐集的全面性，無論結果是否顯著或資料規模大小的文獻皆應被我們考量在內，為判斷統合分析的結果是否具出版偏誤，可用**漏斗圖**（funnel plot）予以衡量。漏斗圖為二維散佈圖，一個維度變項為統計量的估計值或治療效用之大小（通常放在橫軸，例如：勝算比、平均數差），另一個維度變項為研究規模的大小（可用估計量之標準誤、樣本數代表（通常為縱軸））。若無出版偏誤時，這些點應均勻分散於漏斗內，表示在文獻蒐集過程，無論變異大小或治療效益大小，都被蒐集到且納入分析，已具全面性的考量。若資料無法均勻分散於漏斗內，表示有出版偏誤發生，這種情形可能由於研究結果呈現無顯著相關、或樣本數太小、標準誤高，而無法發表於學術期刊中。漏斗圖是在呈現統合分析蒐集資料全面與否，讓讀者對此項偏差程度有所了解；大家應該知道，偏差愈多，所得之合併估計值之可信度愈低。

下圖為「C 肝治療」統合分析的漏斗圖，橫軸為自然對數勝算比，縱軸為自然對數勝算比之標準誤，圖中每一點代表每篇文獻所對應之估計值及標準誤。圖 15-5 為所有文獻納入下的漏斗圖，這時資料點均勻散佈於三角內，表示此統合分析的結果並無出版偏誤；為呈現有出版偏誤的圖形，我們從中拿掉兩篇文章，漏斗圖的右下角則呈現無資料的情形，顯示存在出版偏誤，如圖 15-6。

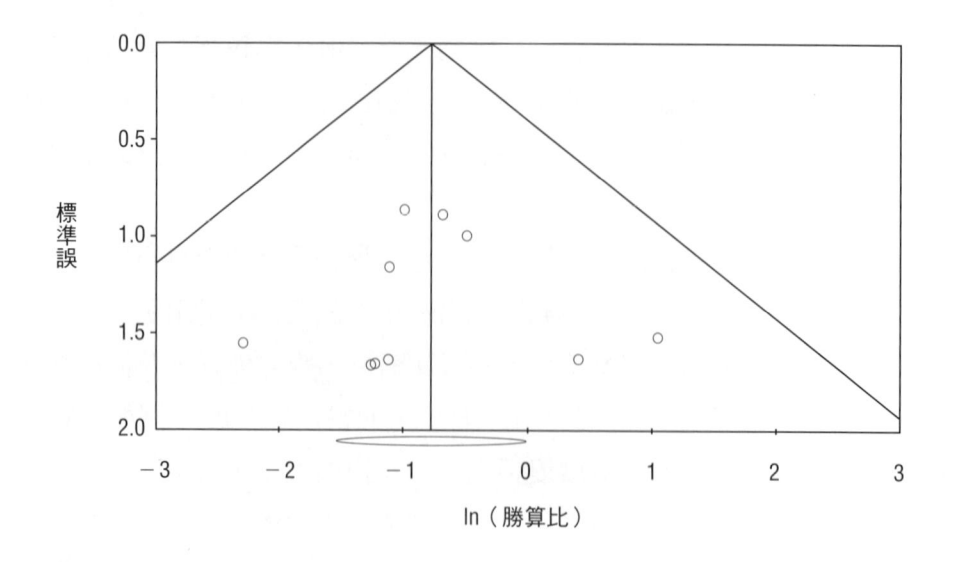

圖 15-5 C肝治療統合分析之漏斗圖

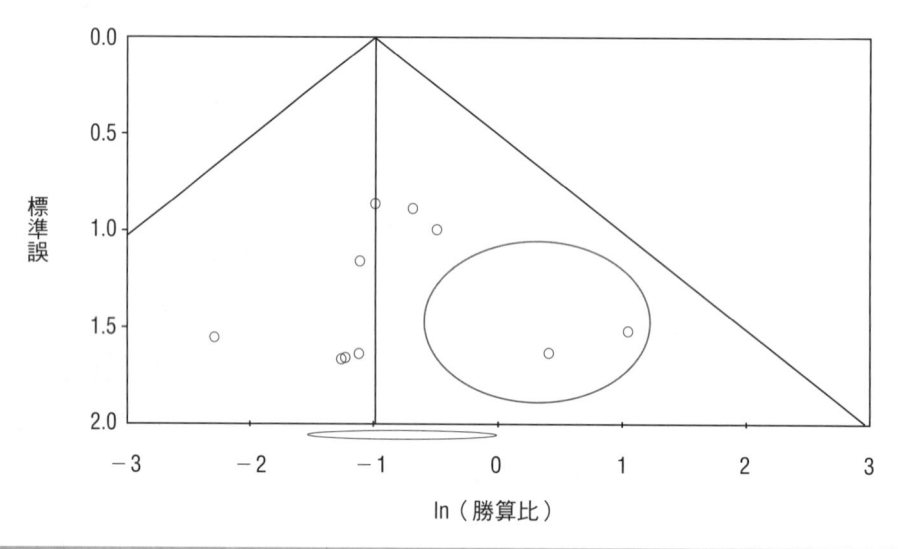

圖 15-6 C肝治療統合分析之漏斗圖（不含概其中兩篇文章，如圖中圈出的兩篇）

關鍵字

世代研究　　　　　　　　　隨機試驗
病例對照研究　　　　　　　統合分析
橫斷式研究

參考資料

1. 盧立卿，楊蕓菁，尤宣文。長期追蹤台灣學齡前兒童二至五歲含糖飲料及糕餅點心與精製糖攝取情形。台灣衛誌 2013，Vol.32(4)，347-357。

2. 蔡淑美，翁瑞宏，黃秀梨，楊惠真，林豔辰，廖玟君。某醫學中心護理人員之輪班工作與代謝症候群相關參數。台灣衛誌 2014，Vol.33(2)，119-130。

3. Pagano M and Gauvreau K. Principles of biostatistics in chapter 15. 2nd edition. Brooks/Cole.

4. Mann CJ. Observational research methods. Research design II: cohort, cross section, and case-control studies. Emerg Med J 2003; 20:54-60.

5. Larsson SC, Wolk A. Meat consumption and risk of colorectal cancer: a meta-analysis of prospective studies. Int J Cancer. 2006 119(11):2657-64.

6. Brok J, Gluud LL, Gluud C. Effects of adding ribavirin to interferon to treat chronic hepatitis C infection: a systematic review and meta-analysis of randomized trials. Arch Intern Med. 2005;165(19):2206-2212.

7. Huedo-Medina TB, Sánchez-Meca J, Marín-Martínez F, Botella J. Assessing heterogeneity in meta-analysis: Q statistic or I^2 index? Psychol Methods. 2006 11(2) :193-206.

8. Ahrens JH, Dieter U. A convenient sampling method with bounded computation times for Poisson distributions. American Journal of Mathematical and Management Sciences. 1989:1-13.

作業

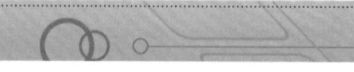

蒐集高血脂及無高血脂之兩群人（各 100 名），並回溯過去五年間是否曾經有抽菸的習慣，想了解抽菸和高血脂症之相關性。

	高血脂	無高血脂
抽菸	55	35
無抽菸	45	65

1. 請問這樣的研究設計稱為什麼？

2. 依上表計算得到相對風險值估計如下：

$$\widehat{RR} = \frac{55/(35+55)}{45/(45+65)} = 1.49$$

這樣的估計有何問題？

3. 在 2. 中，抽菸和高血脂症之相關性，要怎麼估計才正確？並解釋其估計值。

4. 上述研究，若先蒐集是否有抽菸的資料，抽菸者 100 人，沒抽菸者 100 人，並經過五年的觀察，並統計是否有高血脂的人數，以上的研究設計稱為什麼？要用什麼統計量來估計抽菸和高血脂症之相關性？

5. 上述 1. 及 4. 的兩種設計有何差異，並說明其優缺點。

中英索引

Dunnett 多對一檢定（Dunnett's Test） 83

F 分配（F distribution） 35

LSD 檢定（Least Significance Difference Test） 79

McNemar 檢定（McNemar's Test） 95

MFS（Morse Fall Scale） 235

p 值（p-values） 46

Tukey's HSD 法（Tukey's Honestly Significant） 80

一劃

一致的配對（concordant pairs） 96

二劃

二元（binary） 122, 127

二元變項（binary variable） 20

二項式分配（binomial distribution） 20

二項式隨機變數（binomial random variable） 20

二維散佈圖（scatter plot） 12, 107

卜瓦松分配（Poisson distribution） 23

卜瓦松迴歸（Poisson regression） 164

卜瓦松迴歸模型（Poisson regression model） 135

人-年（person-year） 138

三劃

下限（lower limit） 42
上限（upper limit） 42
干擾（confounding） 148
干擾因子（confounder） 246
干擾因子（confounding factor） 130

四劃

不一致的配對（discordant pairs） 96
不偏性（unbiasedness） 41
中央極限定理（central limit theory） 27
中位數（median） 5
內在（inter-rater） 210
內容效度（content validity） 214, 216
分位點（quantile） 28
分散（dispersion） 6
分群中涉險（risk exposure） 138
分層分析（stratified analysis） 129
切點（cut point） 230
手肘（elbow） 223
世代研究（cohort study） 147, 180, 244

五劃

主成分分析（principal component analysis, PCA） 217, 220
出版偏誤（publication bias） 253, 258
卡方（chi-square） 29
卡方分配（chi-square distribution, χ^2 distribution） 32
卡方檢定（chi-square test） 89, 192
可靠性（reliability） 43
右尾檢定（right tail） 54

四分位距（interquartile rang, IQR） 7
四方最大旋轉法（quartimax） 224
比例差（proportion difference, *PD*） 247
外在（intra） 210
失去追蹤（loss to follow up） 246
左尾檢定（left tail） 54
平均差（mean difference） 255
平均數（mean） 2, 22
平均變異抽取量（average variance extracted, AVE） 226
平移調整項（offset） 137
未調整（unadjusted） 150
正偏（positively skewed） 6
母群體（population） 1
母數統計方法（parametric method） 55
皮爾生相關係數（Pearson's correlation coefficient） 107, 109

六劃

全距（range） 6
共同因素（common factors） 221
共同的勝算比（common odds ratio） 131
共通性（communality） 222
共變因子調整（covariate-adjusted） 174
列聯表（contingency table） 90
同質性的（homogeneous） 131
同質性檢定（test of homogeneity） 89, 98, 130, 256
合併估計值（pooled estimator or combined estimator） 257
合併統計量（pooled statistics） 253
合適性（goodness of fit） 157
因素（factors） 219
因素分析（factor analysis） 215, 217, 219

因素負荷量（factor loading） 217, 222

回應者（respondent） 216

多重比較（multiple comparison） 74, 77

多個結果事件（multiple outcomes） 245

多對一（many to one） 83

多種結果（multiple outcomes） 248

有安慰劑對照組（placebo-control） 251 258

有效藥對照組（positive-control） 251, 258

收斂效度（convergent validity） 226

曲線下面積（area under curve, AUC） 235

有效（efficient） 41

有效性（efficiency） 41

自由度（degrees-of-freedom） 32

自變數（independent variable） 114

七劃

估計（estimation） 40

估計值（estimate） 40

估計量（estimator） 40

低度離散（under-dispersion） 142

尾部機率（tail probability） 28

序位（rank） 55

折半信度（split-half reliability） 210

李克特量尺（Likert scale） 208

李克特選項（Likert item） 207

每人-年發生率（incidence rate per person-year） 140

每人-年發生率比值（incidence rate ratio per person-year） 140

決定係數（coefficient of determination, R^2） 117

系統性回顧（systematic review） 252

貝氏定理（Bayes' Theorem） 18, 232

辛普森法則（Simpson's rule） 201
辛普森悖論（Simpson's Paradox） 129

八劃

事件（event） 52
事件（outcome） 244
事件時間（event time） 166
事前比較（prior comparisons） 77
事前機率（prior probability） 232
事後機率（post probability） 232
事後檢定（post-hoc test） 71, 74, 77
依變數（dependent variable） 114
具資訊性的設限（informative censoring） 182
受測者（subject） 209
固定效用模式（fixed effect model） 253
拔靴法（boostrapping） 30
抽樣分配（sampling distribution） 29
抽樣偏誤（sampling bias） 249
抵換（trade off） 231
治療效用（treatment effect） 255, 256
直方圖（histogram） 10, 25
直交法（orthogonal） 224
近似（approximate） 55
長條圖（bar chart） 3
非干擾因子（non-confounding factor） 130
非干擾性質的風險因子（non-confounding risk factor） 156

九劃

信心水準（confidence level） 42
信度（reliability） 209

信賴帶（confidence band） 170
前測（pilot study） 216
前測（pilot testing） 209
前瞻式（prospective） 244
前瞻性隨機分派設計（prospective randomized controlled study） 246
型一錯誤（type I error） 53
威爾考克森符號等級檢定（Wilcoxon sign-rank test） 55, 60
威爾考森等級和檢定（Wilcoxon rank-sum test） 63, 76
建構信度（construct reliability, CR） 225
建構效度（construct (concept) validity） 215, 217, 226
指標變數（indicator variable） 139
界外資料（outlier） 10
相對風險（relative risk, RR） 121, 122, 247
相關性（association） 89, 98
相關係數矩陣（correlation matrix） 221
研究間效用之變異程度（between-studies variance） 258
計數型態資料（count data） 20, 135
負二項式迴歸模型（negative-binomial regression model） 141, 142
負偏（negatively skewed） 5
重測信度（test retest reliability） 212
降量的涉險集合（reduced size risk set） 181
風險（risk） 47, 122
風險比（hazard ratio，簡寫為 HR） 172, 200
風險比（relative risk） 245
風險因子（risk factor） 244
風險率函數（hazard rate function） 176

十劃

個數（count） 55
修改（modify） 152

庫李信度（Kuder-Richardson） 211
效度（validity） 214
效標關聯效度（criterion-related validity） 216
效應（effect） 115
效應調整因子（effect modifier） 130
校標關聯效度（criterion-related validity） 214
涉險中（at risk） 181
特定時間點下（at one point in time） 247
特異度（speci-ficity） 45, 230
特徵向量（eigenvectors） 221
特徵值（eigenvalues） 217, 221
疾病（outcome） 249
病例對照研究（case-control study） 147, 244, 248
病例對照配對研究（matched case-control study） 95
病歷世代研究（historical cohort study） 245
真陰性率（true-negative rate） 231
真陽性率（true-positive rate） 230
訊號和干擾之關係（signal-to-noise relationship） 235
配對（matching） 148
陡坡圖（scree plot） 223
高效估計量（efficient estimate） 41
高斯分配（Gaussian distribution） 25

十一劃

偽陰性率（false-negative rate） 230
偽陽性率（false-positive rate） 231
假設檢定（hypothesis testing） 44
偏誤（bias） 246
區別效度（discriminate validity） 226
區間尺度（thterral scale） 208

參數（parameter） 21
基準（baseline） 139, 172
常態分配（normal distribution） 25
控制干擾因子的作法（control of confounding） 148
控制組（control） 58
探索性因素分析（exploratory factor analysis, EFA） 219
接受器操作特性曲線（receiver operating characteristic, ROC） 235
推論（inference） 40
推論性統計（inferential statistics） 1
敏感度（sensitivity） 45, 230
斜交（oblique） 224
條件式的推論法（conditional inference） 183
條件機率（conditional probability） 18
異質性檢定（hetero-geneity test） 253
盒鬚圖（box and whisker plot） 10
盛行率（prevalence） 247
第 95 百分位數（95 th percentile） 28
粗糙的（crude） 150
統合分析（meta-analysis） 252
統計量（statistic） 40
組內均方（within groups mean square） 71
組內離均差平方和（within sum of squares） 71
組內變異（within-group variance） 71
組間均方（between groups mean square） 71
組間離均差平方和（between sum of squares） 71
組間變異（between-group variance） 71
累積機率函數（cumulative distribution function） 25
規劃性比較（planned comparison） 77
設限（censored） 165

設限（censoring） 182
連結函數（link function） 150
連續型隨機變數（continuous random variable） 24
部分相關係數（partial correlation） 158
部分概似（partial likelihood） 181
陰性（negative） 230
陰性概似比（negative likelihood ratio, ^-LR） 237

十二劃

最終目標（endpoint） 244
勝算比（odds ratio, OR） 121, 124, 247
單一樣本 t 檢定（one-sample t test） 56
單尾檢定（one-sided test） 54
單邊（one-sided） 42
嵌入型病例對照的研究法（nested case-control study） 181
描述性統計（descriptive statistics） 1
斯皮爾曼-布朗公式（Spearman-Brown formula） 210, 212
斯皮爾曼等級相關係數（Spearman's rank correlation coefficient） 109, 112
期望值（expected value） 22
森林圖（forest plot） 255, 258
無母數方法（nonparametric method） 55
發生率（incidence rate） 183
發生率（incidence） 244
發生率比（incidence rate ratio, IRR） 184
發生率／人-年（incidence rate per person-year） 134
發生率比值（incidence rate ratio, IRR） 136
稀少性事件（rare events） 249
等級（rank） 112
虛無假設（null hypothesis，以 H_0 表示） 44
診斷檢定（diagnostic test） 230

費雪精確性檢定（Fisher exact test） 94
超幾何分配（hypergeometric distribution） 94
陽性（positive） 230
陽性概似比（positive likelihood ratio, +LR） 237
陽性預測值（positive predictive value, PPV） 232
集中趨勢（central tendency） 3
順序尺度（ordinal scale） 208

十三劃

傾向分數（propensity score） 251
新藥臨床試驗（investigational new drug, IND） 191
概似比（likelihood ratio） 238
概似比檢定法（likelihood ratio test） 142
準確性（accuracy） 43
葉氏連續性校正（Yates' correction for continuity） 93
補償（offset） 183
資料庫（databases） 253
資料樣本數（sample size） 191
達到（achieveable） 195
過度離散（over-dispersion） 142

十四劃

實驗性研究（experimental study） 250
實驗組（case） 58
對比（contrast） 77
對立假設（alternative hypothesis，以 H_a 表示） 44
對象（subject） 201
構面（construct） 219
漏斗圖（funnel plot） 259
精密度（precision） 41, 43

精確（exact） 55
精確性檢定（exact test） 94
廣義線性模型（generalized linear models） 135
暴露變項（exposure variable） 244
樣本（sample） 1

十五劃

標準化（standardize） 26
標準化全距分配（studentized range distribution） 80
標準差（standard deviation） 7, 26
標準常態分配（standard normal distribution） 26
標準誤（standard error） 41
潛在（latent） 219
複本信度（inter-rater reliability） 212
調整（年齡）後的勝算比（age-adjusted odds ratio） 150
調整過的勝算比（adjusted odds ratio） 131
適合度（goodness-of-fit） 32
適合度檢定（test of goodness-of-fit） 89, 98, 100

十六劃

學生 t 分配（student's t distribution） 33
學生氏 t 試驗（student's t-test） 192
學說效度（nomological validity） 217
整體型一錯誤機率（familywise error rate） 70
橫斷性研究（cross-sectional study） 147, 244
機率分配（probability distribution） 20
機率密度函數（probability density function） 24
機率質量函數（probability mass function） 20
獨立（independent） 18
獨立性檢定（test of independence） 90

獨特因素（specific factor） 221
隨時間變化（time-dependent） 180
隨機效用模式（random effect model） 253, 258
隨機排列法（random permutation） 30
隨機設限（random censoring） 183
隨機對照試驗（randomized controlled trial, RCT） 251, 253
隨機變數（random variable） 16

十七劃

檢定力（power） 45, 192
療效大小（effect size） 192, 198
總變異量（total sum of squares, SS_T） 71
聯合機率（joint probability） 17
臨床意義（clinical significance） 195
臨床試驗（clinical trial） 250
臨界值（critical point） 28
點估計值（point estimates） 40
簡單線性迴歸模式（simple linear regression model） 109
簡單邏輯斯迴歸模型（simple logistic regression） 127

十八劃

離散參數（dispersion parameter） 142
雙尾檢定（two-sided test） 54
雙盲（double blind） 251
雙邊（two-sided） 42

十九劃

邊際機率（marginal probability） 17
關鍵結果（outcome） 52

二十劃以上

鐘形曲線（bell-shaped curve） 21, 25

顧式（retrospective） 244

變異最大旋轉法（varimax） 224

變異數（variance） 7, 22

變異數分析（analysis of variance, ANOVA） 70

變項（variables） 17

邏輯斯迴歸（logistics regression） 164

顯著水準（significance level） 45

顯著水準（significant level） 53

驗證性因素分析（confirmatory factor analysis, CFA） 219

觀察性研究（observational study） 147, 244

實用生物統計
方法及 R-Web

鄭光甫　陳錦華　蔡政安　陳弘家　編著

現代生物統計的應用，除了在醫藥和農業研究外，它所發展出來的分析方法普遍的被應用在心理、教育、管理、財金、工程等等相關研究上。

本書特色

- 分析方法的介紹盡量由解決實際問題的需求出發
- 平易的文字敘述分析的方法及解決的問題，不呈現公式的推導
- 如何使用雲端資料分析及導引系統（R-Web）節省時間與心力，免去處理計算的問題
- 以淺顯易懂方式介紹過去教科書沒教但現代醫藥研究上常用的分析方法
- 書中相關檔案說明及分析資料，可透過 http://www.r-web.com.tw/publish 取得

東華書局
www.tunghua.com.tw

ISBN 978-957-483-846-2